高等学校供热供燃气通风及空调工程专业研究生系列教材

U0157463

传热学中的数值方法

张承虎　黄欣鹏　孙德兴　编著

中国建筑工业出版社

图书在版编目（CIP）数据

传热学中的数值方法 / 张承虎，黄欣鹏，孙德兴编
著. — 北京：中国建筑工业出版社，2020.11
高等学校供热供燃气通风及空调工程专业研究生系列
教材
ISBN 978-7-112-25514-6

Ⅰ. ①传… Ⅱ. ①张… ②黄… ③孙… Ⅲ. ①传热学
-数值方法-高等学校-教材 Ⅳ. ①TK124

中国版本图书馆 CIP 数据核字（2020）第 184897 号

本书共 7 章，分别是：数值逼近及其应用、常微分方程数值解法及其应用、线性方程组数值解法及其应用、非线性方程组数值解法及其应用、状态空间法及其应用、有限差分方法及其应用、有限单元法及其应用。本书对传热学从数值的角度进行分析阐述，内容充实、逻辑严谨。

本书可作为供热、供燃气、通风及空调工程专业的研究生教材，亦适合具有传热学基础的读者进一步深造。

责任编辑：齐庆梅
文字编辑：胡欣蕊
责任校对：李欣慰

高等学校供热供燃气通风及空调工程专业研究生系列教材

传热学中的数值方法

张承虎　黄欣鹏　孙德兴　编著

*

中国建筑工业出版社出版、发行(北京海淀三里河路 9 号)

各地新华书店、建筑书店经销

北京鸿文瀚海文化传媒有限公司制版

北京建筑工业印刷厂印刷

*

开本：787 毫米×1092 毫米　1/16　印张：12¼　字数：303 千字

2021 年 3 月第一版　　2021 年 3 月第一次印刷

定价：**40.00** 元（赠课件）

ISBN 978-7-112-25514-6

(36537)

前　言

从傅里叶发表《热的解析理论》开始，经典传热学领域经历了充分的发展。随着新技术、新材料、新工艺及新设备的广泛应用，诸多传热学问题遇到了解析困难的共性难题，必须求助于数值方法。

数值计算方法是遍及应用数学、物理与工程应用等学科的重要研究方法。该方法将精确连续的运算转变为离散与近似的运算，以收敛的数值算法代替数理解析过程，从而完成对科学问题的分析。数值计算不仅可以获得科学问题有意义的实际解，还可以用于对复杂系统进行优化设计、对复杂系统的运行进行正确模拟。对某些学科而言，数值计算已经成为最重要的研究和解决问题的手段。

目前数值计算原理和方法的著作和教材有很多，内容也不错。但是将普适的数值方法应用于专业性很强的传热学领域，不仅涉及数值方法的选择与编程的经验，更涉及对传热学问题的深入分析、合理简化、特殊处理等，这些是普通数值分析教材无法教授给学生的。计算传热学近些年来发展非常迅速，优秀教材也是层出不穷，这些教材的核心内容是计算流体力学和对流换热，这对学生更好地理解和运用大型 CFD 商业软件是很好的补充，但是学生很难在这部分知识的基础上编写自己的程序，解决一些有更快速、更简便、更宏观，甚至定性分析等需求的问题。如果学生不能将这部分知识落实到编程应用中，不能学以致用，那么学习过程是无趣和痛苦的，学习效果也容易模糊、遗忘。

数值分析理论具有普适性，但是结合具体专业才能滋生更强大的生命力；CFD 也很强大，但并不是所有场合都需要这么精细地计算，商业软件也并不能解决所有问题。目前在"供热、供燃气、通风及空调工程"等学科的教材系统中缺少一环，就是传热学启发学生自主创新应用的数值方法教材。本教材在多年教学讲义和科研成果的基础上，重点介绍如何将各种数值方法与传热学问题有机地深度结合起来，如何通过自主编程解决理论和工程问题，培养学生将理论与实践相结合的能力，帮助其顺利完成研究的课题。

本书共 7 章，包括数值逼近及其应用、传热学中常微分方程的数值解法及其应用、传热学中线性方程组数值解法及其应用、传热学中非线性方程组数值解法及其应用、传热学中状态空间法及其应用、传热学中有限差分方法及其应用、传热学中有限单元法及其应用。

希望通过本书的学习，读者可以对数值传热学的基本原理和思路有新的认识，在遇到一些理论分析或工程实践问题时，首先可以尝试自己编程解决，或采用自编程序与商业软件结合的方式来解决。

限于作者水平，书中难免存在疏漏和不妥之处，希望得到广大读者的支持和帮助，给予批评指正。

目　录

第1章　数值逼近及其应用 ·· 1

1.1　数值逼近理论与常用方法 ·· 1
1.2　数值逼近应用于环形通道对流换热解析 ······························ 4
1.3　数值逼近应用于三角形通道层流换热解析 ···························· 8
1.4　数值逼近应用于圆管道污水紊流换热解析 ···························· 12

第2章　常微分方程数值解法及其应用 ·································· 19

2.1　数值积分的基本概念 ·· 19
2.2　牛顿—科茨公式及复化求积公式 ···································· 19
　　2.2.1　牛顿—科茨公式 ·· 19
　　2.2.2　复化求积公式 ·· 21
2.3　边界层能量微分方程的数值解析 ···································· 22
2.4　圆管层流成熟发展段换热的数值解析 ································ 30
2.5　龙格—库塔法求解膨胀机运行过程 ·································· 33

第3章　线性方程组数值解法及其应用 ·································· 40

3.1　迭代法原理 ·· 40
　　3.1.1　向量范数与矩阵范数 ·· 40
　　3.1.2　线性方程组的迭代解法 ······································ 42
3.2　多表面辐射换热过程计算 ·· 46
　　3.2.1　辐射空间热阻与表面热阻 ···································· 46
　　3.2.2　灰体辐射换热方程组 ·· 47
　　3.2.3　多表面辐射换热计算算例 ···································· 48
3.3　换热系统的分布式动态模拟 ·· 51
　　3.3.1　无相变双级换热器系统的集总式动态模拟 ···················· 51
　　3.3.2　无相变单台逆流换热器的分布式动态模拟 ···················· 54
　　3.3.3　换热器系统的分布式动态模拟 ································ 56

第4章　非线性方程组数值解法及其应用 ································ 62

4.1　非线性方程组的解法原理 ·· 62
　　4.1.1　非线性方程 ·· 62
　　4.1.2　非线性方程组 ·· 64

4.2　溴化锂吸收式热泵的运行模拟 ·· 65

4.2.1　吸收式热泵系统的数学模型 ··· 65

4.2.2　吸收式热泵系统的自由度分析 ······································· 76

4.2.3　吸收式热泵系统设计的数值计算 ····································· 76

4.2.4　吸收式热泵系统运行模拟的数值方法 ································· 79

4.3　多效蒸发浓缩系统的设计 ··· 80

4.3.1　多效蒸发浓缩系统的原理 ··· 80

4.3.2　多效蒸发浓缩系统的数学模型 ······································· 80

4.3.3　多效蒸发浓缩模型分析与数值求解算法 ······························· 83

第5章　状态空间法及其应用 ··· 87

5.1　线性微分方程组理论 ··· 87

5.1.1　线性微分方程组的结构 ··· 87

5.1.2　常系数线性微分方程组 ··· 88

5.2　建筑动态热过程的状态空间法 ··· 91

5.2.1　厂房降温热过程物理模型 ··· 91

5.2.2　厂房降温热过程数学模型 ··· 92

5.2.3　数学模型求解方法 ··· 98

5.3　防结露换热器的状态空间法 ·· 100

5.3.1　逆向进式防结露换热器特性分析 ···································· 100

5.3.2　同向进式防结露换热器特性分析 ···································· 103

5.3.3　三程分流式防结露烟气换热器特性分析 ······························· 108

5.3.4　三程无分流式防结露烟气换热器特性分析 ····························· 115

5.3.5　顺流—逆流式防结露换热器特性分析 ································· 122

5.4　多流程换热器的状态空间法 ·· 124

5.4.1　控制微分方程组 ·· 124

5.4.2　温度场求解方法 ·· 127

5.4.3　数值计算结果分析 ·· 134

第6章　有限差分方法及其应用 ·· 137

6.1　有限差分方法的离散化 ·· 137

6.2　稳态和非稳态过程导热方程的有限差分法 ······························· 140

6.3　解压力耦合方程的半隐式方法 ·· 145

6.4　相变材料的自然对流传热过程 ·· 147

第7章　有限单元法及其应用 ·· 152

7.1　有限单元法一般原理 ·· 152

7.1.1　变分的基本概念 ·· 152

7.1.2　形式为一重积分泛函的变分问题 ···································· 154

　　7.1.3　形式为二重积分泛函的变分问题 ·· 158

　　7.1.4　用变分法求解微分方程 ·· 159

　　7.1.5　求解常微分方程的加权余量法 ·· 161

7.2　导热问题的泛函及其意义 ·· 164

　　7.2.1　导热微分方程对应的变分问题 ·· 164

　　7.2.2　求解二维温度场的 Galerkin 法 ·· 167

7.3　形函数与单元变分 ·· 168

　　7.3.1　三角形单元的划分规则 ·· 168

　　7.3.2　单元中温度分布的表达 ·· 169

　　7.3.3　单元变分 ·· 170

　　7.3.4　边界换热量的计算 ·· 173

　　7.3.5　其他问题 ·· 174

7.4　总体合成与变分关系式 ·· 175

7.5　有限单元法的程序实现与应用 ·· 177

　　7.5.1　每个单元的数据结构 ·· 177

　　7.5.2　每个节点的数据结构 ·· 182

　　7.5.3　节点温度的线性方程组 ·· 185

7.6　关于程序的输入输出 ·· 185

参考文献 ·· 188

第 1 章 数值逼近及其应用

1.1 数值逼近理论与常用方法

解决传热问题共有三个方法：数学分析、实验与计算机数值模拟。

数学分析的方法是最古老、最经典、至今仍是最基本的方法。传热是由温差引起的。而自然界的温差通常都可被看作是空间与时间的连续函数。这就为数学分析提供了大展拳脚的舞台。

说它古老、经典，是由于传热学从一开始就是与数学同步发展的。众所周知，傅立叶既是传热学最基本定律的创始人，又是数学中最著名级数的发明人。而传热学中对流换热的基本公式也是以"牛顿"的名字命名的。对传热问题进行数学分析的方法从 19 世纪末开始得到了长足的发展，大家在本科传热学与高等传热学中学过的理论大多是在 20 世纪 30 年代或更早就已经奠基了。

但这绝不意味着数学分析的方法太陈旧或落后。事实上，先人的经典理论中有极多精彩的篇章，其思维逻辑的严谨，思想方法的巧妙至今仍令我们赞叹不已。我们从中得到的是解决问题的思路与方法。相信大家在本科传热学与高等传热学的学习过程中都已经有了这样的体会。

对许多简单几何形状，规范边界条件或可以近似的简化这类情况的传热问题，数学分析法得到的是用数学公式表达的精确解。影响因素之间的关系清晰可见，这是数学分析法的优点。但毕竟还有大量的实际问题无法做这样的简化。可能是因为其几何形状不规则，或者边界条件复杂，在这些情况下用数学分析法求解微分方程通常是不可能的。这时人们还可以采用实验和（或）计算机数值模拟的方法来解决问题。但需指出：即使采用后两种方法，往往还需要数学分析法理论方面的指导或引导。

实验的方法是解决复杂传热问题直接而可靠的方法。但不言而喻，进行传热实验要耗时、耗财、耗力。当无法或不适合进行原型、真实条件实验时，为正确进行实验结果的推广应用则需引入相似及误差分析等方面的理论。

伴随计算机科学与技术的惊人发展，用计算机数值模拟的方法来解决复杂的传热问题正在占据越来越重要的位置。该方法开始于 20 世纪 50～60 年代，从 70 年代起逐渐形成了新的分支，叫作"计算传热学"。近半个世纪以来，计算传热学蓬勃发展。由于其具有解决复杂问题的强大功能，甚至可以说计算传热学已经成为传热学的发展方向。本书首先从数值分析方法开始，依次为读者介绍传热学中实用的计算方法。

拟合、插值、逼近是数值分析中的三大基础工具，拟合是已知点列，从整体上靠近它们；插值是已知点列，且需要完全经过点列；而逼近是已知曲线或点列，通过逼近使得构造的函数无限靠近它们。在传热学问题中，常采用最小二乘曲线拟合法对公式推导过程中的复杂函数关系式进行简化，或对已求解出的解析解进行简化处理。

1. 曲线拟合的最小二乘法

关于最小二乘法的一般提法是：对给定的一组数据 $(x_i, f(x_i))(i = 0, 1, \cdots, m)$，要求在函数类 $\varphi = span\{\varphi_0, \varphi_1, \cdots, \varphi_n\}$ 中找出一个函数 $y = s^*(x)$，使误差平方和满足：

$$\parallel \delta \parallel_2^2 = \sum_{i=0}^{m} \delta_i^2 = \sum_{i=0}^{m} (s^*(x_i) - f(x_i))^2$$

$$\parallel \delta \parallel_2^2 = \min_{s \in \varphi} \sum_{i=0}^{m} (s(x_i) - f(x))^2 \tag{1-1}$$

这里：

$$s(x) = \alpha_0 \varphi_0(x) + \alpha_1 \varphi_1(x) + \cdots + \alpha_n \varphi_n(x) \quad (n < m) \tag{1-2}$$

用几何的语言说，就称之为曲线拟合的最小二乘法。

更一般的提法是考虑加权平方和：

$$\sum_{i=0}^{m} \omega(x_i)(s(x_i) - f(x_i))^2 \tag{1-3}$$

这里 $\omega(x) \geqslant 0$ 是 $[a, b]$ 上的权函数，它表示不同点 $(x_i, f(x_i))(i = 0, 1, \cdots, m)$ 处的数据比重不同。例如 $\omega(x_i)$ 可表示在点 $(x_i, f(x))$ 处重复观察的次数。在形如式 (1-2) 所表示的 $s(x)$ 中求函数 $y = s^*(x)$，使式 (1-3) 取最小值，即

$$\sum_{i=0}^{m} \omega(x_i)(s^*(x_i) - f(x_i))^2 = \min_{s \in \varphi} \sum_{i=0}^{m} \omega(x_i)(s(x_i) - f(x))^2 \tag{1-4}$$

可将问题转化为求多元函数：

$$I(\alpha_0, \alpha_1, \cdots, \alpha_n) = \sum_{i=0}^{m} \omega(x_i)(\sum_{j=0}^{n} \alpha_j \varphi_j(x_i) - f(x_i))^2 \tag{1-5}$$

的极小值点 $(\alpha_0^*, \alpha_1^*, \cdots, \alpha_n^*)$ 的问题。

由 $\dfrac{\partial I}{\partial \alpha_k} = 0 (k = 0, 1, \cdots, n)$，可推得：

$$\sum_{j=0}^{n} (\varphi_j, \varphi_k)\alpha_j = d_k \quad (k = 0, 1, \cdots, n) \tag{1-6}$$

式中：

$$(\varphi_j, \varphi_k) = \sum_{i=0}^{m} \omega(x_i)\varphi_j(x_i)\varphi_k(x_i) \tag{1-7}$$

$$d_k = (f, \varphi_k) = \sum_{i=0}^{m} \omega(x_i)f(x_i)\varphi_k(x_i) \tag{1-8}$$

式 (1-6) 称为法方程。

如果 $\varphi_0(x), \varphi_1(x), \cdots, \varphi_n(x)$ 线性无关，则法方程 (1-6) 的系数行列式为

$$\begin{vmatrix} (\varphi_0, \varphi_0) & (\varphi_0, \varphi_1) & \cdots & (\varphi_0, \varphi_n) \\ (\varphi_1, \varphi_0) & (\varphi_1, \varphi_1) & \cdots & (\varphi_1, \varphi_n) \\ \cdots & \cdots & \cdots & \cdots \\ (\varphi_n, \varphi_0) & (\varphi_n, \varphi_1) & \cdots & (\varphi_n, \varphi_n) \end{vmatrix} \neq 0 \tag{1-9}$$

从而得到 $f(x)$ 的最小二乘解：

$$s^*(x) = \alpha_0^* \varphi_0(x) + \alpha_1^* \varphi_1(x) + \cdots + \alpha_n^* \varphi_n(x) \tag{1-10}$$

事实上，可以证明这样得到的 $s^*(x)$，对任何由式（1-2）所表示的 $s(x)$，都有

$$\sum_{i=0}^{m} \omega(x_i)(s^*(x_i) - f(x_i))^2 \leqslant \sum_{i=0}^{m} \omega(x_i)(s(x_i) - f(x_i))^2 \tag{1-11}$$

故 $s^*(x)$ 是所求最小二乘解。

2. 直线拟合的最小二乘法

设在平面上给定 n 个点：$P_1 = (x_1, y_1)$，$\cdots$，$P_n = (x_n, y_n)$。欲求最佳拟合直线，使用上一段的方法，取 $\varphi_0(x) = 1$，$\varphi_1(x) = x - \overline{x}$ 其中 $\overline{x} = \dfrac{1}{n}(x_1 + x_2 + \cdots + x_n)$。写出法方程并求解，得直线：

$$y = \overline{y} + \alpha_1(x - \overline{x}) \tag{1-12}$$

式中：

$$\overline{y} = \frac{1}{n}(y_1 + y_2 + \cdots + y_n) \tag{1-13}$$

$$\alpha_1 = \frac{(x_1 y_1 + x_2 y_2 + \cdots + x_n y_n) - n\overline{x}\,\overline{y}}{(x_1^2 + x_2^2 + \cdots + x_n^2) - n\overline{x}^2} = \frac{\overline{xy} - \overline{x}\,\overline{y}}{\overline{x^2} - \overline{x}^2} \tag{1-14}$$

如果在平面上这些点的分布直观显示并非来自直线函数，则用某个函数 $\varphi(x)$ 取代之，会使 $\|\delta\|_2^2$ 更小，但使 $\|\delta\|_2^2$ 最小化的求解会更困难。一个解决办法是将数据"线性化"。例如，如果 $y = \varphi(x) = \beta e^{\alpha x}$，则 $\ln y = \ln \beta + \alpha x$。于是可对数据点 $(x_k, \ln y_k)$ 使用公式（1-12）。

又如，如果 y_k 是来自正态分布的对应于 x_k 的概率观察值，$0 \leqslant y_k \leqslant 1$。设 φ 是标准正态分布的分布函数，则可以对数据点 (x_k, u_k)，$u_k = \varphi^{-1}(x_k)$，使用公式（1-12），从所得直线方程可得分布参数的估计值。

3. 用正交函数作最小二乘拟合

如果 $\varphi_0(x)$，$\varphi_1(x)$，$\cdots$，$\varphi_n(x)$ 是关于点集 $\{x_i\}(i=0, 1, \cdots, m)$ 带权 $\omega(x_i)(i=0, 1, \cdots, m)$ 正交的函数族，即

$$(\varphi_j, \varphi_k) = \sum_{i=0}^{m} \omega(x_i)\varphi_j(x_i)\varphi_k(x_i) = \begin{cases} 0 & (j \neq k) \\ A_k > 0 & (j = k) \end{cases} \tag{1-15}$$

则方程（1-6）的解为

$$\alpha_k^* = \frac{(f, \varphi_k)}{(\varphi_k, \varphi_k)} = \frac{\displaystyle\sum_{i=0}^{m} \omega(x_i)f(x_i)\varphi_k(x_i)}{\displaystyle\sum_{i=0}^{m} \omega(x_i)\varphi_k^2(x_i)} \quad (k = 0, 1, \cdots, n) \tag{1-16}$$

其平方误差为

$$\|\delta\|_2^2 = (f - s^*, f - s^*) = (f, f) - \sum_{k=0}^{n} A_k(\alpha_k^*)^2$$

$$= \sum_{i=0}^{m} \omega(x_i)f^2(x_i) - \sum_{k=0}^{n} A_k(\alpha_k^*)^2$$

下面将介绍如何根据给定节点 x_0，x_1，$\cdots$，x_m 及权函数 $\omega(x) > 0$ 构造出带权 $\omega(x)$

的正交多项式 $\{P_k(x)\}_{k=0}^n$。

$\{P_k(x)\}_{k=0}^n$ 由如下递推公式给出（注意 $n \leqslant m$）：

$$\begin{cases} P_0(x)=1 \\ P_1(x)=(x-b_1)P_0(x) \\ P_{k+1}(x)=(x-b_{k+1})P_k(x)-c_kP_{k-1}(x) \\ (k=1,2,\cdots,n-1) \qquad\qquad (k=0,1,\cdots,n) \end{cases} \qquad (1\text{-}17)$$

式中：

$$\begin{cases} b_{k+1}=\dfrac{\displaystyle\sum_{i=0}^m \omega(x_i)x_iP_k^2(x_i)}{\displaystyle\sum_{i=0}^m \omega(x_i)P_k^2(x_i)}=\dfrac{(xP_k,\ P_k)}{(P_k,\ P_k)}, \\[4mm] c_k=\dfrac{\displaystyle\sum_{i=0}^m \omega(x_i)P_k^2(x_i)}{\displaystyle\sum_{i=0}^m \omega(x_i)P_{k-1}^2(x_i)}=\dfrac{(P_k,\ P_k)}{(P_{k-1},\ P_{k-1})}, \end{cases} \qquad (1\text{-}18)$$

这里 $P_k(x)$ 是最高项系数为 1 的 k 次多项式。可以用归纳法证明这样构造出来的 $\{P_k(x)\}_{k=0}^n$ 确实是关于点集 $x_0,x_1,\cdots,x_m$ 带权 $\omega(x_i)(i=0,1,\cdots,m)$ 的正交多项式。

对于给定的一组数据 $(x_i,f(x_i))(i=0,1,\cdots,m)$，根据式（1-17）及式（1-18）逐步求出 $P_k(x)$ 的同时，相应计算系数

$$\alpha_k^*=\frac{(f,\ P_k)}{(P_k,\ P_k)}=\frac{\displaystyle\sum_{i=0}^m \omega(x_i)f(x_i)P_k(x_i)}{\displaystyle\sum_{i=0}^m \omega(x_i)P_k^2(x_i)},$$

并逐步把 $\alpha_k^*P_k(x)$ 累加到 $F(x)$ 中去，最后得所求的拟合曲线

$$y=F(x)=\sum_{k=0}^n \alpha_k^*P_k(x)$$

这是目前用多项式作曲线拟合最好的计算方法。

1.2　数值逼近应用于环形通道对流换热解析

1. 物理模型

设有内外壁同心的圆环形断面流道，内外管壁的半径分别为 R_1 与 R_2，流道的水力直径为：$d_h=2(R_2-R_1)$，如图 1-1 所示。

2. 流动阻力数学模型

动量方程为

$$\frac{1}{r}\frac{\mathrm{d}}{\mathrm{d}r}\left(r\frac{\mathrm{d}w}{\mathrm{d}r}\right)=\frac{1}{\mu}\frac{\mathrm{d}p}{\mathrm{d}z} \qquad (1\text{-}19)$$

边界条件为：壁面上速度为零。该方程可很方便地积

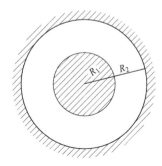

图 1-1　圆环形断面流道

分求解，解得速度场为：

$$w = \frac{\overline{C}_f \overline{w}^2 R_2}{4v(1-\varepsilon)} \left[1 - \left(\frac{r}{R_2}\right)^2 + B\ln\left(\frac{r}{R_2}\right) \right] \tag{1-20}$$

式中　$\varepsilon = \dfrac{R_1}{R_2}$，$B = \dfrac{\varepsilon^2 - 1}{\ln\varepsilon}$

通过积分得到断面的平均流速为

$$\overline{w} = \frac{\overline{C}_f \overline{w}^2 R_2 M}{8v(1-\varepsilon)} \tag{1-21}$$

式中　$M = 1 + \varepsilon^2 - B$

由此求得：

$$\overline{C}_f \cdot Re_{d_h} = \frac{16(1-\varepsilon)^2}{M} \tag{1-22}$$

对圆管：$\overline{C}_f \cdot Re_{d_h} = 16$

可知形状修正系数为

$$\psi_{C_f} = \frac{(1-\varepsilon)^2}{M} \tag{1-23}$$

ψ_{C_f} 与内外壁面半径之比的关系如表 1-1 所示。

圆环形断面层流摩擦系数的形状修正系数　　　　　　　　　　　　　表 1-1

ε	0	0.01	0.1	0.3	0.5	0.7	1
ψ_{C_f}	1	1.252	1.396	1.466	1.488	1.497	1.5

由表 1-1 中数据我们看到，当与外圆直径相比内圆直径无穷小时，内圆的表面积近似为零，壁面的摩擦力主要在外壁面上。其摩擦系数即等于 d_h 圆的摩擦系数，而此时 $d_h = 2(R_2 - R_1) = d_2$。

粗看起来这有些令人费解，尽管内圆直径充分小，但在其壁面上速度为 0，这与圆管中的速度场应该是不同的（圆管中心速度最大）。但进一步的分析表明，当 R_2 为无穷小时，管中心部位对整个速度场的影响也为无穷小。观察式（1-20），当 $\varepsilon \to 0$ 时 w 的表达式与圆管公式完全一样。虽然当 $r = R_1$ 时 $w = 0$，但 $\left.\dfrac{\partial w}{\partial r}\right|_{\substack{r=R_1 \\ \varepsilon \to 0}} \to \infty$。在很小区间内该壁面对速度场的影响即已消失。

这是 $\varepsilon \to 0$ 时的极限情况。如表中数据所示，只要 $\varepsilon = \dfrac{R_1}{R_2} = 0.01$ 对壁面的摩擦系数的影响即已达到 1.252，已是比较显著的了。

当内外圆直径之比接近于 1 时，ψ_{C_f} 接近于 1.5。此时的摩擦系数与平板狭缝相同，狭缝的宽度为 $R_2 - R_1$。

3. 等壁热流边界条件下的层流换热

设在内、外两壁面上分别向流体加入定常热流 q_{l1} 与 $q_{l2}[w/m]$。则描述温度场的微分方程与边界条件为

$$a\frac{\partial\left(r\dfrac{\partial t}{\partial r}\right)}{r\partial r} = w\frac{\partial t}{\partial z} = w\frac{q_{l1} + q_{l2}}{c\rho\overline{w}\pi(R_2^2 - R_1^2)} \tag{1-24}$$

$$r=R_1 时，\quad \frac{\partial t}{\partial r}=\frac{q_{11}}{2\pi R_1 \lambda}；\quad r=R_2 时，\quad \frac{\partial t}{\partial r}=\frac{-q_{12}}{2\pi R_2 \lambda}$$

代入 w 的表达式，此微分方程已可直接积分求解。获得温度分布函数 $t(r)$ 后再求取 $\bar{t}(r)$，过程与平板狭缝的求解类似。为了用一个公式同时表达内圆与外圆表面的放热系数，这里引入一个新的管径比参数：

$$\varepsilon'=\frac{R_1}{R_2} \tag{1-25}$$

如图 1-2 所示。

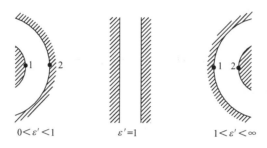

$$0<\varepsilon'<1 \qquad \varepsilon'=1 \qquad 1<\varepsilon'<\infty$$

图 1-2　圆环形断面流道管径比参数 ε' 的定义

与此同时定义

$$B=\frac{\varepsilon'^2-1}{\ln\varepsilon'} \tag{1-26}$$

$$M=1+\varepsilon'^2-B' \tag{1-27}$$

我们获得

$$Nu_{1q}=\frac{h_1|R_2-R_1|}{\lambda}=\frac{1}{f(\varepsilon')-\frac{q_{12}}{q_{11}}g(\varepsilon')} \tag{1-28}$$

式中：

$$f(\varepsilon')=\frac{\varepsilon'}{M'^2(1+\varepsilon')(1-\varepsilon')^2}\cdot$$
$$\left[\frac{1}{2B'}-\frac{73}{48}+\frac{31}{18}B'-\frac{1}{16}B'^2+\varepsilon'^2\left(\frac{-25}{48}+\frac{2}{9}B'+\frac{5}{16}B'^2\right)+\varepsilon'^4\left(\frac{11}{48}-\frac{19}{36}B'\right)+\frac{11}{48}\varepsilon'^6\right] \tag{1-29}$$

$$g(\varepsilon')=\frac{\varepsilon'}{M'^2(1+\varepsilon')(1-\varepsilon')^2}\cdot$$
$$\left[\frac{7}{48}-\frac{25}{72}B'+\frac{3}{16}B'^2+\varepsilon'^2\left(\frac{31}{48}-\frac{13}{48}B'+\frac{3}{16}B'^2\right)+\varepsilon'^4\left(\frac{-1}{2B'}+\frac{31}{48}-\frac{25}{72}B'\right)+\frac{7}{48}\varepsilon'^6\right] \tag{1-30}$$

对 $\varepsilon'=0$，即内圆半径充分小，则 $f(\varepsilon')=0$，$g(\varepsilon')=0$，$Nu_1\to\infty$。在无穷小的面积上需放出有限的热量 q_{11}，放热系数为无穷大。这完全符合物理意义。

对 $\varepsilon'=1$，则 $B'=2$，$M'=0$，$f(\varepsilon')$ 与 $g(\varepsilon')$ 式中第一项为无穷大，但括号中各项之和为 0，运用罗比塔法则可求得 $f(\varepsilon')$ 与 $g(\varepsilon')$ 在 $\varepsilon'\to 1$ 时的极限，我们最终将获得与平板狭缝相同的 Nu 表达式。

4. 曲线拟合

$f(\varepsilon')$ 与 $g(\varepsilon')$ 式虽为精确式，但它们计算起来太繁琐，忽略高阶小项，并采用曲线拟合等方法处理后，它们可被近似地简化为

$$f(\varepsilon')=\begin{cases}-\dfrac{1}{2}\varepsilon'\left[1+\ln\varepsilon'+\dfrac{4/9}{1+\ln\varepsilon'}\right] & 0\leqslant\varepsilon'\leqslant0.1\\[2mm]0.208-\dfrac{0.037}{(0.37+\varepsilon')^{1.6}} & 0.1\leqslant\varepsilon'\leqslant10\\[2mm]\dfrac{11}{48}-\dfrac{1}{7(4+\ln\varepsilon')} & 10\leqslant\varepsilon'\leqslant\infty\end{cases} \quad (1\text{-}31)$$

$$g(\varepsilon')=\begin{cases}\varepsilon'\left[\dfrac{7}{48}+\dfrac{1}{15\ln\varepsilon'}\right] & 0\leqslant\varepsilon'\leqslant0.1\\[2mm]\dfrac{0.128\varepsilon'}{(1+\varepsilon')} & 0.1\leqslant\varepsilon'\leqslant10\\[2mm]\dfrac{7}{48}-\dfrac{1}{15\ln\varepsilon'} & 10\leqslant\varepsilon'\leqslant\infty\end{cases} \quad (1\text{-}32)$$

这两个近似公式在 $0\leqslant\varepsilon'\leqslant\infty$ 整个区间最大误差为 2.5% 左右，还是相当精确的。Nu_1 随 $\dfrac{q_{11}}{q_{12}}$ 及 ε' 的变化见表 1-2 及图 1-3。

圆环形断面在定壁热流边界条件下的一个表面上 Nu_1 数　　　　表 1-2

$\dfrac{q_{12}}{q_{11}}$ ＼ ε'	0	0.2	0.4	0.6	0.8	1.0	1/0.8	1/0.6	1/0.4	1/0.2	∞
0	∞	8.543	6.588	5.912	5.580	5.387	5.238	5.098	4.971	4.866	4.364
0.25	∞	8.951	7.010	6.363	6.061	5.895	5.776	5.677	5.609	5.592	5.189
0.5	∞	9.400	7.490	6.889	6.632	6.509	6.437	6.404	6.433	6.572	6.400
0.75	∞	9.896	8.041	7.510	7.323	7.265	7.269	7.345	7.543	7.969	8.348
1	∞	10.447	8.679	8.254	8.175	8.235	8.348	8.610	9.114	10.119	12.000

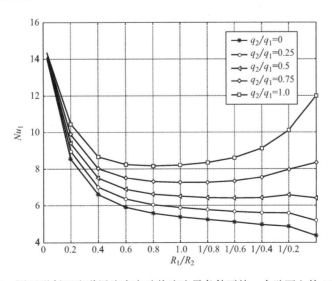

图 1-3　圆环形断面流道层流在定壁热流边界条件下的一个壁面上的 Nu_1 数

验证：$q_{12}/q_{11}=0$，$\varepsilon'=\infty$时，Nu_1 与圆管定壁热流时的值一样；$\varepsilon'=1$ 时，Nu_1 与狭缝等定壁热流时的值一样。

1.3　数值逼近应用于三角形通道层流换热解析

1. 物理模型

等边三角形断面中的层流速度场已有了理论解，但对任意三角形至今没有解析解。土耳其的 T. Yilmaz 和 E. Cihan 利用形状因子的概念推导出了任意断面通道层流的流动阻力与换热的通用公式，但其精度不高，分别为$-4.0\%\sim7.3\%$、$-8.7\%\sim8.0\%$，且其适用范围是否真正"任意"，文中并没有检验。检验只针对了一些特殊形状。本书给出作者自己开发的一个近似解析解。

理论解是允许设定一些条件的，只要这些设定忽略的是极次要的因素，从而只引起极小的计算误差。经典的边界层理论实际上就包含着一系列假定，边界层微分方程忽略过次要因素，积分方程解法对速度分布函数的设定也是近似的。本节所做出的下述设定十分符合物理概念，用数值解的结论来检验，这个解法的结果非常的精确。

设有任意三角形断面 ABC，三个顶角为 α、β、γ，如图 1-4 所示，对该断面中成熟发展层流流动的速度场设定如下。

1）断面的最高速度点位于该三角形的内切圆圆心 O；

2）整个速度场被由内切圆圆心 O 分别向三条边作的垂线 OD、OE、OF 分割为三个区域，分别为 A 区、B 区与 C 区；

3）OD、OE 与 OF 线上相邻两区流体之间的平均切应力为 0，因而在进行力学计算时，这三个区无相互作用，各自独立；

4）三个区中的速度场分别与三个扇形断面中的层流速度场一致，扇形断面速度场有精确解，以 A 区为例，如图 1-5 所示。扇形 AHG 中包含有原样大小的 A 区。半径 ρ_A 的大小如此取值，使得该断面中 OF、OE 线两侧流体之间的平均切应力为 0，即速度分布在该两条线法线方向上方向导数的平均值为 0。

5）给原三角形断面与相应的扇形断面相同的单位长度压降 $\Delta p/\Delta l$。

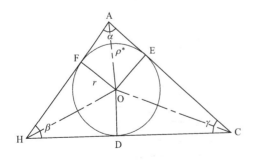

图 1-4　任意三角形断面区域划分

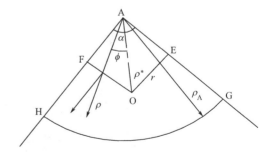

图 1-5　将 A 区置于圆扇形断面中

下面比较 A 区流体在原三角形与扇形两断面中受力的情况。OE 边与 OF 边受到的摩擦力在两个断面中全为零，AF 边与 AE 边壁面对流体都产生摩擦力，压降为 $\Delta p/\Delta l$ 相同，且 A 区形状相同，则在两个断面中这两个壁面上的平均摩擦力也是相等的。因为 A 区流体在两个断面中的受力情况几乎完全相同，认为 A 区的速度场在该扇形断面中与在原三角形断面中相同是足够精确的。

上述对速度场的假定并非数学精确。例如数值解的结论已表明任意三角形断面中通道层流的最高速度点并不精确地位于内切圆的圆心上，AE 与 AF 边上的平均切应力虽然在两个断面上完全相等，但在上述两个边上的分配也会有小的差别，但仅从物理概念上分析，这些假定引起对平均摩擦阻力系数计算的误差也将微不足道。

2. 数学模型

在这个以 α 为顶角，ρ_A 为半径的扇形断面中，速度梯度在 OF 法线方向上方向导数的平均值定为 0，根据这个关系，我们可以利用已知的速度场式（1-33）来反算该式中的 ρ_A，即

$$\frac{\omega}{\overline{\omega}} = \frac{2}{\pi}\overline{C}_f Re\left(\frac{2+\alpha}{2\alpha}\right)^2\left(\frac{\rho}{\rho_0}\right)^2\sum_{n=1}^{\infty}\left[1-\left(\frac{\rho}{\rho_0}\right)^{\left[\frac{(2n-1)\pi}{\alpha}-2\right]}\right]\cdot\frac{-(-1)^n\cos\frac{(2n-1)\pi}{\alpha}\varphi}{(2n-1)\left[\frac{\pi^2}{4\alpha^2}(2n-1)^2-1\right]}\left(\alpha\neq\frac{\pi}{2}\right)$$

$$(1\text{-}33)$$

$$\int_{OF}\frac{\partial w}{\partial \mathbf{l}}\mathrm{d}(OF)=0 \tag{1-34}$$

推导过程的两个几何关系为

$$\mathbf{l}=\cos\left(\frac{\alpha}{2}-\varphi\right)\cdot\mathbf{i}_\rho+\sin\left(\frac{\alpha}{2}-\varphi\right)\cdot\mathbf{i}_\varphi$$

$$\frac{\rho}{\rho_A}=\frac{\rho^*}{\rho_A}\cdot\frac{\cos\frac{\alpha}{2}}{\cos\left(\frac{\alpha}{2}-\varphi\right)}$$

其中 $\rho^*=OA$ 是已知的，于是

$$\frac{\partial w}{\partial\mathbf{l}}=\mathbf{l}\cdot\mathbf{grad}w=\frac{\partial w}{\partial\rho}\cos\left(\frac{\alpha}{2}-\varphi\right)+\frac{1}{\rho}\cdot\frac{\partial w}{\partial\varphi}\sin\left(\frac{\alpha}{2}-\varphi\right)$$

$$\frac{\partial w}{\partial\mathbf{l}}=\frac{-4\frac{\Delta p}{\Delta l}\rho_A}{\alpha\cdot\mu}\left\{\cos\left(\frac{\alpha}{2}-\varphi\right)\cdot\sum_{n=1}^{\infty}\left[2\frac{\rho}{\rho_A}-m\left(\frac{\rho}{\rho_A}\right)^{m-1}\right]\frac{-(-1)^n\cos m\varphi}{m(m^2-4)}\right.$$
$$\left.-\sin\left(\frac{\alpha}{2}-\varphi\right)\cdot\sum_{n=1}^{\infty}\left[\frac{\rho}{\rho_A}-\left(\frac{\rho}{\rho_A}\right)^{m-1}\right]\frac{-(-1)^n\sin m\varphi}{m^2-4}\right\}$$

将该式代入式（1-34）即可计算 ρ^*/ρ_A。

AFOE 断面上的平均流速为

$$\overline{w}=\frac{1}{A_{qA}}\iint_{A_{qA}}w\mathrm{d}A_{qA}$$

代入 w 积分后化简为

$$\overline{w}_A A_{qA}=\frac{-8\cdot\frac{\Delta p}{\Delta l}r^4}{\mu}f(\alpha)$$

这里

$$f(\alpha)=\frac{1}{\alpha\left(\dfrac{\rho^{*}}{\rho_{A}}\cdot\sin\dfrac{\alpha}{2}\right)^{4}}\cdot\sum_{n=1}^{\infty}\frac{-(-1)^{n}}{m(m^{2}-4)}\cdot\int_{0}^{\frac{\alpha}{2}}\left\{\frac{1}{4}\left[\frac{\rho^{*}\cos\dfrac{\alpha}{2}}{\rho_{A}\cos\left(\dfrac{\alpha}{2}-\varphi\right)}\right]^{4}\right.$$

$$\left.-\frac{1}{m+2}\left[\frac{\rho^{*}\cos\dfrac{\alpha}{2}}{\rho_{A}\cos\left(\dfrac{\alpha}{2}-\varphi\right)}\right]^{m+2}\right\}\cos m\varphi\cdot\mathrm{d}\varphi$$

经计算机数值计算得到的 $f(\alpha)$ 与 ρ^{*}/ρ_{A} 值示于表 1-3 与图 1-6 中。

数值计算的 $f(\alpha)\cdot\tan\left(\dfrac{\alpha}{2}\right)$ 与 ρ^{*}/ρ_{A} 值　　　　　　　　表 1-3

α	0	$\dfrac{\pi}{24}$	$\dfrac{\pi}{12}$	$\dfrac{\pi}{6}$	$\dfrac{\pi}{3}$	$\dfrac{\pi}{2}$	$\dfrac{2\pi}{3}$	$\dfrac{5\pi}{6}$	$\dfrac{11\pi}{12}$
ρ^{*}/ρ_{A}	1	0.8841	0.8210	0.7395	0.6450	0.6214	0.6259	0.6730	0.7242
$f(\alpha)\cdot\tan\left(\dfrac{\alpha}{2}\right)$	0.0208	0.0208	0.0206	0.0201	0.0188	0.0174	0.0162	0.0147	0.0135

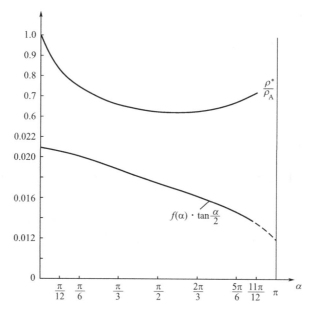

图 1-6　α、$f(\alpha)\cdot\tan\left(\dfrac{\alpha}{2}\right)$ 与 ρ^{*}/ρ_{A} 的函数关系图

3. 曲线拟合

采用最小二乘法对曲线进行拟合处理，可将 $f(\alpha)$ 近似写成

$$f(\alpha)\tan\left(\frac{\alpha}{2}\right)=\frac{1}{48}\left(1-\frac{1}{11}\alpha^{1.26}\right) \tag{1-35}$$

同样道理，对 B，C 区也有相似的 $f(\beta)$ 与 $f(\gamma)$。$f(\beta)$、$f(\gamma)$ 与 $f(\alpha)$ 函数形式完全

相同。整个断面 $\overline{u} \cdot A_q = \overline{u}_A A_{qA} + \overline{u}_B A_{qB} + \overline{u}_C A_{qC}$, 利用关系式:

$$\frac{-\Delta p}{\mu \Delta l} = \frac{2\overline{C}_f Re \cdot \overline{w}}{d_h^2}, \quad d_h = 2r, \quad \frac{r^2}{A_q} = \tan\frac{\alpha}{2}\tan\frac{\beta}{2}\tan\frac{\gamma}{2}$$

可以推导出:

$$\overline{C}_f Re = \frac{\cot\dfrac{\alpha}{2}\cot\dfrac{\beta}{2}\cot\dfrac{\gamma}{2}}{4[f(\alpha)+f(\beta)+f(\gamma)]} \tag{1-36}$$

式 (1-36) 可用来计算任意三角形 (三个顶角为 α, β, γ) 断面通道成熟发展层流的摩擦阻力系数。其精度极高。下面是它同其他文献中的一些理论解与数值解结论的比较。

其他文献给出了等边三角形与等腰直角三角形的理论解, 式 (1-36) 计算出的 $\overline{C}_f Re$ 值对等边三角形为 13.333, 对直角等腰三角形为 13.154, 在 5 位有效数字内与数学精确解的结论相等。对其他等腰三角形与直角三角形, 其他文献给出了数值解的结论, 作为比较, 这里将它的结论与公式 (1-36) 的计算结果一并列入表 1-4。

等腰三角形与直角三角形断面通道中成熟发展层流的 $\overline{C}_f Re$ 值 表 1-4

角度 / 形状	等腰三角形			直角三角形		
α	文献	式(1-36)	误差	文献	式(1-36)	误差
0°	12	12	0	12	12	0
10°	12.474	12.453	−0.17%	12.49	12.452	−0.30%
20°	12.822	12.802	−0.16%	12.83	12.795	−0.27%
30°	13.065	13.053	−0.09%	13.034	13.024	−0.08%
40°	13.222	13.217	−0.04%	13.13	13.139	0.07%
45°				13.154	13.154	0
50°	13.307	13.306	−0.01%			
60°	13.333	13.333	0			
70°	13.311	13.310	−0.01%			
80°	13.248	13.247	−0.01%			
90°	13.153	13.154	0.01%			
120°	12.744	12.770	0.20%			
150°	12.226	12.350	1.0%			
180°	12	12	0%			

由表 1-4 可见, 如果把数值解的计算结果看成是正确的, 式 (1-36) 的计算结果只引起微不足道的误差, 说明将公式 (1-36) 称为理论解并不过分, 而公式 (1-36) 形式简练, 变量之间的关系明晰, 为从物理概念角度认识任意二角形通道内层流阻力的规律性提供了可靠的依据。

1.4　数值逼近应用于圆管道污水紊流换热解析

1. 污水定热流紊流圆管中温度场分布

由于污水紊流圆管内的速度场较为复杂，在求解能量方程、计算分析其温度场分布前，本文先对紊流区的速度分布进行分析。污水紊流状态下主流区管内的速度分布为

$$v^+ = 2.5\ln y^+ + 5.7$$

即

$$v = v^*(2.5\ln y^+ + 5.7)$$
$$v_{max} = v^*(2.5\ln y^+(R) + 5.7)$$

则

$$\frac{v}{v_{max}} = \frac{2.5\ln y^+ + 5.7}{2.5\ln y^+(R) + 5.7} \tag{1-37}$$

2. 曲线拟合

根据污水源热泵系统换热时流速的应用范围，当 $Re' = 12000$ 时（对 D2 管，流速约为 1m/s），将式（1-37）中 v/v_{max} 拟合为 y/R 的幂函数形式，即 $\dfrac{v}{v_{max}} = \left(\dfrac{y}{R}\right)^{\frac{1}{s}}$。图 1-7 为 $\dfrac{v}{v_{max}}$ 与 $\dfrac{y}{R}$ 拟合关系图。

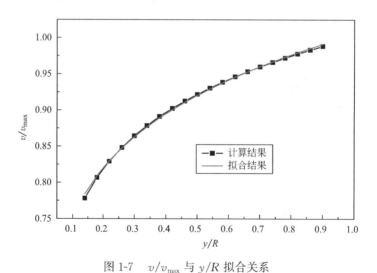

图 1-7　v/v_{max} 与 y/R 拟合关系

得到：

$$\frac{v}{v_{max}} = \left(\frac{y}{R}\right)^{\frac{1}{7}} \tag{1-38}$$

即 $s = 7$，其拟合均方差为 0.031；拟合优度为 99.99%。

则

$$\frac{v}{v_{\mathrm{m}}}=\frac{v}{v_{\max}}\frac{v_{\max}}{v_{\mathrm{m}}}=\left(\frac{y}{R}\right)^{\frac{1}{s}}\frac{1}{\dfrac{1}{\pi R^2}\displaystyle\int_0^R\left(\dfrac{R-r}{R}\right)^{\frac{1}{s}}2\pi r\,\mathrm{d}r}=\left(\frac{y}{R}\right)^{\frac{1}{s}}\frac{(s+1)(2s+1)}{2s^2} \tag{1-39}$$

对圆管不可压缩流体在圆管内非高速紊流流动稳态传热过程，忽略能量方程的耗散项和压缩项，设 z 为流体流动方向，则能量方程为

$$v_r\frac{\partial(C\rho t)}{\partial r}+\frac{v_\theta}{r}\frac{\partial(C\rho t)}{\partial\theta}+v_z\frac{\partial(C\rho t)}{\partial z}=\lambda\left[\frac{1}{r}\frac{\partial}{\partial r}\left(r\frac{\partial t}{\partial r}\right)+\frac{1}{r^2}\frac{\partial^2 t}{\partial\theta^2}+\frac{\partial^2 t}{\partial z^2}\right] \tag{1-40}$$

式中　λ ——污水的导热系数，W/（m·K）；

在湍流成熟发展段，$v_r=v_\theta=0$；等式左边的 $\dfrac{\partial^2 t}{\partial z^2}$ 为沿管段流体间的导热，远小于第一项，而 $\dfrac{\partial^2 t}{\partial\theta^2}$ 也可忽略。而且在污水冷热源的应用中，一般传热温差较小，污水温度变化也较小，故可假定流体的 λ、C_{p}、K、n 等物性参数为常数。则有

$$v_z\frac{\partial(C\rho t)}{\partial z}=\lambda\frac{1}{r}\frac{\partial}{\partial r}\left(r\frac{\partial t}{\partial r}\right) \tag{1-41}$$

考虑紊流脉动引起的热扩散影响，则：

$$\frac{1}{r}\frac{\partial}{\partial r}\left[r(a+\varepsilon_{\mathrm{H}})\frac{\partial t}{\partial r}\right]=v_z\frac{\partial t}{\partial r} \tag{1-42}$$

对定热流边界，由式（1-42）可知 $\dfrac{\partial t}{\partial r}=\dfrac{2q_{\mathrm{w}}}{r_0 c\rho v_{\mathrm{m}}}$ 为常数。令式（1-42）中的坐标 $r=R-y$，y 为离壁距离，代入式（1-42）有

$$\frac{-1}{R-y}\frac{\partial}{\partial y}[(R-y)q]=\frac{2q_{\mathrm{w}}}{r_0}\frac{v}{v_{\mathrm{m}}} \tag{1-43}$$

式中：$q=c\rho(a+\varepsilon_{\mathrm{H}})\dfrac{\partial t}{\partial r}$；为任意位置的径向热流，$\mathrm{W/m^2}$。

将式（1-39）代入并积分得

$$q=\frac{-2Rq_w}{R-y}\frac{(1+s)(2s+1)}{2s^2}\left[\frac{s}{s+1}\left(\frac{y}{R}\right)^{\frac{s+1}{s}}-\frac{s}{2s+1}\left(\frac{y}{R}\right)^{\frac{2s+1}{s}}+c\right] \tag{1-44}$$

当 $y=R$ 时，$q=0$，故 $c=\dfrac{n}{2n+1}-\dfrac{n}{n+1}=\dfrac{-n^2}{(2n+1)(n+1)}$，则有：

$$q=\frac{q_w}{1-\dfrac{y}{R}}\left[1-\left(2+\frac{1}{s}\right)\left(\frac{y}{R}\right)^{\frac{s+1}{s}}+\left(1+\frac{1}{n}\right)\left(\frac{y}{R}\right)^{\frac{2s+1}{s}}\right] \tag{1-45}$$

当 $y\to R$ 时，得 $q=0$；当 $y=0$ 时，$q=q_{\mathrm{w}}$。

令：

$$D=\left[1-\left(2+\frac{1}{s}\right)\left(\frac{y}{R}\right)^{\frac{s+1}{s}}+\left(1+\frac{1}{n}\right)\left(\frac{y}{R}\right)^{\frac{2s+1}{s}}\right]$$

为简化计算，取 $D=1$，代入式（1-45）有

$$q_w\left(1-\frac{y}{R}\right)=-c\rho(a+\varepsilon_{\mathrm{H}})\frac{\partial t}{\partial y} \tag{1-46}$$

本书定义无因次温度为：

$$t^+ = \frac{t}{q_w/c\rho v^*}$$

又 $y^+ = \frac{y(\tau_w/\rho)^{\frac{2-n}{2n}}}{(K/\rho)^{1/n}} = \frac{y(v^*)^{\frac{2-n}{n}}}{(K/\rho)^{1/n}}$ ；

对非牛顿流体在圆管内的热传递可假设：

$$\frac{\tau}{\rho} = \frac{\tau_w}{\rho}\left(1 - \frac{y}{R}\right) = \frac{K}{\rho}\left(\frac{dv}{dy}\right)^n + \varepsilon_M \frac{dv}{dy}$$

并假定热扩散系数 ε_H 与紊流黏滞系数 ε_M 之比 $\varepsilon_H/\varepsilon_M = 1$；则

$$\varepsilon_M = \frac{\dfrac{\tau_w}{\rho}\left[1 - \dfrac{y^+}{R^+} - \left(\dfrac{dv^+}{dy^+}\right)^n\right]}{\left(\dfrac{\tau_w}{K}\right)^{1/n}\left(\dfrac{dv^+}{dy^+}\right)}$$

代入式（1-46）得

$$1 - \frac{y^+}{R^+} = -\left(\frac{\lambda}{c\rho} + \varepsilon_M\right)\left[\frac{\left(\dfrac{\tau_w}{\rho}\right)^{\frac{1-n}{n}}}{\left(\dfrac{K}{\rho}\right)^{1/n}}\right]\frac{\partial t^+}{\partial y^+} \tag{1-47}$$

（1）在层流区，$0 \leqslant y^+ \leqslant 5$，$v^+ = y^+$，而且 y^+ 远小于 R^+，即：$y^+/R^+ \to 0$，则 $\varepsilon_M = 0$，又 $y^+ = 0$ 时，$t^+ = t_w^+$，则该层温度分布为

$$t^+ = \frac{-\left(\dfrac{K}{\rho}\right)^{1/n}}{\dfrac{\lambda}{c\rho}\left(\dfrac{\tau_w}{\rho}\right)^{\frac{1-n}{n}}}y^+ + t_w^+ \tag{1-48}$$

则 $y^+ = 5$ 处的温度 t_5 为

$$t_5 - t_w = -\frac{5q_w}{\lambda}\frac{\left(\dfrac{K}{\rho}\right)^{\frac{1}{n}}}{\left(\dfrac{\tau_w}{\rho}\right)^{\frac{2-n}{2n}}} \tag{1-49}$$

（2）在过渡区，$5 \leqslant y^+ \leqslant 30$；$v^+ = 5.11\ln y^+ - 3.22$，由于该层较薄且靠近壁面，故可取 $1 - \dfrac{y^+}{R^+} = 1$；$\dfrac{dv^+}{dy^+} = \dfrac{5.11}{y^+}$；故由式（1-50）得

$$\frac{\partial t^+}{\partial y^+} = -\frac{1}{\dfrac{\lambda}{c\rho}\dfrac{\left(\dfrac{\tau_w}{\rho}\right)^{\frac{1-n}{n}}}{\left(\dfrac{K}{\rho}\right)^{\frac{1}{n}}} + \dfrac{1 - \left(\dfrac{5.11}{y^+}\right)^n}{\dfrac{5.11}{y^+}}} \tag{1-50}$$

上式积分可得此区间无因次温度场。由于式（1-50）的积分很复杂，当 $n = 0.5 \sim 1.5$；$y^+ = 5 \sim 30$ 区间时，由对上式中的 $\left[1 - \left(\dfrac{5.11}{y^+}\right)^n\right]\bigg/\dfrac{5.11}{y^+}$ 项的分布特点进行分析可

知，为了简化计算，可用 $A+By^+$ 代替 $\left[1-\left(\dfrac{5.11}{y^+}\right)^n\right]\Big/\dfrac{5.11}{y^+}$，其中 A，B 为常数，可由拟合得到。则上式变为

$$\frac{\partial t^+}{\partial y^+}=-\frac{1}{\dfrac{\lambda}{c\rho}\dfrac{\left(\dfrac{\tau_{\mathrm w}}{\rho}\right)^{\frac{1-n}{n}}}{\left(\dfrac{K}{\rho}\right)^{\frac{1}{n}}}+A+By^+} \tag{1-51}$$

积分得

$$t^+=-\frac{1}{B}\ln\left[\frac{\lambda}{c\rho}\frac{\left(\dfrac{\tau_{\mathrm w}}{\rho}\right)^{\frac{1-n}{n}}}{\left(\dfrac{K}{\rho}\right)^{\frac{1}{n}}}+A+By^+\right]+c$$

又 $y^+=5$ 时，$t^+=t_5^+$，则该层温度分布为

$$t^+-t_5^+=-\frac{1}{B}\ln\left[\frac{\lambda}{c\rho}\frac{\left(\dfrac{\tau_{\mathrm w}}{\rho}\right)^{\frac{1-n}{n}}}{\left(\dfrac{K}{\rho}\right)^{\frac{1}{n}}}+A+By^+\right]+\frac{1}{B}\ln\left[\frac{\lambda}{c\rho}\frac{\left(\dfrac{\tau_{\mathrm w}}{\rho}\right)^{\frac{1-n}{n}}}{\left(\dfrac{K}{\rho}\right)^{\frac{1}{n}}}+A+5B\right] \tag{1-52}$$

又 $y^+=30$ 处的温度为

$$t_{30}-t_5=-\frac{q_{\mathrm w}}{Bc\rho\sqrt{\tau_{\mathrm w}/\rho}}\left\{\ln\left[\frac{\lambda}{c\rho}\frac{\left(\dfrac{\tau_{\mathrm w}}{\rho}\right)^{\frac{1-n}{n}}}{\left(\dfrac{K}{\rho}\right)^{\frac{1}{n}}}+A+30B\right]-\ln\left[\frac{\lambda}{c\rho}\frac{\left(\dfrac{\tau_{\mathrm w}}{\rho}\right)^{\frac{1-n}{n}}}{\left(\dfrac{K}{\rho}\right)^{\frac{1}{n}}}+A+5B\right]\right\}$$
$$\tag{1-53}$$

（3）在紊流核心区，$30\leqslant y^+$，$u^+=2.5\ln y^++5.7$，$\dfrac{\mathrm du^+}{\mathrm dy^+}=\dfrac{2.5}{y^+}$，则

$$\varepsilon_{\mathrm m}=\frac{\dfrac{\tau_{\mathrm w}}{\rho}\left(1-\dfrac{y^+}{R^+}-\left(\dfrac{2.5}{y^+}\right)^n\right)}{\left(\dfrac{\tau_{\mathrm w}}{K}\right)^{1/n}\left(\dfrac{2.5}{y^+}\right)}=\frac{\dfrac{\tau_{\mathrm w}}{\rho}\left[1-\dfrac{y^+}{R^+}-\left(\dfrac{2.5}{y^+}\right)^n\right]y^+}{2.5\left(\dfrac{\tau_{\mathrm w}}{K}\right)^{\frac{1}{n}}} \tag{1-54}$$

故

$$-\frac{\partial t^+}{\partial y^+}=\frac{1-\dfrac{y^+}{R^+}}{\left(\dfrac{\lambda}{c\rho}+\varepsilon_{\mathrm m}\right)\left[\dfrac{\left(\dfrac{\tau_{\mathrm w}}{\rho}\right)^{\frac{1-n}{n}}}{\left(\dfrac{K}{\rho}\right)^{\frac{1}{n}}}\right]}=\frac{1-\dfrac{y^+}{R^+}}{\left[\dfrac{\left(\dfrac{\tau_{\mathrm w}}{\rho}\right)^{\frac{1-n}{n}}}{\left(\dfrac{K}{\rho}\right)^{\frac{1}{n}}}\right]\left\{\dfrac{\left(\dfrac{\tau_{\mathrm w}}{\rho}\right)y^+}{2.5\left(\dfrac{\tau_{\mathrm w}}{K}\right)^{\frac{1}{n}}}\left[1-\dfrac{y^+}{R^+}-\left(\dfrac{2.5}{y^+}\right)^n\right]+\dfrac{\lambda}{c\rho}\right\}}$$
$$\tag{1-55}$$

在紊流核心区域，一般认为：式（1-55）分母中 $\dfrac{\lambda}{c\rho}$ 远小于 $\varepsilon_{\mathrm m}$，而 y^+ 大于 30，相对于

其他项，分母中 $\left(\dfrac{2.5}{y^+}\right)^n$ 可略去，故上式可简化为

$$-\frac{\partial t^+}{\partial y^+}=\frac{1-\dfrac{y^+}{R^+}}{\left(\dfrac{\lambda}{c\rho}+\varepsilon_{\mathrm{M}}\right)\left(\dfrac{\left(\dfrac{\tau_{\mathrm{w}}}{\rho}\right)^{\frac{1-n}{n}}}{\left(\dfrac{K}{\rho}\right)^{\frac{1}{n}}}\right)}=\frac{1-\dfrac{y^+}{R^+}}{\left[\dfrac{\left(\dfrac{\tau_{\mathrm{w}}}{\rho}\right)^{\frac{1-n}{n}}}{\left(\dfrac{K}{\rho}\right)^{\frac{1}{n}}}\right]\left[\dfrac{\left(\dfrac{\tau_{\mathrm{w}}}{\rho}\right)y^+}{2.5\left(\dfrac{\tau_{\mathrm{w}}}{K}\right)^{\frac{1}{n}}}\left(1-\dfrac{y^+}{R^+}\right)\right]}=\frac{2.5}{y^+} \quad (1\text{-}56)$$

积分得

$$t^+=2.5\ln y^++c \quad (1\text{-}57)$$

故

$$t_{\mathrm{c}}^+-t_{30}^+=2.5\ln\left(\frac{R^+}{30}\right) \quad (1\text{-}58)$$

$$t_{\mathrm{c}}-t_{30}=-\frac{2.5q_{\mathrm{w}}}{c\rho\sqrt{\tau_{\mathrm{w}}/\rho}}\ln\frac{R^+}{30} \quad (1\text{-}59)$$

式中，t_{c} 为管中心处温度。

由式（1-48）、式（1-52）与式（1-57）表示了污水在圆管内紊流时的温度场分布。

3. 定热流换热准则关联式

通过对前文所得温度场分布，本书经分析得到了定热流边界条件下污水的对流换热准则关联式。

将式（1-49）、式（1-53）与式（1-59）相加得

$$t_{\mathrm{c}}-t_{\mathrm{w}}=-\frac{5q_{\mathrm{w}}}{\lambda}\frac{\left(\dfrac{K}{\rho}\right)^{\frac{1}{n}}}{\left(\dfrac{\tau_{\mathrm{w}}}{\rho}\right)^{\frac{2-n}{2n}}}$$

$$-\frac{q_{\mathrm{w}}}{Bc\rho\sqrt{\tau_{\mathrm{w}}/\rho}}\left\{\ln\left|\frac{\dfrac{\lambda}{c\rho}\dfrac{\left(\dfrac{\tau_{\mathrm{w}}}{\rho}\right)^{\frac{1-n}{n}}}{\left(\dfrac{K}{\rho}\right)^{\frac{1}{n}}}+A+30B}{\dfrac{\lambda}{c\rho}\dfrac{\left(\dfrac{\tau_{\mathrm{w}}}{\rho}\right)^{\frac{1-n}{n}}}{\left(\dfrac{K}{\rho}\right)^{\frac{1}{n}}}+A+5B}\right|\right\}-\frac{2q_{\mathrm{w}}}{c\rho\left(\dfrac{\tau_{\mathrm{w}}}{\rho}\right)^{\frac{1}{2}}}\ln\left(\frac{R^+}{30}\right) \quad (1\text{-}60)$$

则管断面的热力学平均温度为

$$t_{\mathrm{m}}=\frac{1}{\pi R^2}\int_0^R t\,\frac{v}{v_{\mathrm{m}}}2\pi r\,\mathrm{d}r \quad (1\text{-}61)$$

由式（1-48）、式（1-52）与式（1-57）积分即可得到管内平均温度 t_{m}；但计算十分复杂，在此假设温度分布与速度分布一样，即

$$\frac{t-t_{\mathrm{w}}}{t_{\mathrm{c}}-t_{\mathrm{w}}}=\left(\frac{y}{R}\right)^{\frac{1}{7}} \quad (1\text{-}62)$$

由式（1-39）及式（1-62）积分得

$$\frac{t_\mathrm{m}-t_\mathrm{w}}{t_\mathrm{c}-t_\mathrm{w}}=0.831 \tag{1-63}$$

又对流换热系数 h 与定热流 q_w 的关系为

$$Q_\mathrm{w}=h2\pi RL(t_\mathrm{w}-t_\mathrm{m})=q_\mathrm{w}2\pi RL \tag{1-64}$$

将式（1-60）、式（1-63）代入式（1-64），并令

$$X=\frac{\dfrac{\lambda}{c\rho}\dfrac{\left(\dfrac{\tau_\mathrm{w}}{\rho}\right)^{\frac{1-n}{n}}}{\left(\dfrac{K}{\rho}\right)^{\frac{1}{n}}}+A+30B}{\dfrac{\lambda}{c\rho}\dfrac{\left(\dfrac{\tau_\mathrm{w}}{\rho}\right)^{\frac{1-n}{n}}}{\left(\dfrac{K}{\rho}\right)^{\frac{1}{n}}}+A+5B}$$

得

$$\frac{5h}{\lambda}\frac{\left(\dfrac{K}{\rho}\right)^{\frac{1}{n}}}{\left(\dfrac{\tau_\mathrm{w}}{\rho}\right)^{\frac{2-n}{2n}}}+\frac{h}{Bc\rho\left(\dfrac{\tau_\mathrm{w}}{\rho}\right)^{\frac{1}{2}}}\ln X+\frac{2.5h}{c\rho\left(\dfrac{\tau_\mathrm{w}}{\rho}\right)^{\frac{1}{2}}}\ln\left(\frac{R^+}{30}\right)=\frac{1}{0.831} \tag{1-65}$$

即

$$\frac{hD}{\lambda}\left(\frac{5\left(\dfrac{K}{\rho}\right)^{\frac{1}{n}}}{D\left(\dfrac{\tau_\mathrm{w}}{\rho}\right)^{\frac{2-n}{2n}}}+\frac{\lambda}{Bc\rho D\left(\dfrac{\tau_\mathrm{w}}{\rho}\right)^{\frac{1}{2}}}\ln X+\frac{2.5\lambda}{c\rho D\left(\dfrac{\tau_\mathrm{w}}{\rho}\right)^{\frac{1}{2}}}\ln\left(\frac{R^+}{30}\right)\right)=\frac{1}{0.831}$$

有

$$\frac{h}{v c\rho}=\frac{\left(\dfrac{c_\mathrm{f}}{2}\right)^{\frac{1}{2}}}{0.831\left\{5\left(\dfrac{c_\mathrm{f}}{2}\right)^{\frac{n-1}{n}}\left(\dfrac{v^{2-n}D^n}{k/\rho}\right)^{\left(1-\frac{1}{n}\right)}\left(\dfrac{ckD^{1-n}}{\lambda v^{1-n}}\right)+\dfrac{1}{B}\ln X+2.5\ln\left[\dfrac{\left(\dfrac{c_\mathrm{f}}{2}\right)^{\frac{2-n}{2n}}\left(\dfrac{v^{2-n}D^n}{k/\rho}\right)^{\frac{1}{n}}}{60}\right]\right\}}$$

本书定义对流换热时为

$$Nu_\mathrm{h}=hD/\lambda \tag{1-66}$$

$$Re_\mathrm{h}=\frac{v^{2-n}D^n}{\dfrac{K}{\rho}} \tag{1-67}$$

$$Pr_\mathrm{h}=\frac{cKD^{1-n}}{\lambda v^{1-n}} \tag{1-68}$$

则其换热准则关联式为

$$St = \frac{Nu_h}{Re_h Pr_h} = \frac{\left(\dfrac{c_f}{2}\right)^{\frac{1}{2}}}{0.831\left\{5\left(\dfrac{c_f}{2}\right)^{\frac{n-1}{n}} Re_h^{\left(1-\frac{1}{n}\right)} Pr_h + \dfrac{1}{B}\ln X + 2.5\ln\left[\dfrac{\left(\dfrac{c_f}{2}\right)^{\frac{2-n}{2n}} Re_h^{\frac{1}{n}}}{60}\right]\right\}}$$

$$(1\text{-}69)$$

其中，$X = \dfrac{(c_f/2)^{\frac{1-n}{n}} Pr_h^{-1} Re_h^{\frac{1-n}{n}} + A + 30B}{(c_f/2)^{\frac{1-n}{n}} Pr_h^{-1} Re_h^{\frac{1-n}{n}} + A + 5B}$，$A$，$B$ 的值参见表1-5。式（1-69）适合

于污水流动时雷诺数在 4000～20000 之间的换热计算。

常数 A、B 取值表　　　　　　　　　　　　　　　　表 1-5

n	0.5	0.75	1	1.25	1.5
A	−0.86	−0.98	−1	−0.99	−0.91
B	0.14	0.18	0.2	0.21	0.21

当 $n = 0.92$；$A = -1$，$B = 0.2$；式（1-69）化为

$$St = \frac{Nu_h}{Re_h Pr_h} = \frac{\left(\dfrac{c_f}{2}\right)^{\frac{1}{2}}}{0.831\left\{5\left(\dfrac{c_f}{2}\right)^{-0.087} Re_h^{-0.087} Pr_h + 5\ln X + 2.5\ln\left[\left(\dfrac{c_f}{2}\right)^{0.59} Re_h^{1.087}/60\right]\right\}}$$

其中：$X = \dfrac{(c_f/2)^{0.087} Pr_h^{-1} Re_h^{0.087} + 5}{(c_f/2)^{0.087} Pr_h^{-1} Re_h^{0.087}}$

第 2 章　常微分方程数值解法及其应用

2.1　数值积分的基本概念

定义 1　在区间 $[a,b]$ 上适当选取某些点 x_k，然后用 $f(x_k)$ 加权平均的方法构造的求积公式：

$$I = \int_a^b f(x)\mathrm{d}x \approx \sum_{k=0}^n A_k f(x_k) \tag{2-1}$$

称为**机械求积公式**。式中 x_k 称为求积节点，A_k 称为求积系数。A_k 仅仅与节点 x_k 的选取有关，而不依赖于被积函数 $f(x)$ 的具体形式。称 n 为公式的阶。

定义 2　如果某个求积公式对于次数小于等于 m 的多项式均能准确地成立，但对于 $m+1$ 次多项式就不一定准确，则称该求积公式具有 **m 次代数精度**。

易见，若式（2-1）对于 $f(x)=1$，x，x^2，$\cdots$，x^m 都能准确成立，则它就至少具有 m 次代数精度。

若 $L_n(x)$ 是插值函数，取

$$\int_b^b f(x)\mathrm{d}x \approx \int_b^b L_n(x)\mathrm{d}x,$$

即

$$\int_b^b f(x)\mathrm{d}x \approx \sum_{k=v}^n A_k f(x_k)$$

而求积系数 A_k 通过插值基函数 $L_k(x)$ 积分得出

$$A_k = \int_a^b l_k(x)\mathrm{d}x \tag{2-2}$$

定义 3　求积系数由式（2-2）确定的求积公式（2-1）称为插值型的。

定理 1　形如式（2-1）的求积公式至少有 n 次代数精度的必要充分条件是，它是插值型的。

2.2　牛顿—科茨公式及复化求积公式

2.2.1　牛顿—科茨公式

设 $h = \dfrac{b-a}{n}$，选取等距节点 $x_k = a + kh(k=0,1,\cdots,n)$，构造出的插值型求积公式：

$$I_n = (b-a) \sum_{k=0}^{n} c_k^{(n)} f(x_k) \tag{2-3}$$

称为牛顿—科茨公式。

式中：$c_k^{(n)} = \dfrac{(-1)^{n-k}}{n \cdot k \cdot (n-k)!} \int_0^n \prod_{\substack{j=0 \\ j \neq k}}^{n} (t-j)\mathrm{d}t \quad (k=0,1,\cdots,n)$

称为科茨系数。根据插值余项式，插值型求积公式的余项为

$$R[f] = I - I_n = \int_a^b \frac{f^{(n+1)}(\xi)}{(n+1)!} \omega_{n+1}(x)\mathrm{d}x \tag{2-4}$$

式中：$\xi = \xi(x) \in (a,b)$，$\omega_{n+1}(x) = \prod_{j=0}^{n} (x-x_j)$

定理 2　当阶 n 为偶数时，牛顿—科茨公式（2-3）至少有 $n+1$ 次代数精度。

1. 牛顿—科茨公式举例

以下各式中的余项可以从式（2-4）使用积分中值定理导出，$\xi(x) \in (a,b)$。

（1）$n=1$，梯形公式

$$\int_a^b f(x)\mathrm{d}x = \frac{h}{2}[f(x_0)+f(x_1)] - \frac{h^3}{12}f''(\xi)$$

（2）$n=2$，辛普森公式

$$\int_a^b f(x)\mathrm{d}x = \frac{h}{3}[f(x_0)+4f(x_1)+f(x_2)] - \frac{h^5}{90}f^{(4)}(\xi)$$

（3）$n=3$，辛普森公式

$$\int_a^b f(x)\mathrm{d}x = \frac{3h}{8}[f(x_0)+3f(x_1)+3f(x_2)+f(x_3)] - \frac{3h^5}{80}f^{(4)}(\xi)$$

（4）$n=4$，科茨公式

$$\int_a^b f(x)\mathrm{d}x = \frac{2h}{45}[7f_0+32f_1+12f_2+32f_3+7f_4] - \frac{8h^5}{945}f^{(6)}(\xi)$$

（5）$n=5$

$$\int_a^b f(x)\mathrm{d}x = \frac{5h}{288}[19f_0+75f_1+50f_2+50f_3+75f_4+19f_5] - \frac{275h^7}{12096}f^{(6)}(\xi)$$

（6）$n=6$，威得勒公式

$$\int_a^b f(x)\mathrm{d}x = \frac{h}{140}[41f_0+216f_1+27f_2+272f_3+27f_4+216f_5+41f_6] - \frac{9h^9}{1400}f^{(8)}(\xi)$$

（7）$n=7$

$$\int_a^b f(x)\mathrm{d}x = \frac{7h}{17280}[751f_0+3577f_1+1323f_2+2989f_3+2989f_4$$
$$+1323f_5+3577f_6+751f_7] - \frac{8183h^9}{518400}f^{(8)}(\xi)$$

实际计算中不使用更高阶的牛顿—科茨公式。

2. 开型的牛顿—科茨公式

取 $h = \dfrac{b-a}{n+2}$，$x_k = x_0 + kh$，$k=0,1,\cdots,n$，而 $x_0 = a+h$。这样，节点皆在开区间 (a,b)，用以构成的积分公式（2-2-1），称为开型的牛顿—科茨式，具体有

（1）$n=0$，中点公式

$$\int_a^b f(x)\mathrm{d}x = 2hf(x_0) + \frac{h^3}{3}f''(\xi)$$

（2）$n=1$

$$\int_a^b f(x)\mathrm{d}x = \frac{3h}{2}\left[f(x_0)+f(x_1)\right] + \frac{3h^3}{4}f''(\xi)$$

（3）$n=2$

$$\int_a^b f(x)\mathrm{d}x = \frac{4h}{3}\left[2f(x_0)-f(x_1)+2f(x_2)\right] + \frac{14h^5}{45}f^{(4)}(\xi)$$

（4）$n=3$

$$\int_a^b f(x)\mathrm{d}x = \frac{5h}{24}\left[11f(x_0)+f(x_1)+f(x_2)+11f(x_3)\right] + \frac{95h^5}{144}f^{(4)}(\xi)$$

（5）$n=4$

$$\int_a^b f(x)\mathrm{d}x = \frac{3h}{10}\left[11f_0-14f_1+26f-14f_3+11f_4\right] + \frac{41h^7}{140}f^{(6)}(\xi)$$

（6）$n=5$

$$\int_a^b f(x)\mathrm{d}x = \frac{7h}{1440}\left[611f_0-453f_1+562f_2+562f_3-453f_4+611f_5\right] + \frac{5257h^7}{8640}f^{(6)}(\xi)$$

2.2.2 复化求积公式

将 $[a,b]$ 划分为 n 等分，步长

$$h=\frac{b-a}{n},\ x_k=a+kh(k=0,1,\cdots,n)$$

所谓复化求积法，就是先用低阶的牛顿—科茨公式求得每个子区间 $[x_k,x_{k+1}]$ 上的积分近似值 I_k，然后再求和，用 $\sum\limits_{k=0}^{n-1} I_k$ 作为所求积 I 的近似值。以下各式余项中 $\eta \in (a,b)$。

（1）复化梯形公式

$$\int_a^b f(x)\mathrm{d}x = \frac{h}{2}\left[f(a)+2\sum_{k=1}^{n-1}f(x_k)+f(b)\right] - \frac{b-a}{12}h^2 f''(\eta) \tag{2-5}$$

（2）复化辛普森公式

$$\int_a^b f(x)\mathrm{d}x = \frac{h}{6}\left[f(a)+4\sum_{k=0}^{n-1}f(x_{k+\frac{1}{2}})+2\sum_{k=1}^{n-1}f(x_k)+f(b)\right] - \frac{b-a}{180}\left(\frac{h}{2}\right)^4 f^{(4)}(\eta)$$

$$\tag{2-6}$$

其中 $x_{k+\frac{1}{2}}=x_k+\frac{1}{2}h$。

（3）复化科茨公式

$$\int_a^b f(x)\mathrm{d}x = \frac{h}{90}\left[7f(a)+32\sum_{k=0}^{n-1}f(x_{k+\frac{1}{4}})+12\sum_{k=0}^{n-1}f(x_{k+\frac{1}{2}})+32\sum_{k=0}^{n-1}f(x_{k+\frac{3}{4}})\right.$$

$$\left.+14\sum_{k=0}^{n-1}f(x_k)+7f(b)\right] - \frac{2(b-a)}{945}\left(\frac{h}{4}\right)^6 f^{(6)}(\eta) \tag{2-7}$$

其中 $x_{k+\frac{1}{4}}=x_k+\dfrac{1}{4}h$，$x_{k+\frac{1}{2}}=x_k+\dfrac{1}{2}h$，$x_{k+\frac{3}{4}}=x_k+\dfrac{3}{4}h$。

（4）复化中点公式

$$\int_a^b f(x)\mathrm{d}x = h\sum_{k=0}^{n-1} f(x_{k+\frac{1}{2}}) + \frac{b-a}{6}\left(\frac{h}{2}\right)2f''(\eta) \tag{2-8}$$

其中 $x_{k+\frac{1}{2}}=x_k+\dfrac{1}{2}h$。

2.3　边界层能量微分方程的数值解析

1. 物理模型

无穷大楔的示意如图 2-1 所示。

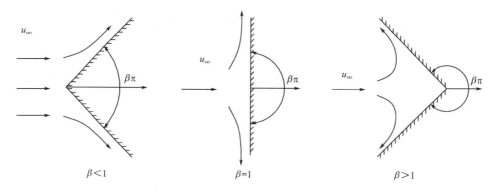

图 2-1　无穷大楔

这里所说的"无穷大"是理论模型。在实际中不存在无穷大的楔，但当来流速度与平板不平行且平板又有一定长度时，由该理论模型所获得的边界层的解对平板上自端点开始相当一段距离还是准确的，图中 $\beta\pi$ 为楔固体侧的顶角。当 $\beta=0.5$ 时，楔为迎风平壁。

按着边界层理论的思路，整个流场被分为两个部分：势流区与边界层。在势流区，不计黏滞力，求解出壁面上的速度后，把它作为边界层的外缘速度。在边界层的分析中，常常把外缘速度记为 u_∞。这里为避免与势流区无穷远处的来流速度 u_∞ 符号重复，改记为 u_s。

2. 势流解

先用势流理论求解壁面速度，设极坐标如图 2-2，势流速度为 $V(r,\theta)$。根据势流理论，在无黏滞力时，速度场是有势无旋的。势函数与流函数均调和，即 $\nabla^2\phi=0$，$\nabla^2\psi=0$。根据势函数与流函数的定义

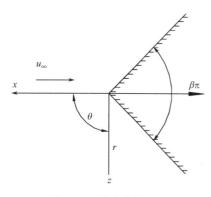

图 2-2　无穷大楔势流解

$$u=\frac{\partial\phi}{\partial x}=\frac{\partial\psi}{\partial y},\ v=\frac{\partial\phi}{\partial y}=-\frac{\partial\psi}{\partial x}$$

定义一个解析函数

$$F(z)=\phi+i\psi \tag{2-9}$$

式中：$z=x+iy$，我们看到有一组确定的 x，y，则对应一个确定的 z，以及 $F(z)$，ϕ 与 ψ，最终有确定的 u 与 v。故 $F(z)$ 为速度场 $V(r,\theta)$ 在复数域的一种表达方式，被称为速度场的复势。

$$\frac{\partial F}{\partial x}=\frac{\mathrm{d}F}{\mathrm{d}z}\cdot\frac{\partial z}{\partial x}=\frac{\mathrm{d}F}{\mathrm{d}z}=\frac{\partial\phi}{\partial x}+i\frac{\partial\psi}{\partial x}=u-iv \tag{2-10}$$

上式被称为复速度。

在极坐标下，$z=x+iy=re^{i\theta}=r(\cos\theta+i\sin\theta)$

作为试探函数，令

$$F(z)=Az^n=Ar^ne^{in\theta}=Ar^n\left[\cos(n\theta)+i\sin(n\theta)\right] \tag{2-11}$$

故有 $\phi=Ar^n\cos(n\theta)$ 与 $\psi=Ar^n\sin(n\theta)$

$$u_r=\frac{\partial\phi}{\partial r}=Ar^{n-1}\cos(n\theta),u_\theta=\frac{\partial\phi}{\partial\theta}=Anr^n\sin(n\theta) \tag{2-12}$$

$$边界条件：\begin{cases}\theta=0\ 时，&\frac{\partial\phi}{\partial\theta}=u_\theta=0 &(a)\\[2mm]\theta=\pm\left(\pi-\frac{\beta\pi}{2}\right)时，&\frac{\partial\phi}{\partial\theta}=u_\theta=0(壁面上)&(b)\\[2mm]0<\theta<\frac{2-\beta}{2}\ 时，&\frac{\partial\phi}{\partial\theta}\neq0(处处不为零)&(c)\end{cases} \tag{2-13}$$

上述边界条件是根据物理概念判断得出的。

不难验证，所设的试探函数 $F(z)$ 及 ϕ，ψ 已自动满足边界条件（a）。

据边界条件（b）有

$$\sin n\frac{2-\beta}{2}\pi=0,\quad 得\quad n\cdot\frac{2-\beta}{2}\pi=k\pi\quad(k=0,\pm1,\pm2,\cdots)$$

改写为 $n=\frac{2}{2-\beta}k$，并根据边界条件确定 k 的取值。

当 $k=0$ 时 $n=0$，不是该问题的解，故 $k\neq0$。

当 $k<0$ 时 $n<0$，当 $r\to0$ 时，$r^n\to\infty$，$u_\theta\to\infty$ 也不是问题的解。

故 k 的取值范围被限定为 $k=1,2,3,\cdots$

据边界条件（b），若 $k>1$，（$k=2,3,4,\cdots$）则在 $0<\theta<\frac{2-\beta}{2}\pi$ 区间内，在 $\theta=\frac{2-\beta}{2k}\pi$ 的射线上 $\sin\theta=\sin\frac{2}{2-\beta}k\cdot\frac{2-\beta}{2k}\pi=\sin\pi=0$。这意味着在此区间有 $u_\theta=0$ 的地方。

这是不符合物理意义的。因为边界条件（b）已注明"处处不为零"。故最后判断：$k=1$。于是得出

$$\phi=Ar^{\frac{2}{2-\beta}}\cos\left(\frac{2}{2-\beta}\theta\right)$$

式中的 A 为待定系数。代入 $\theta=\frac{2-\beta}{2}\pi$，获得边界层的外缘速度 $V(r,\theta)$ 为

23

$$u_s = u_r = \frac{\partial \phi}{\partial r}\bigg|_{\theta = \frac{2-\beta}{2}\pi} = -A \frac{2}{2-\beta} r^{\frac{\beta}{2-\beta}}$$

对 $\beta = 0$，即流体横掠平板，此时 $u_s = -A = u_\infty$

故得：$u_s = u_\infty \frac{2}{2-\beta} r^{\frac{\beta}{2-\beta}}$

这里 u_∞ 为无穷远处的来流速度，也即 $r=0$ 点的速度。而由于所讨论的区域为无穷大，绝对尺度已无意义，故式中的 r 应视为无因次距离，即 $r = x/l$。l 为所研究壁面上的特征长度，x 为自顶点起沿壁面的新坐标。这样上式左右两端的因次才匹配。在实际中，无穷大楔是不存在的。例如研究对象是一个有限大的楔形物，顶角为 $\beta\pi$，边长为 l，远处的来流速度为 u_∞，则用上式表达楔表面附近的主流速度还是相当准确的。

$$\frac{\partial F}{\partial x} = \frac{\mathrm{d}F}{\mathrm{d}z} \cdot \frac{\partial z}{\partial x} = \frac{\mathrm{d}F}{\mathrm{d}z} = \frac{\partial \phi}{\partial x} + i \frac{\partial \psi}{\partial x} = u - iv$$

$$u_s = u_\infty \frac{2}{2-\beta}\left(\frac{x}{l}\right)^{\frac{\beta}{2-\beta}}$$

下面我们来讨论边界层中的速度分布，边界层外缘速度 $V(r, \theta)$ 是已知的。在讨论边界层问题时重新设定的坐标系为：x 表示沿壁面方向的坐标，y 表示垂直于壁面的坐标。

将 u_s 写成

$$u_s = c \left(\frac{x}{l}\right)^m \tag{2-14}$$

c 与 m 为

$$c = \frac{2}{2-\beta} u_\infty, \quad m = \frac{\beta}{2-\beta}\left(\beta = \frac{2m}{m+1}\right) \tag{2-15}$$

两个特殊情况为

当 $\beta = 0$，$m = 0$，$u_s = u_\infty$，此为平板边界层的情况。

当 $\beta = 1$，$m = 1$，$u_s = u_\infty \cdot \frac{x}{l}$，此为迎风垂直壁面的情况。

边界层中 x 方向的动量方程经忽略高阶小项后为

$$u \frac{\partial u}{\partial x} + v \frac{\partial u}{\partial y} = -\frac{1}{\rho}\frac{\mathrm{d}p}{\mathrm{d}x} + v \frac{\partial^2 u}{\partial y^2} \tag{2-16}$$

在本科传热学教材中已经通过对 y 的动量方程各项的数量级分析说明，在边界层中，p 沿 y 向的变化可忽略不计，仅为 x 的函数，其值应由主流区的势流解确定。对流体横掠平板边界层，$\frac{\mathrm{d}p}{\mathrm{d}x} = 0$，但对楔形物，$p$ 沿 x 方向是变化的。

在势流区，流线上的速度与压力是满足伯努利方程的，即

$$p + \frac{\rho}{2} u_s^2 = \mathrm{const}$$

故 $\frac{\mathrm{d}p}{\mathrm{d}x} = -\rho u_s \frac{\mathrm{d}u_s}{\mathrm{d}x}$

边界层方程变为

$$u \frac{\partial u}{\partial x} + v \frac{\partial u}{\partial y} = v \frac{\partial^2 u}{\partial y^2} + u_s \frac{\mathrm{d}u_s}{\mathrm{d}x} \tag{2-17}$$

边界条件为：$y=0$ 时，$u=0$，$v=0$；

$\quad\quad\quad\quad y\to\infty$ 时，$u=u_s$；

该方程有两个未知函数 u 与 v，首先引入流函数将两个未知函数合而为一。

代入 $u=\dfrac{\partial\psi}{\partial y}$，$v=-\dfrac{\partial\psi}{\partial x}$ 得

$$\frac{\partial\psi}{\partial y}\frac{\partial^2\psi}{\partial y\partial x}-\frac{\partial\psi}{\partial x}\frac{\partial^2\psi}{\partial y^2}=v\frac{\partial^3\psi}{\partial y^3}+u_s\frac{\mathrm{d}u_s}{\mathrm{d}x} \tag{2-18}$$

边界条件为

$$\begin{cases} y=0 \text{ 时，} & -\dfrac{\partial\psi}{\partial x}=0, \dfrac{\partial\psi}{\partial y}=0 \\[2mm] y\to\infty \text{ 时，} & \dfrac{\partial\psi}{\partial y}=Cx^m \end{cases}$$

这是一个非线性的偏微分方程，用通常的方法求解自然非常困难。1904 年德国的普朗特（Prandtl）首先指出该方程有可能变换为常微分方程。1908 年，其研究生德国的布拉修斯（Blasius）首先用这一方法求得了平板边界层的解。1930 年德国的法尔克纳（Falkner）发现了其他一些可以求解的例题。到 1939 年德国的戈尔德斯坦指出当边界层外缘速度为 x 的幂函数时，就一定存在将上面的偏微分方程变换为常微分方程的方法。作为方法的演示，我们现在独立地来进行这个变换，具体过程与其他文献中的介绍有所不同。

变换的方法是用一个新的坐标系 η、ξ 来代替 x、y 坐标。变换关系为：令 $\xi=x$，而 η 则为 $\eta(x,y)$ 且同样为幂函数，即 $\eta=Bx^ny^b$。同时令 $\psi(\eta,\xi)=f(\eta)\cdot g(\xi)$ 作为函数进行试探，由于这里对 ψ 分离了变量，且坐标变换采用了幂函数，所以变换的运算过程与结果都只涉及幂函数，因此我们就有可能选择 n 与 b 使变换后的方程中不含 ξ 与 $g(\xi)$ 从而获得关于 η 的常微分方程。

由于 $f(\eta)$ 是个待定的函数，n 的数值也待定，所以可首先把 b 的数值确定为 1，例如我们可以令 $\eta'=\eta^{\frac{1}{b}}=Bx^{\frac{n}{b}}\cdot y$，$\psi(\eta,\xi)=\psi(\eta',\xi)$。用 η' 来代替 η 进行变换没有改变问题的实质。为简化符号，可将 η' 写成 η，即 $\eta=Bx^ny$（式中 B 为与 x、y 无关的参数）。

变换的运算如下

$$\frac{\partial\psi}{\partial x}=\frac{\partial\psi}{\partial\eta}\frac{\partial\eta}{\partial x}+\frac{\partial\psi}{\partial\xi}\frac{\partial\xi}{\partial x}=Bf'gynx^{n-1}+fg'$$

$$\frac{\partial\psi}{\partial y}=\frac{\partial\psi}{\partial\eta}\frac{\partial\eta}{\partial y}+\frac{\partial\psi}{\partial\xi}\frac{\partial\xi}{\partial y}=f'gBx^n$$

$$\frac{\partial^2\psi}{\partial x\partial y}=B^2f''gynx^{2n-1}+Bg'f'x^n+Bf'gnx^{n-1}$$

$$\frac{\partial^2\psi}{\partial y^2}=B^2f''gx^{2n}$$

$$\frac{\partial^3\psi}{\partial y^3}=B^3f'''gx^{3n}$$

将上述各项及 $u_s=C\left(\dfrac{x}{l}\right)^m$ 代入方程

$$Bf'gx^n(B^2f''gynx^{2n-1}+Bg'f'x^n+Bf'gnx^{n-1})-B^2f''x^{2n}g(Bf'gynx^{n-1}+fg')$$
$$=B^3vf'''x^{3n}g+\frac{C^2m}{l^m}x^{2m-1}$$

整理得

$$f'''+\frac{C^2mx^{2m-1}}{B^3vx^{3n}gl^{2m}}+\frac{ff''g'}{Bvx^n}-\frac{f'^2(g'+gnx^{-1})}{Bvx^n}=0$$

设 $g(\xi)=g(x)$ 也为幂函数，$g(x)=px^q$。p 为与 x 无关的参数，我们即可通过选择 q 与 n 的数值使上式不含 x 与 $g(x)$。首先观察上式中的第四项，知 $q=n+1$ 时上式中不含 x 与 $g(x)$ 项。再验证上式中的第三项，知当 $q=n+1$ 时该项也不会含 x 与 $g(x)$。

将 $g(x)=px^{n+1}$ 代入方程得

$$f'''+\frac{C^2m\left(\dfrac{x}{l}\right)^{2m-1}}{B^3vx^{3n}px^{n+1}l^{2m}}+\frac{ff''p(n+1)}{Bv}-\frac{f'^2(p(n+1)+pn)}{Bv}=0$$

为使式中第二项也不含 x，需使 $4n+1=2m-1$，即 $n=\dfrac{m-1}{2}$

方程变为 $f'''+\dfrac{C^2m}{B^3vpl^{2m}}+\dfrac{p(m+1)}{2vB}ff''-\dfrac{pm}{vB}f'^2=0$

至此，我们已成功地获得了一个关于 $f(\eta)$ 的常微分方程。也就是说，只需把 $f(\eta)$ 解出来，$\psi=f(\eta)\cdot g(\xi)$ 也就被解出来了。由于式中的 B 为自变量 η 的系数，故它可取任意数值。为了方程形式的简化，选取 B 值使方程中的第二项为 β，第三项系数为 1。即

$$\begin{cases}\dfrac{p}{B}=\dfrac{2v}{m+1}\\[2mm]pB^3=\dfrac{C^2m}{v\beta l^{2m}}\end{cases}$$

解得

$$B=\sqrt{\frac{2u_\infty}{v}}\,\frac{1}{2-\beta}l^{-\frac{m}{2}}$$

$$p=\sqrt{2vu_\infty}\,l^{-\frac{m}{2}}$$

于是
$$g(x)=px^q=\sqrt{2vu_\infty}\,x^{\frac{m+1}{2}}l^{-\frac{m}{2}}$$

将 p 与 B 代入方程得

$$f'''+ff''+\beta(1-f'^2)=0 \tag{2-19}$$

这是关于 η 的常微分方程。

$$\eta=Bx^ny=\sqrt{\frac{2u_\infty}{v}}\,\frac{1}{2-\beta}x^{\frac{m-1}{2}}yl^{-\frac{m}{2}}$$

$$=\sqrt{\frac{lu_\infty}{v}}\left(\frac{x}{l}\right)^{\frac{m-1}{2}}\frac{y}{l}=\frac{m+1}{\sqrt{2}}\sqrt{\frac{lu_\infty}{v}}\left(\frac{x}{l}\right)^{\frac{m-1}{2}}\frac{y}{l} \tag{2-20}$$

若令 $Re_x=\dfrac{u_sx}{v}$ 则

$$\eta=\sqrt{\frac{m+1}{2}}\sqrt{Re_x}\,\frac{y}{x} \tag{2-21}$$

由 η 的表达式知, η 为无因次量, 与 y 成正比, 故可将 η 的物理意义理解为无因次离壁距离。由 $f(\eta)$ 的定义: $\psi = f(\eta) \cdot g(\xi)$, 故也可以把 $f(\eta)$ 看作是一个改造了的流函数。

$f'(x)$ 也有类似的物理意义, 即

$$\frac{u}{u_s} = \frac{\dfrac{\partial \psi}{\partial y}}{C\left(\dfrac{x}{l}\right)^m} = \frac{Bf'gx^n}{u_\infty \dfrac{2}{2-\beta}\left(\dfrac{x}{l}\right)^m} = f'(\eta) \tag{2-22}$$

由此式我们还可以分析出, 如同平板边界层一样, 无穷大楔表面边界层内的速度场也是 "相似" 的。$\eta_\delta = \sqrt{\dfrac{m+1}{2}} \dfrac{\delta}{x} \sqrt{Re_x}$ 为常数, $\dfrac{y}{\delta} = \dfrac{\eta}{\eta_\delta}$, 故

$$\frac{u}{u_s} = f'(\eta) = f'\left(\eta_\delta, \frac{y}{\delta}\right) = F\left(\frac{y}{\delta}\right) \tag{2-23}$$

此式表示 $\dfrac{u}{u_s}$ 是 $\dfrac{y}{\delta}$ 的单值函数, 在边界层中不同的 x 处, 只要 $\dfrac{y}{\delta}$ 相同, $\dfrac{u}{u_s}$ 必相同。

根据 η 与 $f(\eta)$ 的物理概念, 三阶微分方程的三个边界条件为

$$\begin{cases} \eta = 0 & f'(\eta) = 0 \\ \eta = 0 & f(\eta) = 0 \\ \eta = 0 & f'(\eta) = 1 \end{cases} \tag{2-24}$$

公式 (2-24) 中第二个边界条件的确定在本书后面有介绍。

对边界层动量微分方程的求解, 本书以比较简单的流体横掠平板边界层的情况加以介绍。早在 1908 年, 德国的布拉修斯就已求解了平板边界层。当时是基于研究经验直接给出了无因次厚度和流函数。

$$\eta = \frac{y}{x}\sqrt{\frac{xu_\infty}{v}} \tag{2-25}$$

$$\psi = \sqrt{vxu_\infty}\, f(\eta) \tag{2-26}$$

据此两个定义式很容易写出

$$\frac{u}{u_\infty} = \frac{1}{u_\infty}\frac{\partial \psi}{\partial y} = f'(\eta)$$

$$\frac{v}{u_\infty} = -\frac{\partial \psi}{\partial x} = -\frac{1}{2}\sqrt{\frac{v}{u_\infty x}}(f - \eta f')$$

$$\frac{\partial u}{\partial y} = u_\infty f''\sqrt{\frac{u_\infty}{vx}} \tag{2-27}$$

$$\frac{\partial^2 u}{\partial y^2} f''' \frac{u_\infty^2}{vx}$$

$$\frac{\partial u}{\partial x} = -\frac{1}{2}\eta\frac{u_\infty}{x}f''$$

将这些计算结果代入平板速度层流边界层的微分方程

$$u\frac{\partial u}{\partial x} + v\frac{\partial v}{\partial y} = v\frac{\partial^2 u}{\partial y^2}$$

整理后得

$$f''' + \frac{1}{2}ff'' = 0 \tag{2-28}$$

细心的读者不难发现，该式与由无穷大楔边界层全微分方程得来的方式有所不同。由式 (2-19) 可知，当 $\beta = 0$ 时，应化简为 $f''' + ff'' = 0$。两个公式都是对的。差别的原因在于 η 的表达式不同，对无穷大楔 $\eta = \sqrt{\dfrac{m+1}{2}} \dfrac{y}{x} \sqrt{\dfrac{xu_{\mathrm{s}}}{v}}$，当 $\beta = 0$，$m = 0$ 时，$\eta = \dfrac{\sqrt{2}}{2} \dfrac{y}{x} \sqrt{\dfrac{xu_{\mathrm{s}}}{v}}$，此式与式 (2-25) 相比多了个 $\sqrt{2}/2$。

由 $f''' + \dfrac{1}{2}ff'' = 0$ 可获得一个积分形式的解，过程为：令 $z = f''$，则 $\dfrac{\mathrm{d}z}{\mathrm{d}\eta} + \dfrac{1}{2}f(\eta)z = 0$，解得：$f'' = z = e^{-\frac{1}{2}\int_0^\eta f(\eta)\mathrm{d}\eta + C}$，继续积分得：$f' = C_1 \int_0^\eta e^{-\frac{1}{2}\int_0^\eta f(\eta)\mathrm{d}\eta} \mathrm{d}\eta + C_2$。

再求积分可获得 $f(\eta)$ 的公式，并且又多了一个积分常数。式中的积分常数应由式 (2-24) 给出的三个边界条件获得。其中第二个边界条件是由式 (2-27) 中 v/u_∞ 的表达式看出的。当 $\eta = 0$ 时 $u = 0$，$v = 0$，$f'(0) = 0$；故 $f(0) = 0$。经数值积分获得 f，f'，f'' 的数值如表 2-1 所示。

平板边界层动量微分方程解的数值　　　　　　　　　表 2-1

η	$f(\eta)$	$f'(\eta)$	$f''(\eta)$
0	0	0	0.332
0.8	0.106	0.265	0.327
1.6	0.420	0.517	0.297
2.0	0.650	0.630	0.267
3.0	1.397	0.846	0.161
4.0	2.306	0.956	0.064
5.0	3.283	0.992	0.0024
6.0	4.280	0.999	0.00022
7.0	5.779	0.9999	0.00001

由前面的公式知道，当 $\eta = 4.91$ 时 $f'(\eta) = 0.99$，这说明不论何种流体（v 为何值），不论 x 为何值，也不论 u_∞ 为多大，平板层流边界层的无因次厚度都近似为 5，这是一个很重要的概念和数据。$\dfrac{\partial u}{\partial y}$ 与 $f''(\eta)$ 成正比，随 η 增大 $f''(\eta)$ 迅速减小，到 $\eta = 5$ 左右，$f''(5)$ 仅为 $f''(0)$ 的 0.7%，说明边界层中的剪切应力主要发生在近壁处，当 $\eta = 0$ 时 $f''(0) = 0.332$，这个数值有特殊的意义。壁面的摩擦系数

$$C_f = \frac{\tau_{\mathrm{w}}}{\frac{\rho}{2}u_\infty} = \frac{\mu \frac{\partial u}{\partial y}}{\frac{\rho}{2}u_\infty^2} = \frac{\mu u_\infty f''(0)\sqrt{\frac{u_\infty}{vx}}}{\frac{\rho}{2}u_\infty^2} = 0.332 \times 2Re_x^{-\frac{1}{2}} \tag{2-29}$$

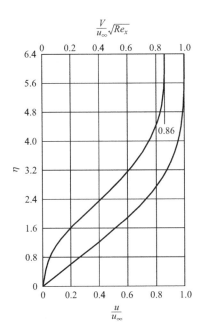

图 2-3 平板边界层中的速度分布（微分方程解）

若以 $\dfrac{u_\delta}{u_\infty} = 0.99$ 为边界层的外缘，则此时 $\eta_\delta = 0.491$ 边界层的厚度公式为 $\dfrac{\delta}{x} = 4.91 Re_x^{-\frac{1}{2}}$。

$\dfrac{u}{u_\infty}$ 与 $\dfrac{v}{u_\infty}\sqrt{Re_x}$ 的量的变化如图 2-3 所示。$\dfrac{v}{u_\infty}\sqrt{Re_x}$ 的数值与 f 和 f' 值有关。v 比 u 小 $\sqrt{Re_x}$ 倍。通常认为这是一个数量级。无穷大楔外边界层动量微分方程式（2-29）解的结果如表 2-2 和图 2-4 所示。

无穷大楔边界层微分方程的解 表 2-2

η （β 依次为-0.1988, $0,0.5,1.0,1.6$）	f	f'	f''	f'''
0	0	0	0	0.1988
	0	0	0.4696	0
	0	0	0.9276	-0.5000
	0	0	1.2326	-1.0000
	0	0	1.5210	-1.6000
1.0	0.0331	0.0991	0.1971	0.1903
	0.2330	0.4606	0.4344	-0.1012
	0.3811	0.6810	0.4442	-0.4374
	0.4592	0.7779	0.3980	-0.5777
	0.5206	0.8425	0.3395	-0.6411

续表

η （β 依次为 -0.1988, $0,0.5,1.0,1.6$）	f	f'	f''	f'''
	0.2600	0.3802	0.3470	0.0799
	0.8868	0.8167	0.2557	-0.2267
2.0	1.2199	0.9421	0.1184	-0.2007
	1.3620	0.9732	0.0659	-0.1425
	1.4586	0.9846	0.0336	-0.0979
	0.8173	0.7277	0.3070	-0.1573
	1.7956	0.9691	0.0677	-0.1216
3.0	2.1967	0.9947	0.0142	-0.0365
	2.3526	0.9985	0.0051	-0.0151
	2.4499	0.9920	-0.0055	-0.0119

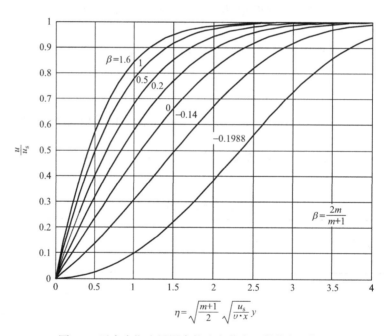

图 2-4　无穷大楔边界层中的速度分布（微分方程解）

2.4　圆管层流成熟发展段换热的数值解析

1. 物理模型

给出问题如下，常物性流体在等截面圆管内（半径为 R），等壁温边界条件下进行层流流动换热，在温度场成熟发展之后，如何根据热平衡关系推导出以下内容：

（1）流体截面平均温度的微分方程；

（2）简化圆管内流体温度场的微分方程及其边界条件；

（3）已知圆管层流速度场 $\dfrac{u}{\bar{u}}=2\left[1-\left(\dfrac{r}{R}\right)^2\right]$，如何求解圆管内流体温度场和对流放热系数。

下面给出解决过程。

2. 数学模型

设管长方向坐标为 z，则有：

（1）对于成熟发展段有 $\dfrac{\partial}{\partial z}\left(\dfrac{t-t_{\mathrm{w}}}{\bar{t}-t_{\mathrm{w}}}\right)=0$，而且 $h=\mathrm{const}$，对于 $\mathrm{d}z$ 长的微元管段，热平衡关系如下：侧壁对流换热量为 $\mathrm{d}\phi=h\pi d\,\mathrm{d}z(\bar{t}-t_{\mathrm{w}})$；

流体进出之后吸收的热量为 $\mathrm{d}\phi=-\rho c\bar{u}\dfrac{\pi d^2}{4}\mathrm{d}\bar{t}$，于是截面平均温度微分方程为：

$$\frac{\mathrm{d}\bar{t}}{\mathrm{d}z}=-\frac{h\pi\mathrm{d}(\bar{t}-t_{\mathrm{w}})}{\rho c\bar{u}\dfrac{\pi\mathrm{d}^2}{4}}=-\frac{4h}{\rho c\bar{u}d}(\bar{t}-t_{\mathrm{w}})$$

当 $z=0$ 时，$\bar{t}=\bar{t}_0$。不难解得：$\bar{t}-t_{\mathrm{w}}=(\bar{t}_0-t_{\mathrm{w}})\exp\left(-\dfrac{4h}{\rho c\bar{u}d}\cdot z\right)$。

（2）令无量纲过余温度 $\theta=\dfrac{t-t_{\mathrm{w}}}{\bar{t}-t_{\mathrm{w}}}$，采用柱坐标，由对称性可知 θ 与角度无关，而且由成熟发展段特点 $\dfrac{\partial}{\partial z}\left(\dfrac{t-t_{\mathrm{w}}}{\bar{t}-t_{\mathrm{w}}}\right)=0$ 可知，θ 与 z 也无关，因此无量纲过于温度仅仅是半径 r 的函数，即 $\theta(r)$。由流场的能量守恒有如下关系

$$\frac{1}{r}\frac{\partial}{\partial r}\left(r\frac{\partial t}{\partial r}\right)=\frac{u}{a}\frac{\partial t}{\partial z}$$

由于 $t=\theta(\bar{t}-t_{\mathrm{w}})+t_{\mathrm{w}}$，所以 $\dfrac{\partial t}{\partial z}=\theta\dfrac{\mathrm{d}(\bar{t}-t_{\mathrm{w}})}{\mathrm{d}z}=-\theta\cdot\dfrac{4h}{\rho c\bar{u}d}(\bar{t}-t_{\mathrm{w}})$；

$$\frac{1}{r}\frac{\partial}{\partial r}\left(r\frac{\partial t}{\partial r}\right)=\frac{1}{r}\frac{\partial}{\partial r}\left[r\frac{\partial}{\partial r}\left(\frac{t-t_{\mathrm{w}}}{\bar{t}-t_{\mathrm{w}}}\right)\right]\cdot(\bar{t}-t_{\mathrm{w}})=\frac{1}{r}\frac{\mathrm{d}}{\mathrm{d}r}\left(r\frac{\mathrm{d}\theta}{\mathrm{d}r}\right)\cdot(\bar{t}-t_{\mathrm{w}})$$

$$\frac{u}{a}\frac{\partial t}{\partial z}=-\frac{u}{a}\cdot\theta\cdot\frac{4h}{\rho c\bar{u}d}(\bar{t}-t_{\mathrm{w}})=-\frac{4h}{\lambda d}\frac{u}{\bar{u}}\theta(\bar{t}-t_{\mathrm{w}})$$

因此有：$\dfrac{1}{r}\dfrac{\mathrm{d}}{\mathrm{d}r}\left(r\dfrac{\mathrm{d}\theta}{\mathrm{d}r}\right)=-\dfrac{4h}{\lambda d}\dfrac{u}{\bar{u}}\theta$；

如果令无量纲半径为：$\eta=\dfrac{r}{R}$；

则：$\dfrac{1}{\eta}\dfrac{\mathrm{d}}{\mathrm{d}\eta}\left(\eta\dfrac{\mathrm{d}\theta}{\mathrm{d}\eta}\right)=-\dfrac{hd}{\lambda}\dfrac{u}{\bar{u}}\theta=-Nu\cdot\dfrac{u}{\bar{u}}\theta$，也即 $\dfrac{\mathrm{d}^2\theta}{\mathrm{d}\eta^2}+\dfrac{1}{\eta}\dfrac{\mathrm{d}\theta}{\mathrm{d}\eta}=-Nu\cdot\dfrac{u}{\bar{u}}\theta$

边界条件：$\eta=0$，$\dfrac{\mathrm{d}\theta}{\mathrm{d}\eta}=0$；$\eta=1$，$\theta=0$；

最终：$t(r,z)=\theta(r)\cdot(\bar{t}_0-t_{\mathrm{w}})\exp\left(-\dfrac{4h}{\rho c\bar{u}d}\cdot z\right)+t_{\mathrm{w}}$

接下来再给出另一种求解方法。

3. 级数求解方法

由于 $\dfrac{u}{\bar{u}}=2(1-\eta^2)$，故 $\eta\theta''+\theta'+2Nu\cdot\eta(1-\eta^2)\theta=0$，$\theta$ 可以写成幂级数形式：$\theta=\sum\limits_{i=0}^{\infty}a_i\eta^i$。有边界条件 $\eta=1$，$\theta=0$，得到 $\sum\limits_{i=0}^{\infty}a_i=0$。但上述方法存在以下问题：

(1) $a_0=\dfrac{t_{中心}-t_w}{\bar{t}-t_w}\neq1=?$ $[a_0=1.4662=C_1=\theta(0)]$，导致 $\sum\limits_{i=0}^{\infty}a_i=0$ 无法求出 Nu。

(2) a_i 与 Nu 有关，即使 Nu 可求，却能够求出无穷多个 Nu，到底哪个 Nu 是问题的解。

针对以上问题，提出以下解法。

4. 数值积分求解方法

根据 h 与温度场的关系有：$\theta'_\eta(1)=-2Nu$

令 $A=-\theta'_\eta(1)=2Nu$（待求），根据方程有

$$\frac{1}{\eta}\frac{\mathrm{d}}{\mathrm{d}\eta}\Big(\eta\frac{\mathrm{d}\theta}{\mathrm{d}\eta}\Big)=-2Nu\cdot(1-\eta^2)\theta=-A(1-\eta^2)\theta$$

$$\Rightarrow\frac{\mathrm{d}}{\mathrm{d}\eta}\Big(\eta\frac{\mathrm{d}\theta}{\mathrm{d}\eta}\Big)=-A\eta(1-\eta^2)\theta$$

$$\Rightarrow\eta\frac{\mathrm{d}\theta}{\mathrm{d}\eta}=\int_0^\eta -Ax(1-x^2)\theta\mathrm{d}x+C_1'=\int_\eta^1 Ax(1-x^2)\theta\mathrm{d}x+C_1$$

$$\Rightarrow\frac{\mathrm{d}\theta}{\mathrm{d}\eta}=\frac{C_1'+\int_0^\eta -Ax(1-x^2)\theta\mathrm{d}x}{\eta}=\frac{C_1+\int_\eta^1 Ax(1-x^2)\theta\mathrm{d}x}{\eta}\tag{2-30}$$

$$\theta=C_2'+\int_0^\eta\left[\frac{C_1'-\int_0^y Ax(1-x^2)\theta\mathrm{d}x}{y}\right]\mathrm{d}y=C_2-\int_\eta^1\left[\frac{C_1+\int_y^1 Ax(1-x^2)\theta\mathrm{d}x}{y}\right]\mathrm{d}y$$

$$\tag{2-31}$$

$$或者：\theta=-\int_\eta^1\frac{\mathrm{d}\theta}{\mathrm{d}y}\cdot\mathrm{d}y+C_2\tag{2-32}$$

式（2-31）和式（2-32）是等效的，采用式（2-32）可启动计算且简单。

式（2-30）和式（2-31）中有三个数未知，即 A，C_1，C_2，根据以下三个条件求这三个未知数。

已知条件：①$\theta'_\eta(1)=-A$；②$\theta(1)=0$；③$\theta'_\eta(0)=0$。前两个条件可求出 C_1 与 C_2，第 3 个条件可求出 A。

在 $\eta=1$ 处，已知 $\theta'_\eta(1)=-A$；$\theta(1)=0$，可求得 $C_2=0$，$C_1=A$。于是得到如下公式：

$$\frac{\mathrm{d}\theta}{\mathrm{d}\eta}=A\cdot\frac{1+\int_\eta^1 x(1-x^2)\theta\mathrm{d}x}{\eta}\tag{2-33}$$

$$\theta=-\int_\eta^1\frac{\mathrm{d}\theta}{\mathrm{d}y}\cdot\mathrm{d}y\tag{2-34}$$

如果从 1 向 0 做数值积分，取步长为 Δ，任意给 A 赋一个计算初值 A_0，那么计算可以启动：

在 $\eta=1-\Delta$ 处，根据 $\theta'_\eta(1)=-A_0$ 及式（2-34），求得 $\theta(1-\Delta)$；

根据 $\theta(1-\Delta)$ 及式（2-33），求得 $\theta'_\eta(1-\Delta)$。

在 $\eta=1-2\Delta$ 处，$\theta'_\eta(1)$、$\theta'_\eta(1-\Delta)$ 及式（2-34），求得 $\theta(1-2\Delta)$；

根据 $\theta(1-\Delta)$、$\theta(1-2\Delta)$ 及式（2-33），求得 $\theta'_\eta(1-2\Delta)$。

在 $\eta=1-3\Delta$ 处，$\theta'_\eta(1)$、$\theta'_\eta(1-\Delta)$、$\theta'_\eta(1-2\Delta)$ 及式（2-33），求得 $\theta(1-3\Delta)$；

根据 $\theta(1-\Delta)$、$\theta(1-2\Delta)$、$\theta(1-3\Delta)$ 及式（2-33），求得 $\theta'_\eta(1-3\Delta)$。

如此类推，最终可以求得 $\theta(0)$ 以及 $\theta'_\eta(0)$ 的数值。

如果 $\theta'_\eta(0)\neq0$，那么修改 A_0（类似牛顿法解方程的数值计算），直至求出满足 $\theta'_\eta(0)=0$ 的 A^*。

求出了 A^*，那么

（1）求出了数值温度场 θ。

（2）求出了 $Nu=\dfrac{A^*}{2}$。

（3）可以验证 $\theta(0)=1.4662$ 是否成立。

另外给出以下方法，启发读者思考。

5. 采用试探函数法

$$\frac{\mathrm{d}^2\theta}{\mathrm{d}\eta^2}+\frac{1}{\eta}\frac{\mathrm{d}\theta}{\mathrm{d}\eta}=-Nu\cdot\frac{u}{\overline{u}}\theta$$

求解条件：①$\theta'_\eta(1)=-2Nu$；②$\theta(1)=0$；③$\theta'_\eta(0)=0$

$$\eta\theta''+\theta'+2Nu\cdot\eta(1-\eta^2)\theta=0$$

采用试探函数

$$\widetilde{\theta}=a_1(\eta^2-\eta^3)+a_2(\eta^2-\eta^4)+a_3(\eta^2-\eta^5)+a_4(\eta^2-\eta^6)+\cdots+a_n(\eta^2-\eta^{n+2})$$

$$=\sum_{i=1}^{n}a_i(\eta^2-\eta^{i+2})$$

所求出的 n 个系数都与 Nu 有关，即 $a_i(Nu)$。而且 $\theta'_\eta(1)$ 仅与 a_i 有关，也即仅与 Nu 有关，因此可再根据 $\theta'_\eta(1)=-2Nu$ 求出 Nu，同时也求出了近似的温度场。

2.5 龙格—库塔法求解膨胀机运行过程

本案例分析，以开口系统能量及质量守恒方程为基础，分析双螺杆膨胀机运行过程，建立存在泄漏情况下的双螺杆膨胀机运行过程数学模型，并采用龙格—库塔数值方法求解运行过程微分方程组的方法与流程。

1. 转子微元转角运行过程物理模型

双螺杆膨胀机为多腔体结构，各基元容积的运行过程相同，本案例以一个基元容积作为控制体进行研究。将控制体看成一个由基元容积和机壳壁面围成的工作腔体，工作腔体的体积变化在腔体轴向上发生变化，将吸气孔口 1、排气孔口 2 及漏入通道 3、漏出通道 4 看作引起控制体内质量变化的通道，将一定压力 P_s 与温度 T_s 的工作介质通入吸气孔口

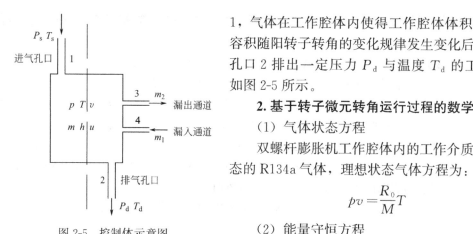

图 2-5 控制体示意图

1，气体在工作腔体内使得工作腔体体积按照基元容积随阳转子转角的变化规律发生变化后，经排气孔口 2 排出一定压力 P_d 与温度 T_d 的工作介质，如图 2-5 所示。

2. 基于转子微元转角运行过程的数学模型建立

（1）气体状态方程

双螺杆膨胀机工作腔体内的工作介质为理想状态的 R134a 气体，理想状态气体方程为：

$$pv = \frac{R_0}{M}T$$

（2）能量守恒方程

根据开口系能量方程，对控制体内的气体有：

$$d(mu) = dm_1\left(h_1 + \frac{v_1^2}{2} + Z_1 g\right) - dm_2\left(h_2 + \frac{v_2^2}{2} + Z_2 g\right) + dQ - dW$$

式中　m——控制体内气体的质量流量，kg/s；

　　　u——控制体内气体的内能，kJ/kg；

　　dm_1——漏入控制体的气体质量流量，kg/s；

　　　h_1——漏入控制体的气体的焓值，kJ/kg；

　　　v_1——漏入控制体的气体的流速，m/s；

　　　Z_1——漏入控制体的气体的高度，m；

　　dm_2——漏出控制体的气体的质量流量，kg/s；

　　　h_2——漏出控制体的气体的焓值，kJ/kg；

　　　v_2——漏出控制体的气体的流速，m/s；

　　　Z_2——漏出控制体的气体的高度，m；

　　　dQ——控制体从机壳壁面吸收的热量，kJ；

　　　dW——控制体内气体对外所做的功，kJ。

由于流入、流出控制体的气体速度较小、位能变化较小，因此忽略上式中的动能和位能，则有

$$\frac{d(mu)}{dt} = \frac{dm_2 h_2}{dt} - \frac{dm_1 h_1}{dt} + \frac{dQ}{dt} - \frac{dW}{dt}$$

根据双螺杆膨胀机转子匀速转动，转子的角速度恒定，则有：

$$d\varphi = w\,dt$$

由此可得到微元转角下控制体内气体的关系为

$$\frac{d(mu)}{d\varphi} = \frac{dm_2 h_2}{d\varphi} - \frac{dm_1 h_1}{d\varphi} + \frac{dQ}{d\varphi} - \frac{dW}{d\varphi}$$

根据焓的定义式可得到内能与焓值之间的关系，如下式所示：

$$u = h - pv$$

上式中，比容与容积及质量的关系存在下式关系：

$$v = \frac{V_c}{m}$$

由此可得到下式：

$$m \frac{\mathrm{d}h}{\mathrm{d}\varphi} + h \frac{\mathrm{d}m}{\mathrm{d}\varphi} - p \frac{\mathrm{d}V_c}{\mathrm{d}\varphi} - V_c \frac{\mathrm{d}p}{\mathrm{d}\varphi} = \frac{\mathrm{d}m_2 h_2}{\mathrm{d}\varphi} - \frac{\mathrm{d}m_1 h_1}{\mathrm{d}\varphi} + \frac{\mathrm{d}Q}{\mathrm{d}\varphi} - \frac{\mathrm{d}W}{\mathrm{d}\varphi}$$

已知轴功的计算公式为

$$\mathrm{d}W = p\,\mathrm{d}V_c$$

控制体内质量流量与漏入、漏出控制体质量流量之间的关系

$$\mathrm{d}m = \mathrm{d}m_1 - \mathrm{d}m_2$$

气体热力参数存在如下式的基本关系式

$$\frac{\mathrm{d}h}{\mathrm{d}\varphi} = \left(\frac{\mathrm{d}h}{\mathrm{d}v}\right)_T \frac{\mathrm{d}v}{\mathrm{d}\varphi} + \left(\frac{\mathrm{d}h}{\mathrm{d}T}\right)_v \frac{\mathrm{d}T}{\mathrm{d}\varphi}$$

$$\frac{\mathrm{d}p}{\mathrm{d}\varphi} = \left(\frac{\mathrm{d}p}{\mathrm{d}v}\right)_T \frac{\mathrm{d}v}{\mathrm{d}\varphi} + \left(\frac{\mathrm{d}p}{\mathrm{d}T}\right)_v \frac{\mathrm{d}T}{\mathrm{d}\varphi}$$

综合上述分析，可得到控制体内微元转角变化下的压力及温度方程如下所示：

$$\frac{\mathrm{d}p}{\mathrm{d}\varphi} = \frac{\frac{1}{v}\left[\left(\frac{\partial h}{\partial v}\right)_T - \frac{(\partial h/\partial T)_v (\partial p/\partial v)_T}{(\partial p/\partial T)_v}\right]\frac{\partial v}{\partial \varphi} - \frac{1}{V_c}\left[\sum \frac{\mathrm{d}m_2}{\mathrm{d}\varphi}(h_2 - h) - \frac{\mathrm{d}Q}{\mathrm{d}\varphi}\right]}{1 - \frac{1}{v}\frac{(\partial h/\partial T)_v}{(\partial p/\partial T)_v}}$$

$$\frac{\mathrm{d}T}{\mathrm{d}\varphi} = \frac{\left[\frac{1}{v}\left(\frac{\partial h}{\partial v}\right)_T - \left(\frac{\partial p}{\partial v}\right)_T\right]\frac{\partial v}{\partial \varphi} - \frac{1}{V_c}\left[\sum \frac{\mathrm{d}m_2}{\mathrm{d}\varphi}(h_2 - h) - \frac{\mathrm{d}Q}{\mathrm{d}\varphi}\right]}{\left(\frac{\partial p}{\partial T}\right)_v - \frac{1}{v}\left(\frac{\partial h}{\partial T}\right)_v}$$

根据比容与控制体容积及质量的关系，可得到微元转角变化下的比容方程为

$$\frac{\mathrm{d}v}{\mathrm{d}\varphi} = \frac{1}{m}\frac{\mathrm{d}V_c}{\mathrm{d}\varphi} - \frac{V_c}{m^2}\left(\frac{\mathrm{d}m_1}{\mathrm{d}\varphi} - \frac{\mathrm{d}m_2}{\mathrm{d}\varphi}\right)$$

根据理想气体状态方程，得到控制体内理想气体微元转角变化下的压力及温度方程为

$$\frac{\mathrm{d}p}{\mathrm{d}\varphi} = -\frac{kp}{V_c}\frac{\mathrm{d}V_c}{\mathrm{d}\varphi} + \frac{kRT_1}{V_c}\frac{\mathrm{d}m_1}{\mathrm{d}\varphi} - \frac{kp}{m}\frac{\mathrm{d}m_2}{\mathrm{d}\varphi} \tag{2-35}$$

$$\frac{\mathrm{d}T}{\mathrm{d}\varphi} = (1-k)\frac{T}{V_c}\frac{\mathrm{d}V_c}{\mathrm{d}\varphi} + \left(\frac{kT_1}{m} - \frac{T}{m}\right)\frac{\mathrm{d}m_1}{\mathrm{d}\varphi} + (1-k)\frac{T}{m}\frac{\mathrm{d}m_2}{\mathrm{d}\varphi} \tag{2-36}$$

（3）质量守恒方程

双螺杆膨胀机控制体内的质量流量满足质量守恒定律，由于膨胀机实际运行过程中存在泄漏，可知流入、流出控制体吸、排气孔口的质量变化量与以泄漏形式漏入、漏出控制体的泄漏质量变化量存在如下关系

$$\mathrm{d}m = \mathrm{d}m_1 - \mathrm{d}m_2 = \mathrm{d}m_a - \mathrm{d}m_b \tag{2-37}$$

式中　$\mathrm{d}m_a$——从吸气孔口流入控制体质量；

　　　　$\mathrm{d}m_b$——从排气孔口流出控制体质量。

双螺杆膨胀机质量流量变化基于其泄漏通道的质量流量变化量，因此，膨胀机运行过程的泄漏原理的分析及泄漏模型的建立，对于求解控制体的质量守恒方程至关重要。为了便于研究本文仅考虑由阴、阳转子齿顶与机壳壁面之间缝隙产生的泄漏情况。转子齿顶与机壳壁面之间的泄漏模型如图 2-6 所示，转子齿顶两侧为相邻两个工作腔体，由于两个工

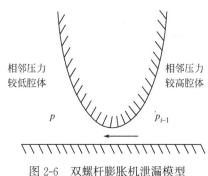

图 2-6　双螺杆膨胀机泄漏模型

相邻压力较低腔体　　相邻压力较高腔体

p　　p_{i-1}

作腔体与吸气孔口连通的时间上有先后，因此在运行过程中相邻工作腔体的基元容积变化在相位上相差 $2\pi/z_1$，导致相邻工作腔体间存在压力差，假定转子齿顶左侧为压力较高工作腔体，右侧为压力较低工作腔体，随着转子的转动，处于空间较大的高压区域气体从狭小通道流入低压区域，过程中气体流线弯曲，流束截面收缩，与理想气体通过喷管过程相似，因此，本文对控制体内的泄漏通道采用理想气体喷管模型，由泄漏通道产生的质量变化满足理想气体等熵流动喷管公式

$$m_0 = A_0 \rho_0 \sqrt{\frac{2kRT_a}{(k-1)}\left(1-\left(\frac{p_\beta}{p_a}\right)^{\frac{k}{k-1}}\right)} \tag{2-38}$$

式中　m_0——喷管质量流量，m/s；

　　　A_0——喷管喉部面积，m²；

　　　ρ_0——喷管流体密度，kg/m³；

　　　T_a——喷管高压区域温度，K；

　　　P_a——喷管高压区域压力，kPa；

　　　P_β——喷管低压区域压力，kPa。

由于所研究工作腔体内的质量变化存在由相邻压力较高工作腔体通过泄漏通道漏入部分，及通过泄漏通道漏出至相邻压力较低工作腔体部分，因此相邻工作腔体内的压力变化影响泄漏量的大小。经分析各腔体内的变化规律如下：对于所研究工作腔体，当阳转子转角转过角度在 $[0, \varphi_c]$ 范围时，所研究工作腔体处于吸气阶段，工作腔体与吸气孔口连通，此时工作腔体内压力为吸气压力且保持恒定；当阳转子转角转过角度在 $[\varphi_c, \varphi_c + 2\pi/z_1]$ 范围时，所研究工作腔体相邻压力较低，工作腔体开始于吸气孔口相连通，该阶段压力较低，工作腔体内压力为吸气压力且保持恒定，相邻压力较高工作腔体压力与所研究工作腔体压力相差 $2\pi/z_1$ 的相位；当阳转子转角转过角度在 $[\varphi_c + 2\pi/z_1, \tau_1 + \varphi_a - 2\pi/z_1]$ 范围时，所研究工作腔体与相邻压力较高，压力较低工作腔体压力分别相差相位 $2\pi/z_1$；当阳转子转角转过角度在 $[\tau_1 + \varphi_a - 2\pi/z_1, \tau_1 + \varphi_a]$ 范围时，相邻低压工作腔体压力与所研究工作腔体相差 $2\pi/z_1$ 相位，而所研究工作腔体相邻压力较高，工作腔体与排气孔口相连通，压力为排气压力且保持不变。

根据理想气体等熵流动喷管公式（2-38）及相邻工作腔体间的压力变化规律，具体数学描述如式（2-39）～式（2-42）所示：

$$\frac{\mathrm{d}m_1}{\mathrm{d}\varphi} = \frac{CA\rho}{\omega} \sqrt{\frac{2kRT_{i-1}}{(k-1)}\left(1-\left(\frac{p}{p_{i-1}}\right)^{\frac{k}{k-1}}\right)} \tag{2-39}$$

$$\frac{\mathrm{d}m_2}{\mathrm{d}\varphi} = \frac{CA\rho}{\omega} \sqrt{\frac{2kRT}{(k-1)}\left(1-\left(\frac{p_{i+1}}{p}\right)^{\frac{k}{k-1}}\right)} \tag{2-40}$$

$$p_{i+1}(\varphi) = p\left(\varphi + \frac{2}{\pi}\right) \tag{2-41}$$

$$p_{i-1}(\varphi) = p\left(\varphi - \frac{2}{\pi}\right) \tag{2-42}$$

式中　C——泄漏模型的流量系数；

　　　A——泄漏通道的泄漏面积，m^2；

　　　p_{i+1}——所研究控制体相邻压力较低，工作腔体的气体压力，Pa；

　　　p_{i-1}——所研究控制体相邻压力较高，工作腔体的气体压力，Pa；

　　　T_{i-1}——所研究控制体相邻压力较高，工作腔体的气体温度，K。

（4）控制体基元容积随阳转子转角变化方程

根据啮合序列法及梯形计算法对优化的双螺杆膨胀机进行求解，得到控制体基元容积随阳转子转角的变化规律如图 2-7 所示，通过数据拟合得出基元容积大小随阳转子转角变化的数学表达式如下：

$$V_c = (592.13 - 58.976\varphi + 2.17\varphi^2 - 0.00584\varphi^3 + 4.087 \times 10^{-6}\varphi^4) \times 10^{-9} \tag{2-43}$$

对式（2-43）进行微分化可得到控制体基元容积随阳转子微元转角变化的微分形式如下：

$$\frac{dV_c}{d\varphi} = (-58.976\varphi + 4.34\varphi - 0.01756\varphi^2 + 1.6355 \times 10^{-5}\varphi^3) \times 10^{-9} \tag{2-44}$$

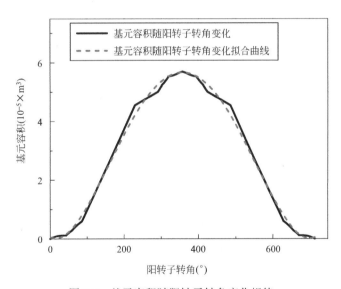

图 2-7　基元容积随阳转子转角变化规律

运行过程数学模型的求解流程：

根据双螺杆膨胀机运行过程的数学描述，将式（2-35）～式（2-38）、式（2-39）作为运行过程数学模型的主要方程，并联立式（2-40）～式（2-43）得到关于控制体内气体压力、温度、质量与阳转子转角的一阶非线性微分方程组。由于双螺杆膨胀机吸气阶段压力恒为吸气压力，因此，模拟计算的范围为膨胀机的膨胀及排气阶段。对于微分方程组的求解需确定初始条件及边界条件，对于膨胀机的膨胀过程，其初始状态为吸气结束状态，膨胀机吸气压力为 1630kPa，理论容积流量为 0.34m³/min，并设定吸气温度为 385K，由于本书工质为理想气体，通过理想气体状态方程求出初始状态质量流量为 0.294kg/s，对于双螺杆膨胀机膨胀开始瞬间质量流量的变化量认为是 0。关于双螺杆膨胀机运行过程一阶非线性微分方程组的初始条件及边界条件如式（2-45）所示：

$$\begin{cases} p\big|_{\varphi=\varphi_C}=1630 \\ T\big|_{\varphi=\varphi_C}=385 \\ m\big|_{\varphi=\varphi_C}=0.825 \\ \dfrac{\mathrm{d}m}{\mathrm{d}\varphi}\Big|_{\varphi=\varphi_C}=0 \end{cases} \tag{2-45}$$

3. 龙格—库塔法求解

由于描述双螺杆膨胀机运行过程微分方程组均为复杂的隐式方程，无法求解解析解，因此，本书通过采用四阶龙格—库塔法对上述微分方程组通过迭代的方式进行数值求解。

假设一般的微分方程如下所示：

$$\begin{cases} \dfrac{\mathrm{d}y}{\mathrm{d}x}=f(x,\ y) \\ y(0)=y_0 \end{cases} \tag{2-46}$$

四阶龙格库塔法以欧拉法为基础，通过将计算步长 $[x_i,\ x_{i+1}]$ 内四个点的斜率加权平均值作为斜率近似得到所求微分方程。

龙格库塔计算公式如式（2-47）所示：

$$\begin{cases} y_{i+1}=y_i+1/6(K_1+2K_2+3K_3+4K_4) \\ K_1=hf(x_i,\ y_i) \\ K_2=hf(x_i+h/2,\ y_i+K_1/2) \\ K_3=hf(x_i+h/2,\ y_i+K_2/2) \\ K_4=hf(x_i+h,\ y_i+K_3) \end{cases} \tag{2-47}$$

式中　y_{i+1}——第 $i+1$ 点函数值；

y_i——第 i 点函数值；

K_1——计算步长内第一点的斜率；

K_2——计算步长内第二点的斜率；

K_3——计算步长内第三点的斜率；

K_4——计算步长内第四点的斜率；

h——计算步长。

自主编程求解控制体内工作气体每个微元转角下状态参数的变化规律，膨胀机运行过程数学模型的计算流程如图 2-8 所示。

首先输入膨胀机吸气压力、吸气温度、质量流量等初始条件，并输入边界条件即膨胀开始瞬间质量流量变化，对迭代过程初值进行设定；输入控制体微分方程组：基元容积随阳转子转角变化微分方程、能量守恒微分方程、质量守恒微分方程等；设置 0.5 作为计算步长、10^{-6} 作为计算精度，采用龙格库塔法对控制体内工作气体每个微元转角下的压力、温度、质量流量的变化规律进行求解，并判断计算结果是否精度要求，若不满足，重新设置初始条件及边界条件对模型进行求解，若计算结果收敛，则输出控制体内工作气体每个微元转角下的压力、温度、质量流量的计算结果。

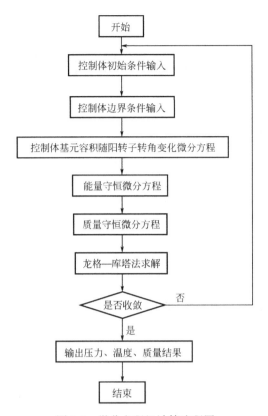

图 2-8 微分方程组计算流程图

第3章 线性方程组数值解法及其应用

许多传热学问题，常常最终归结为线性代数方程组的求解问题。了解在计算机上如何求解线性代数方程组，对于解决某些工程或科学研究问题是十分必要的。本章将研究 n 阶线性方程组的数值解法。

目前在计算机上经常使用、简单高效的数值方法包括两类：①直接法：通过有限次的算术运算，若计算过程中没有舍入误差，可以求出精确解的方法。但实际中由于舍入误差的存在和影响，这种方法也只能求解线性方程组的近似解。直接法的基本思想是将结构上比较复杂的原始方程组，通过等价变换化成结构简单的方程组，使之变成易于求解的形式，然后再通过求解结构简单的方程组来得到原始方程组的解。常见的直接解法有 Gauss 消元法，三角分解法。②迭代法：用某种极限过程去逐次逼近方程组的解的方法。具有需要计算机的存储单元少、程序设计简单、原始系数矩阵在计算过程中始终不变等优点，但存在收敛性和收敛速度问题，基本思想是把原方程组改写成一个等价方程组，对这个等价方程组建立迭代格式。当迭代收敛时，通过充分多次的迭代计算得到方程组满足精度要求的近似解。常见的迭代法有 Jacobi 迭代法，Gauss-Seidel 迭代法，超松弛迭代法，本书重点对迭代法及其应用进行介绍。

3.1 迭代法原理

3.1.1 向量范数与矩阵范数

为了研究线性方程组近似解的误差估计和迭代法的收敛性，我们需要对 n 维向量或 n 阶矩阵的"大小"引进某种度量——范数。

1. 向量范数

定义 1 设 V 是数域 C（或 R）上的线性空间，如果对于任意 $x \in V$ 按照某种法则对应于一个实数 $\|x\|$，且满足：

非负性：$\|x\| \geqslant 0$. 当且仅当 $x = 0$ 时，$\|x\| = 0$；

齐次性：$\|kx\| = |k| \|x\|$；

三角不等式：对任意 $x, y \in V$ 总有，$\|x + y\| \leqslant \|x\| + \|y\|$；

则称实数 $\|x\|$ 为线性空间 V 上向量 x 的范数，简称向量范数。定义了范数的线性空间 V 称为赋范线性空间。

常见的向量范数

（1）1-范数

$$\|x\|_1 = \sum_{i=1}^{n} |x_i| = |x_1| + |x_2| + \cdots + |x_n| \tag{3-1}$$

（2）2-范数

$$\| x \|_2 = \left(\sum_{i=1}^{n} x_i^2 \right)^{\frac{1}{2}} = \sqrt{x_1^2 + x_2^2 + \cdots + x_n^2} \tag{3-2}$$

（3）p-范数

$$\| x \|_p = \left(\sum_{i=1}^{n} | x_i |^p \right)^{\frac{1}{p}} \tag{3-3}$$

（4）∞-范数（有时也称最大范数）

$$\| x \|_{\infty} = \max_{1 \leqslant i \leqslant n} | x_i | \tag{3-4}$$

2. 矩阵范数

定义 2 对任意 $A \in \mathbf{C}^{m \times n}$，按照某种法则在 $\mathbf{C}^{m \times n}$ 上定义了一个实值函数 $\| A \|$，它满足以下四个条件：

非负性：$\| A \| \geqslant 0$，当且仅当 $A = O$ 时，$\| A \| = 0$；

齐次性：$\| kA \| = | k | \| A \|$；

三角不等式：对任意 A，$B \in \mathbf{C}^{m \times n}$，$\| A + B \| \leqslant \| A \| + \| B \|$；

相容性：当矩阵乘积 AB 有意义时，有 $\| AB \| \leqslant \| A \| \| B \|$。

则称实数 $\| A \|$ 为矩阵 A 范数。

如前所述，我们若将 $m \times n$ 矩阵 A 看成一个 $m \cdot n$ 维向量，那么很自然地就可仿照向量范数得出矩阵的几种范数，为简单起见，下面给出方阵的几种范数。

常见的矩阵范数：

（1）F-范数（Frobenious 范数）

$$\| A \|_F = \left(\sum_{i=1}^{n} \sum_{j=1}^{n} a_{ij}^2 \right)^{\frac{1}{2}} \tag{3-5}$$

（2）算子范数（从属范数、诱导范数）

$$\| A \| = \sup_{\substack{x \in R^n \\ x \neq 0}} \frac{\| Ax \|}{\| x \|} = \max_{\| x \| = 1} \| Ax \| \tag{3-6}$$

其中 $\| \cdot \|$ 是 R^n 上的任意一个范数。

3. 矩阵的算子范数

前面我们讨论了向量范数与矩阵范数的概念及性质，但在实际应用中，$m \times n$ 矩阵和 n 维向量常常以乘积形式出现，往往矩阵和向量是掺杂在一起的，由于一个 $m \times n$ 矩阵与一个 n 维向量的乘积仍是一个 n 维向量。因此，我们应该注意矩阵范数与相应的向量范数之间的关系，并建立它们之间的联系，这就是下面将要介绍的矩阵范数与向量范数的相容性问题。

定义 3 设 $A \in \mathbf{C}^{m \times n}$，$x \in \mathbf{C}^n$，如果对于取定的向量范数 $\| x \|_{\alpha}$ 和矩阵范数 $\| A \|_{\beta}$ 满足下列不等式

$$\| Ax \|_{\alpha} \leqslant \| A \|_{\beta} \| x \|_{\alpha} \tag{3-7}$$

则称向量范数 $\| x \|_{\alpha}$ 与矩阵范数 $\| A \|_{\beta}$ 是相容的。

定义 4 设 $\| \cdot \|$ 是 $\mathbf{C}^n$ 上的一个向量范数，A 为 $\mathbf{C}^{m \times n}$ 中的任意 $m \times n$ 矩阵，则 $\mathbf{C}^{m \times n}$ 上的矩阵范数

$$\| A \|_M = \max_{\| x \| = 1} \| Ax \| \tag{3-8}$$

称为由向量范数 $\|\cdot\|$ 诱导出的矩阵算子范数，简称算子范数；有时也称作从属于向量范数 $\|\cdot\|$ 的矩阵范数。

显然，n 阶单位矩阵 E 从属于任何向量范数的算子范数 $\|E\| = \max\limits_{\|x\|=1} \|Ex\| = 1$，而对于单位矩阵 E 的非算子范数，如 $\|E\|_{m_1} = n$，$\|E\|_F = \sqrt{n}$，他们都大于 1，由于 $x = Ex$，所以 $\|x\| \leqslant \|E\| \|x\|$，当 $\|x\| = 1$ 时，有 $\|E\| \geqslant 1$。这说明单位矩阵的算子范数是所有与向量范数 $\|x\|$ 相容的矩阵范数 $\|E\|$ 中值最小的一个。

定义 5　设 $A \in \mathbf{C}^{n \times n}$，$\lambda_1$，$\lambda_2$，$\cdots$，$\lambda_n$ 是矩阵 A 的特征值，则称

$$\max\{|\lambda_1|,\ |\lambda_2|,\ \cdots,\ |\lambda_n|\} \tag{3-9}$$

为 A 的谱半径。记为 $\rho(A)$，即 $\rho(A) = \max\{|\lambda_1|,\ |\lambda_2|,\ \cdots,\ |\lambda_n|\}$。

谱半径的几何意义为：以原点为圆心，包含 A 的全部特征值的圆半径中最小的一个。

3.1.2　线性方程组的迭代解法

迭代法是一类逐次逼近方法，它按照一个适当的计算法则，从某一初始向量 $X^{(0)}$ 出发，逐次计算得到一个向量序列，使得此向量序列收敛于方程组的解 $\{X^{(k)}\}$。迭代法要解决的主要问题：

(1) 构造一种迭代公式，把所给方程组 $AX = b$ 化成同解的方程组 $X = BX + d$，从而得迭代公式

$$X^{(k+1)} = BX^{(k)} + d\ (k = 0,\ 1,\ 2,\ \cdots) \tag{3-10}$$

只需给出初始向量 $X^{(0)} = (x_1^{(0)},\ x_2^{(0)},\ \cdots,\ x_n^{(0)})^T \in R^n$，即可得一向量序列 $\{X^{(k)}\}$。式中 B 叫作迭代矩阵，B 不同，则得到不同的迭代方法。

(2) 研究迭代矩阵 B 满足什么条件时，迭代序列 $\{X^{(k)}\}$ 收敛于 $AX = b$ 的精确解 X^*。

(3) 讨论如何估计误差 $e^{(k)} = X^* - X^{(k)}$ 的大小以决定迭代次数。

如何判断迭代公式的收敛性？

如果 $X^{(k)} = \{x_1^{(k)},\ x_2^{(k)},\ \cdots,\ x_n^{(k)}\}^T$ 存在极限 $X^* = \{x_1^*,\ x_2^*,\ \cdots,\ x_n^*\}^T$，则称迭代法是收敛的，否则就是发散的。收敛时，在迭代公式 $X^{(k+1)} = BX^{(k)} + d\ (k = 0,\ 1,\ 2,\ \cdots)$ 中，当 $k \to \infty$ 时，满足 $X^{(k)} \to X^*$，则 $X^* = BX^* + d$，故 X^* 是方程组 $AX = b$ 的解。

为讨论 $\{X^{(k)}\}$ 的收敛性，引进误差向量：$\varepsilon^{(k+1)} = X^{(k+1)} - X^*$，由前面可得：要 $\{X^{(k)}\}$ 收敛于 X^*。则须考察 B 在什么条件下 $\varepsilon^{(k)} \to 0$，亦即 B 满足什么条件使 $B^k \to 0$（零矩阵）当 $k \to 0$。

下面介绍几种常见迭代公式。

1. 雅可比 (Jacobi) 迭代法

设有 n 元线性方程组

$$\begin{cases} a_{11}x_1 + a_{12}x_2 + \cdots + a_{1n}x_n = b_1 \\ a_{21}x_1 + a_{22}x_2 + \cdots + a_{2n}x_n = b_2 \\ \cdots \quad\ \ \cdots \quad\ \ \cdots \quad\ \ \cdots \\ a_{n1}x_1 + a_{n2}x_2 + \cdots + a_{nn}x_n = b_n \end{cases} \tag{3-11}$$

其中系数矩阵 A 的对角元素 $a_{ii} \neq 0\ (i = 1,\ 2,\ \cdots,\ n)$。

分别从第 i 个方程中解出 x_i，得到与原方程组等价的方程组

$$\begin{cases} x_1 = \dfrac{1}{a_{11}}(-a_{12}x_2 - a_{13}x_3 - \cdots - a_{1n}x_n + b_1) \\[2mm] x_2 = \dfrac{1}{a_{22}}(-a_{21}x_1 - a_{23}x_3 - \cdots - a_{2n}x_n + b_2) \\[2mm] \cdots \\[2mm] x_n = \dfrac{1}{a_{nn}}(-a_{n1}x_1 - a_{n2}x_2 - \cdots - a_{n,\,n-1}x_{n-1} + b_n) \end{cases} \tag{3-12}$$

记

$$\boldsymbol{D} = \begin{bmatrix} a_{11} & & & \\ & a_{22} & & \\ & & \ddots & \\ & & & a_{nn} \end{bmatrix} \tag{3-13}$$

$$\boldsymbol{L} = \begin{bmatrix} 0 & & & & \\ a_{21} & 0 & & & \\ a_{31} & a_{32} & 0 & & \\ \vdots & \vdots & & \ddots & \\ a_{n1} & a_{n2} & a_{n3} & \cdots & 0 \end{bmatrix} \tag{3-14}$$

$$\boldsymbol{U} = \begin{bmatrix} 0 & a_{12} & a_{13} & \cdots & a_{1n} \\ & 0 & a_{23} & \cdots & a_{2n} \\ & & \ddots & & \vdots \\ & & & 0 & a_{n-1,\,n} \\ & & & & 0 \end{bmatrix} \tag{3-15}$$

则原方程组用矩阵形式写为

$$(\boldsymbol{D} + \boldsymbol{L} + \boldsymbol{U})\boldsymbol{X} = \boldsymbol{b} \tag{3-16}$$

求解后的方程组写为

$$\boldsymbol{X} = -\boldsymbol{D}^{-1}(\boldsymbol{L} + \boldsymbol{U})\boldsymbol{X} + \boldsymbol{D}^{-1}\boldsymbol{b} \tag{3-17}$$

令

$$\boldsymbol{B} = -\boldsymbol{D}^{-1}(\boldsymbol{L} + \boldsymbol{U}) \tag{3-18}$$

式（3-18）可写为

$$\boldsymbol{X} = \boldsymbol{B}\boldsymbol{X} + \boldsymbol{d} \tag{3-19}$$

迭代过程如下：

首先取 $\boldsymbol{X}^{(0)} = (x_1^{(0)}, \ x_2^{(0)}, \ \cdots, \ x_n^{(0)})^T$，将其代入式（3-12）右端得到

$$\begin{cases} x_1^{(1)} = \dfrac{1}{a_{11}}(-a_{12}x_2^{(0)} - a_{13}x_3^{(0)} - \cdots - a_{1n}x_n^{(0)} + b_1) \\[2mm] x_2^{(1)} = \dfrac{1}{a_{22}}(-a_{21}x_1^{(0)} - a_{23}x_3^{(0)} - \cdots - a_{2n}x_n^{(0)} + b_2) \\[2mm] \cdots \\[2mm] x_n^{(1)} = \dfrac{1}{a_{nn}}(-a_{n1}x_1^{(0)} - a_{n2}x_2^{(0)} - \cdots - a_{n,\,n-1}x_{n-1}^{(0)} + b_n) \end{cases} \tag{3-20}$$

即 $\boldsymbol{X}^{(1)}=\boldsymbol{B}\boldsymbol{X}^{(0)}+\boldsymbol{d}$

再将 $\boldsymbol{X}^{(1)}$ 代入式(3-12)右端，求得 $\boldsymbol{X}^{(2)}=\boldsymbol{B}\boldsymbol{X}^{(1)}+\boldsymbol{d}$，如此反复进行迭代，得到 $\boldsymbol{X}^{(k+1)}=\boldsymbol{B}\boldsymbol{X}^{(k)}+\boldsymbol{d}$，$k=0$，1，2，…

即

$$\begin{cases} x_1^{(k+1)}=\dfrac{1}{a_{11}}(-a_{12}x_2^{(k)}-a_{13}x_3^{(k)}-\cdots-a_{1n}x_n^{(k)}+b_1) \\[2mm] x_2^{(k+1)}=\dfrac{1}{a_{22}}(-a_{21}x_1^{(k)}-a_{23}x_3^{(k)}-\cdots-a_{2n}x_n^{(k)}+b_2) \\[2mm] \cdots \\[2mm] x_n^{(k+1)}=\dfrac{1}{a_{nn}}(-a_{n1}x_1^{(k)}-a_{n2}x_2^{(k)}-\cdots-a_{n,\,n-1}x_{n-1}^{(k)}+b_n) \end{cases} \tag{3-21}$$

由此得一个向量序列 $\{\boldsymbol{X}^{(k)}\}$。

如果 $\lim\limits_{k\to\infty}\boldsymbol{X}^{(k)}=\boldsymbol{X}^*$，则 $\boldsymbol{X}^*$ 就是方程组 $\boldsymbol{A}\boldsymbol{X}=\boldsymbol{b}$ 的解，这种求解线性方程组的方法称为**雅可比迭代法**。

便于程序编写的分量形式为

$$x_i^{(k+1)}=\frac{1}{a_{ii}}\left(-\sum_{j=1}^{i-1}a_{ij}x_j^{(k)}-\sum_{j=i+1}^{n}a_{ij}x_j^{(k)}+b_i\right)=x_i^{(k)}+\frac{1}{a_{ii}}\left(b_i-\sum_{j=1}^{n}a_{ij}x_j^{(k)}\right) \tag{3-22}$$

$$i=1,\ 2,\ \cdots,\ n;\quad k=0,\ 1,\ 2,\ \cdots$$

$$\begin{cases} x_1^{(k+1)}=x_1^{(k)}+\dfrac{1}{a_{11}}(b_1-a_{11}x_1^{(k)}-a_{12}x_2^{(k)}-a_{13}x_3^{(k)}-\cdots-a_{1n}x_n^{(k)}) \\[2mm] x_2^{(k+1)}=x_2^{(k)}+\dfrac{1}{a_{22}}(b_2-a_{21}x_1^{(k)}-a_{22}x_2^{(k)}-a_{23}x_3^{(k)}-\cdots-a_{2n}x_n^{(k)}) \\[2mm] \cdots \\[2mm] x_n^{(k+1)}=x_n^{(k)}+\dfrac{1}{a_{nn}}(b_n-a_{n1}x_1^{(k)}-a_{n2}x_2^{(k)}-\cdots-a_{n,\,n-1}x_{n-1}^{(k)}-a_{n,\,n}x_n^{(k)}) \end{cases}$$

雅可比迭代法的收敛条件为：

(1) 雅可比迭代法收敛的充要条件是该迭代法的迭代矩阵的谱半径 $\rho(B)$ 小于 1。

(2) 若系数矩阵 A 为对称正定矩阵，且对角元 $a_{ii}>0$（$i=1$，2，…，n），则有雅可比迭代法收敛的充要条件是 A 及（$2D-A$）都是正定矩阵。

(3) 若方程组 $\boldsymbol{A}\boldsymbol{X}=\boldsymbol{b}$ 的系数矩阵 A 是主对角线按行（或按列）严格占优矩阵，即

$$x_i^{(k+1)}=|a_{ij}|>\sum_{\substack{i=1\\i\neq j}}^{n}|a_{ij}|,\ i=1,\ 2,\ \cdots,\ n \tag{3-23}$$

则有雅可比迭代法收敛。

2. 高斯—赛德尔（Gauss-Seidel）迭代法

在 Jacobi 迭代法中，每次迭代只用到前一次的迭代值，若每次迭代充分利用当前最新的迭代值，即在求 $x_i^{(k+1)}$ 时用新分量代替旧分量 $x_1^{(k+1)}$，$x_2^{(k+1)}$，…，$x_n^{(k+1)}$，就得到高斯—赛德尔迭代法。高斯—赛德尔迭代法的计算量与雅可比迭代法相同，但是计算速度加快且存储量小，看作是雅可比迭代法的一种修正。其迭代法格式为

$$x_i^{(k+1)}=\frac{1}{a_{ii}}\left(b_i-\sum_{j=1}^{i-1}a_{ij}x_j^{(k+1)}-\sum_{j=i+1}^{n}a_{ij}x_j^{(k)}\right) \tag{3-24}$$

$$i=1, 2, \cdots, n \quad k=0, 1, 2, \cdots$$

$$\begin{cases} x_1^{(k+1)} = \dfrac{1}{a_{11}}(-a_{12}x_2^{(k)} - a_{13}x_3^{(k)} - \cdots - a_{1n}x_n^{(k)} + b_1) \\[2mm] x_2^{(k+1)} = \dfrac{1}{a_{22}}(-a_{21}x_1^{(k+1)} - a_{23}x_3^{(k)} - \cdots - a_{2n}x_n^{(k)} + b_2) \\[2mm] \cdots \\[2mm] x_n^{(k+1)} = \dfrac{1}{a_{nn}}(-a_{n1}x_1^{(k+1)} - a_{n2}x_2^{(k+1)} - \cdots - a_{n,n-1}x_{n-1}^{(k+1)} + b_n) \end{cases}$$

矩阵形式为 $\boldsymbol{X}^{(k+1)} = \boldsymbol{G}\boldsymbol{X}^{(k)} + \boldsymbol{d}_1$

其中 $\boldsymbol{G} = -(\boldsymbol{D}+\boldsymbol{L})^{-1}\boldsymbol{U}$，$\boldsymbol{d}_1 = (\boldsymbol{D}+\boldsymbol{L})^{-1}\boldsymbol{b}$

高斯—塞德尔迭代法的收敛条件为：

（1）高斯—塞德尔迭代法收敛的充要条件是该迭代法的迭代矩阵的谱半径 $\boldsymbol{\rho}(G)$ 小于 1。

（2）若系数矩阵 A 为对称正定矩阵，且对角元 $a_{ii}>0$（$i=1, 2, \cdots, n$），则有高斯塞—德尔迭代法收敛的充要条件是 A 是正定矩阵。

（3）若方程组 $\boldsymbol{AX}=\boldsymbol{b}$ 的系数矩阵 A 是主对角线按行（或按列）严格占优矩阵，即

$$|a_{ij}| > \sum_{\substack{i=1 \\ i \neq j}}^{n} |a_{ij}|, \quad i=1, 2, \cdots, n \tag{3-25}$$

则有高斯—塞德尔迭代法收敛。

3. 逐次超松弛（SOR）迭代法

使用迭代法的困难在于难以估计其计算量。有时迭代过程虽然收敛，但由于收敛速度缓慢，使计算量变得很大而失去使用价值。因此，迭代过程的加速有着重要的意义。松弛法是对高斯—赛德尔迭代法的一种加速方法。将前一步的结果 $x_i^{(k)}$ 与高斯—赛德尔迭代法的迭代值 $\widetilde{x}_i^{(k+1)}$ 适当加权平均，期望获得更好的近似值 $x_i^{(k+1)}$。

其具体计算公式如下：

（1）用高斯—塞德尔迭代法定义辅助量

$$\widetilde{x}_i^{(k+1)} = \frac{1}{a_{ii}}\left(b_i - \sum_{j=1}^{i-1} a_{ij}x_j^{(k+1)} - \sum_{j=i+1}^{n} a_{ij}x_j^{(k)}\right) \tag{3-26}$$

$$i=1, 2, \cdots, n$$

（2）把 $x_i^{(k+1)}$ 取为 $x_i^{(k)}$ 与 $\widetilde{x}_i^{(k+1)}$ 的加权平均，即

$$x_i^{(k+1)} = (1-\boldsymbol{\omega})x_i^{(k)} + \boldsymbol{\omega}\widetilde{x}_i^{(k+1)} = x_i^{(k)} + \boldsymbol{\omega}(\widetilde{x}_i^{(k+1)} - x_i^{(k)}) \tag{3-27}$$

合并表示为

$$x_i^{(k+1)} = (1-\boldsymbol{\omega})x_i^{(k)} + \frac{\boldsymbol{\omega}}{a_{ii}}\left(b_i - \sum_{j=1}^{i-1} a_{ij}x_j^{(k+1)} - \sum_{j=i+1}^{n} a_{ij}x_j^{(k)}\right) \tag{3-28}$$

式中系数 ω 称为松弛因子，当 $\omega=1$ 时，便为高斯—塞德尔迭代法。为了保证迭代过程收敛，要求 $0<\omega<2$。当 $0<\omega<1$ 时，低松弛法；当 $1<\omega<2$ 时称为超松弛法。但通常统称为逐次超松弛法（SOR）。

设线性方程组 $\boldsymbol{Ax}=\boldsymbol{b}$ 的系数矩阵 $\boldsymbol{A}$ 非奇异，且主对角元素 $a_{ii} \neq 0$（$i=1, 2, \cdots, n$），则将 $\boldsymbol{A}$ 分裂成 $\boldsymbol{A}=\boldsymbol{D}-\boldsymbol{L}-\boldsymbol{U}$，则超松弛迭代公式用矩阵表示为

$$x^{(k+1)} = (1-\boldsymbol{\omega})x^{(k)} + \boldsymbol{\omega}\boldsymbol{D}^{-1}(b + \boldsymbol{L}x^{(k+1)} + \boldsymbol{U}x^{(k)}) \tag{3-29}$$

或

$$\boldsymbol{D}x^{(k+1)}=(1-\boldsymbol{\omega})\boldsymbol{D}x^{(k)}+\boldsymbol{\omega}(b+\boldsymbol{L}x^{(k+1)}+\boldsymbol{U}x^{(k)}) \tag{3-30}$$

因此

$$(\boldsymbol{D}-\boldsymbol{\omega L})x^{(k+1)}=[(1-\boldsymbol{\omega})\boldsymbol{D}+\boldsymbol{\omega U}]x^{(k)}+\boldsymbol{\omega}b \tag{3-31}$$

显然对任何一个 ω 值，$(\boldsymbol{D}+\boldsymbol{\omega L})$ 非奇异，（因为假设 $a_{ii}\neq0$，$i=1$，2，$\cdots$，n），于是超松弛迭代公式为

$$x^{(k+1)}=(\boldsymbol{D}-\boldsymbol{\omega L})^{-1}[(1-\boldsymbol{\omega})\boldsymbol{D}+\boldsymbol{\omega U}]x^{(k)}+\boldsymbol{\omega}(\boldsymbol{D}-\boldsymbol{\omega L})^{-1}b \tag{3-32}$$

迭代矩阵 $\boldsymbol{B}_\omega=(\boldsymbol{D}-\boldsymbol{\omega L})^{-1}[(1-\boldsymbol{\omega})\boldsymbol{D}+\boldsymbol{\omega U}]$

超松弛迭代法的收敛条件为：

（1）超松弛迭代法收敛的充分必要条件是该迭代法的迭代矩阵的谱半径 $\rho(\boldsymbol{B}_\omega)$ 小于 1。

（2）超松弛迭代法收敛的必要条件是 $0<\boldsymbol{\omega}<2$。

（3）设系数矩阵 $\boldsymbol{A}$ 对称正定，且 $0<\boldsymbol{\omega}<2$，则解线性方程组 $Ax=b$ 的超松弛迭代法收敛。

3.2　多表面辐射换热过程计算

3.2.1　辐射空间热阻与表面热阻

1. 辐射空间热阻

设有两个任意放置的非凹黑体表面，面积分别为 A_1、A_2，温度分别为 T_1、T_2，辐射力分别为 E_{b_1}、E_{b_2}。从表面上分别取微元面积 dA_1、dA_2，两者的距离为 r，两表面的法线与连线 r 间的夹角分别为：θ_1，θ_2（见图 3-1）。黑体表面 A_1 和 A_2 之间的辐射换热量为

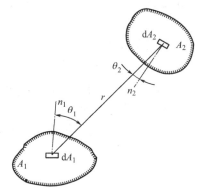

$$\Phi_{1,2}=\iint_{A_1A_2}\Phi_{dA_1,dA_2}$$

$$=(E_{b_1}-E_{b_2})\cdot\iint_{A_1A_2}\frac{\cos\boldsymbol{\theta}_1\cdot\cos\boldsymbol{\theta}_2}{\boldsymbol{\pi}r^2}\cdot dA_1\cdot dA_2 \tag{3-33}$$

图 3-1　任意位置两非凹黑表面间的辐射换热

用角系数形式表示为

$$\Phi_{1,2}=(E_{b_1}-E_{b_2})\cdot A_1\cdot X_{1,2}=(E_{b_1}-E_{b_2})\cdot A_2\cdot X_{2,1} \tag{3-34}$$

式中　$X_{1,2}$——称为 A_1 对 A_2 的角系数；

$X_{2,1}$——称为 A_2 对 A_1 的角系数。

上式可写为：$\Phi_{1,2}=\dfrac{E_{b_1}-E_{b_2}}{\dfrac{1}{A_1\cdot X_{1,2}}}$

将其与欧姆定律类比：$\Phi_{1,2}$——与电流对应；$E_{b_1}-E_{b_2}$——与电位差对应；

$\dfrac{1}{A_1 \cdot X_{1,2}}$——与电阻对应，称为辐射换热的热阻，
由于这个热阻仅仅取决于空间参量，与表面的辐射特性无
关，所以称为辐射空间热阻。

因此两黑体表面的辐射换热可以用简单的网络图表
示，见图 3-2。

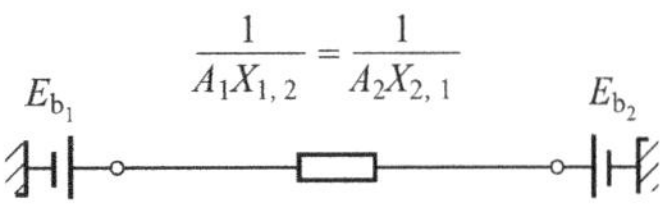

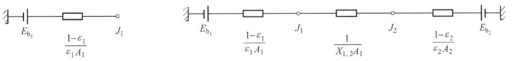

图 3-2　辐射换热空间热阻及网络图

2. 辐射表面热阻

灰体表面单位面积的辐射换热量：

（1）从表面 1 外部观察：能量收支差额为有效辐射 J_1 与投射辐射 G_1 之差。

（2）从表面 1 内部观察：能量收支差额为本身辐射 $\varepsilon_1 E_{b_1}$ 与吸收辐射 $\alpha_1 G_1$ 之差。

即：

$$\frac{\Phi_1}{A_1} = J_1 - G_1 = \varepsilon_1 E_{b_1} - \alpha_1 G_1 \ (\text{W/m}^2) \tag{3-35}$$

对漫反射灰体表面：$\alpha_1 = \varepsilon_1$，可得

$$\Phi_1 = \frac{\varepsilon_1}{1 - \varepsilon_1} A_1 (E_{b_1} - J_1) = \frac{E_{b_1} - J_1}{\dfrac{1 - \varepsilon_1}{\varepsilon_1 A_1}} \ (\text{W}) \tag{3-36}$$

在灰体的辐射换热网络中，把有效辐射 J_1 比做电位，把 $\dfrac{1-\varepsilon_1}{\varepsilon_1 A_1}$ 称作 E_{b_1} 和 J_1 之间的
表面辐射热阻，简称表面热阻，见图 3-3（可理解为：由于辐射表面是非黑体表面所造成
的热阻）。可以看出：表面发射率越大，则表面热阻越小，对黑体表面，表面热阻为零，
此时 J_1 就是 E_{b_1}。

因此两灰表面的辐射换热可以用简单的网络图表示，见图 3-4。在 J_1 和 J_2 两个节点
之间存在着辐射空间热阻，在 J_1 节点与 E_{b_1} 节点之间和 J_2 节点与 E_{b_2} 节点之间存在着表
面热阻。

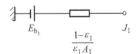

图 3-3　辐射换热表面热阻

图 3-4　两个灰表面组成的封闭空腔的辐射换热网络

3.2.2　灰体辐射换热方程组

当封闭表面较多时，网络图比较麻烦，因此，需要借助有效辐射通用表达式建立节点
方程组。

设有 n 个表面组成空腔，对 j 表面做分析，对于非绝热面和绝热面，其有效辐射为

$$\begin{cases} \text{非绝热面：} \displaystyle\sum_{j=1,\ j\neq i}^{N} X_{i,j} J_j + J_i \left(X_{i,i} - \frac{1}{1-\varepsilon_i} \right) = \frac{\varepsilon_i}{\varepsilon_i - 1} E_{b_i} \\[4mm] \text{绝热面：} \displaystyle\sum_{j=1,\ j\neq i}^{N} X_{i,j} J_j + J_i (X_{i,i} - 1) - 0 \end{cases} \tag{3-37}$$

对于 $j=1$，2，3，…，n 表面组成的空腔，可以得到 n 个方程，即

$$
\begin{cases}
J_1\left(X_{1,1}-\dfrac{1}{1-\varepsilon_1}\right)+J_2 X_{1,2}+J_3 X_{1,3}+\cdots+J_n X_{1,n}=\left(\dfrac{\varepsilon_1}{\varepsilon_1-1}\right)\sigma_b T_1^4 \\[2mm]
J_1 X_{2,1}+J_2\left(X_{2,2}-\dfrac{1}{1-\varepsilon_2}\right)+J_3 X_{2,3}+\cdots+J_n X_{2,n}=\left(\dfrac{\varepsilon_2}{\varepsilon_2-1}\right)\sigma_b T_2^4 \\[2mm]
\cdots \\[2mm]
J_1 X_{n,1}+J_2 X_{n,2}+J_3 X_{n,3}+\cdots+J_n\left(X_{n,n}-\dfrac{1}{1-\varepsilon_n}\right)=\left(\dfrac{\varepsilon_n}{\varepsilon_n-1}\right)\sigma_b T_n^4
\end{cases}
\tag{3-38}
$$

式（3-38）为非齐次常系数线性方程组，可用迭代法求解，已知各表面的温度、发射率、和几何尺寸，即得到个表面的有效辐射 J_1、J_2…J_n，进而求出个表面的净辐射热量（$i=1$，2，3，…，n）：

$$
\Phi_i=\frac{E_{b_i}-J_i}{\dfrac{1-\varepsilon_i}{\varepsilon_i A_i}}
\tag{3-39}
$$

3.2.3　多表面辐射换热计算算例

某辐射供暖房间尺寸为 4m×5m×3m（图 3-5），在楼板中布置热盘管，根据实测结果：楼板 1 的内表面温度 $t_1=25℃$，表面发射率 $\varepsilon_1=0.9$；外墙的内表面温度分别为 $t_2=10℃$，$t_3=12℃$，$t_4=13℃$，$t_5=9℃$，墙面的发射率均为 $\varepsilon_2=\varepsilon_3=\varepsilon_4=\varepsilon_5=0.8$；地面 6 的表面温度 $t_6=11℃$，发射率 $\varepsilon_6=0.6$。试求（1）楼板的总辐射换热量；（2）地面的总吸热量。角系数线图如图 3-6 和图 3-7 所示。

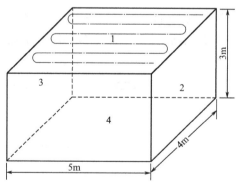

图 3-5　算例附图

根据各表面尺寸和几何关系，查手册可以确定各表面间的辐射角系数：

$X_{1,1}=0$、$X_{1,2}=0.19$、$X_{1,3}=0.14$、$X_{1,4}=0.19$、$X_{1,5}=0.14$、$X_{1,6}=0.34$；

$X_{2,1}=0.25$、$X_{2,2}=0$、$X_{2,3}=0.15$、$X_{2,4}=0.2$、$X_{2,5}=0.15$、$X_{2,6}=0.25$；

$X_{3,1}=0.25$、$X_{3,2}=0.19$、$X_{3,3}=0$、$X_{3,4}=0.19$、$X_{3,5}=0.12$、$X_{3,6}=0.25$；

$X_{4,1}=0.25$、$X_{4,2}=0.19$、$X_{4,3}=0$、$X_{4,4}=0.19$、$X_{4,5}=0.12$、$X_{4,6}=0.25$；

$X_{5,1}=0.25$、$X_{5,2}=0.19$、$X_{5,3}=0.12$、$X_{5,4}=0.19$、$X_{5,5}=0$、$X_{5,6}=0.25$；

$X_{6,1}=0.34$、$X_{6,2}=0.13$、$X_{6,3}=0.15$、$X_{6,4}=0.13$、$X_{6,5}=0.15$、$X_{6,6}=0$；

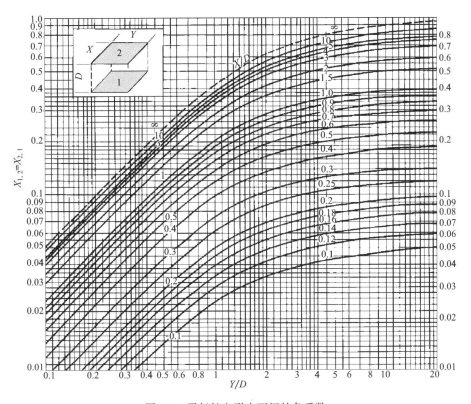

图 3-6　平行长方形表面间的角系数

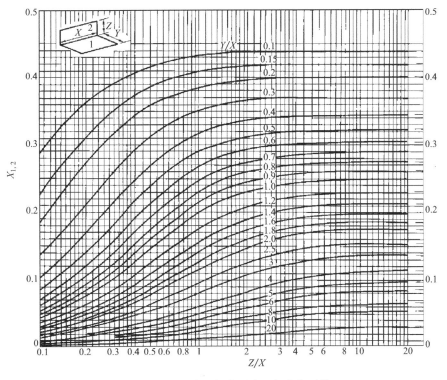

图 3-7　相互垂直两长方形表面间的角系数

由式（3-38）列出灰体辐射换热方程组节点方程组为：

$$\begin{cases} 10J_1 - 0.19J_2 - 0.14J_3 - 0.19J_4 - 0.14J_5 - 0.34J_6 = 9 \times 5.67 \times 2.98^4 \\ -0.25J_1 + 5J_2 - 0.15J_3 - 0.2J_4 - 0.15J_5 - 0.25J = 4 \times 5.67 \times 2.83^4 \\ -0.25J_1 - 0.19J_2 + 5J_3 - 0.19J_4 - 0.12J_5 - 0.25J = 4 \times 5.67 \times 2.85^4 \\ -0.25J_1 - 0.2J_2 - 0.15J_3 + 5J_4 - 0.15J_5 - 0.25J = 4 \times 5.67 \times 2.86^4 \\ -0.25J_1 - 0.19J_2 - 0.12J_3 - 0.19J_4 + 5J_5 - 0.25J = 4 \times 5.67 \times 2.82^4 \\ -0.34J_1 - 0.13J_2 - 0.15J_3 - 0.13J_4 - 0.15J_5 + 2.5J_6 = 1.5 \times 5.67 \times 2.84^4 \end{cases}$$

上式为非齐次常系数线性方程组，可用高斯—赛德尔迭代法进行数值求解，如图 3-8 所示。根据高斯—赛德尔迭代法格式，算法设计如下：

设置初值为 $J^{(0)} = (0, 0, \cdots, 0)^T$，迭代结果如下：

$$J^* = (439.13, 368.00, 376.12, 373.06, 356.91, 363.55)^T (\mathrm{W/m^2})$$

则楼板 1 和底面 6 的净辐射换热量为

$$\Phi_1 = \frac{E_{b1} - J_1}{\dfrac{1 - \varepsilon_1}{\varepsilon_1 A_1}} = \frac{5.67 \times 10^{-8}(298)^4 - 439.13}{\dfrac{1 - 0.9}{0.9 \times 20}} = 1442.65\mathrm{W}$$

$$\Phi_4 = \frac{E_{b6} - J_6}{\dfrac{1 - \varepsilon_6}{\varepsilon_6 A_6}} = \frac{5.67 \times 10^{-8}(284)^4 - 363.55}{\dfrac{1 - 0.6}{0.6 \times 20}} = 159.17\mathrm{W}$$

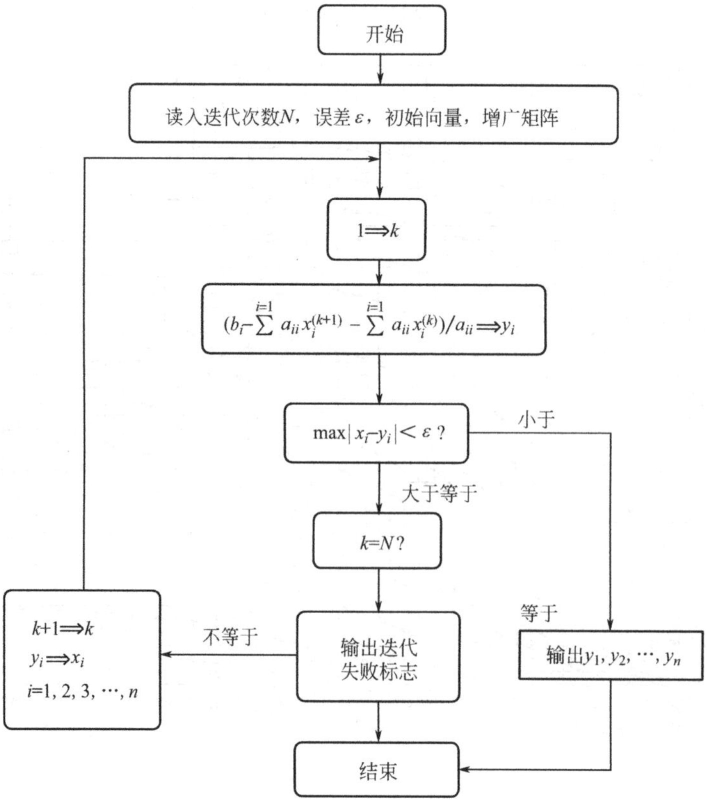

图 3-8　高斯—赛德尔迭代法算法设计

3.3　换热系统的分布式动态模拟

本节以换热系统的分布式动态模拟为例，进一步介绍线性方程组迭代法在传热学中的应用。对于换热系统的动态模拟问题，若采用线性方程组迭代法进行处理，首先需要建立换热系统的控制方程，接下来将控制方程整理转换为 $GT=D$ 形式的 n 阶线性方程组，整理出未知向量 T，系数矩阵 G 以及非齐次向量 D，在此基础上，采用迭代法对未知向量进行求解。本节采用逐层递进的方式对双级换热器系统的集总式动态模型、单台逆流换热器的分布式动态模型和无相变、逆流、无汇合点的换热器系统的分布式模型依次进行处理，最后采用迭代法对算例进行计算。

3.3.1　无相变双级换热器系统的集总式动态模拟

设一个间壁式换热器（换热单元），热流体 1 侧表面传热系数 h_1，流体密度 ρ_1，定压比热 c_1，体积流量 $\dot{V}_1$，容存体积 V_1，冷流体 2 侧表面传热系数 h_2，流体密度 ρ_2，定压比热 c_2，体积流量 $\dot{V}_2$，容存体积 V_2，换热器壁面比热 c_b，壁面质量 M_b，换热面积 A，因此换热器内有以下基本关系式：

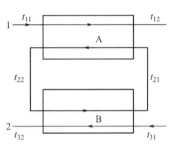

图 3-9　无相变双级换热

热流体 1 的热容量：$R_1=\rho_1 c_1 V_1$，冷流体 2 的热容量：$R_2=\rho_2 c_2 V_2$

换热器壁面的热容量：$R_b=M_b c_b$

热流体 1 侧传热能力：$U_1=\dfrac{h_1 A}{2}$；冷流体 2 侧传热能力：$U_2=\dfrac{h_2 A}{2}$

热流体 1 的比热容量：$C_1=\rho_1 c_1 \dot{V}_1$，冷流体 2 的比热容量：$C_2=\rho_2 c_2 \dot{V}_2$

对于无相变双级换热器系统，如图 3-9 所示，其换热器 A 和换热器 B 中的集总式非稳态控制方程分别如下：

换热器 A（烟气 1-中介水 2）的非稳态控制方程

$$\begin{cases} C_1 t_{11}=C_1 t_{12}+2U_1\left(\dfrac{t_{11}+t_{12}}{2}-t_b\right)+\dfrac{R_1}{2}\left(\dfrac{\mathrm{d}t_{11}}{\mathrm{d}\tau}+\dfrac{\mathrm{d}t_{12}}{\mathrm{d}\tau}\right) \\[3mm] C_2 t_{21}=C_2 t_{22}+2U_2\left(\dfrac{t_{21}+t_{22}}{2}-t_b\right)+\dfrac{R_2}{2}\left(\dfrac{\mathrm{d}t_{21}}{\mathrm{d}\tau}+\dfrac{\mathrm{d}t_{22}}{\mathrm{d}\tau}\right) \\[3mm] R_b\dfrac{\mathrm{d}t_b}{\mathrm{d}\tau}=2U_1\left(\dfrac{t_{11}+t_{12}}{2}-t_b\right)+2U_2\left(\dfrac{t_{21}+t_{22}}{2}-t_b\right) \end{cases} \tag{3-40}$$

换热器 B（中介水 2-热网水 3）的非稳态控制方程

$$\begin{cases} C_3 t_{31}=C_3 t_{32}+2U_3\left(\dfrac{t_{31}+t_{32}}{2}-t_b\right)+\dfrac{R_3}{2}\left(\dfrac{\mathrm{d}t_{31}}{\mathrm{d}\tau}+\dfrac{\mathrm{d}t_{32}}{\mathrm{d}\tau}\right) \\[3mm] C_2 t_{21}=C_2 t_{22}+2U_2\left(\dfrac{t_{21}+t_{22}}{2}-t_b\right)+\dfrac{R_2}{2}\left(\dfrac{\mathrm{d}t_{21}}{\mathrm{d}\tau}+\dfrac{\mathrm{d}t_{22}}{\mathrm{d}\tau}\right) \\[3mm] R_b\dfrac{\mathrm{d}t_b}{\mathrm{d}\tau}=2U_3\left(\dfrac{t_{31}+t_{32}}{2}-t_b\right)+2U_2\left(\dfrac{t_{21}+t_{22}}{2}-t_b\right) \end{cases} \tag{3-41}$$

可见，集总式条件下，无所谓逆流顺流交叉流，各换热器的控制方程形式一样。设热流体 1 侧 NTU 为 $N_1 = \dfrac{U_1}{C_1}$，冷流体 2 侧 NTU 为 $N_2 = \dfrac{U_2}{C_2}$，热—壁热容比为 $M_1 = \dfrac{R_1}{2C_1}$，冷—壁热容比为 $M_2 = \dfrac{R_2}{2C_2}$，则上述式可简化为

$$\begin{cases} (1-N_1)\,t_{11} - M_1 t'_{11} - (1+N_1)\,t_{12} - M_1 t'_{12} + 2N_1 t_b = 0 \\ (1-N_2)\,t_{21} - M_2 t'_{21} - (1+N_2)\,t_{22} - M_2 t'_{22} + 2N_2 t_b = 0 \\ 2(U_1+U_2)\,t_b + R_b t'_b - U_1 t_{11} - U_1 t_{12} - U_2 t_{21} - U_2 t_{22} = 0 \end{cases} \quad (3\text{-}42)$$

$$\begin{cases} (1-N_3)\,t_{31} - M_3 t'_{31} - (1+N_3)\,t_{32} - M_3 t'_{32} + 2N_3 t_b = 0 \\ (1-N_2)\,t_{21} - M_2 t'_{21} - (1+N_2)\,t_{22} - M_2 t'_{22} + 2N_2 t_b = 0 \\ 2(U_3+U_2)\,t_b + R_b t'_b - U_3 t_{31} - U_3 t_{32} - U_2 t_{21} - U_2 t_{22} = 0 \end{cases} \quad (3\text{-}43)$$

将时间按照 $\Delta\tau$ 间隔进行分割，则 k 时刻，换热器 A 和换热器 B 的控制方程的差分格式分别为

$$\begin{cases} (1-N_1)_k t_{11,k} - M_{1,k}\left(\dfrac{t_{11,k}-t_{11,k-1}}{\Delta\tau}\right) - (1+N_1)_k t_{12,k} - \\ M_{1,k}\left(\dfrac{t_{12,k}-t_{12,k-1}}{\Delta\tau}\right) + 2N_{1,k}t_{\mathrm{bA},k} = 0 \\ (1-N_{2\mathrm{A}})_k t_{21,k} - M_{2\mathrm{A},k}\left(\dfrac{t_{21,k}-t_{21,k-1}}{\Delta\tau}\right) - (1+N_{2\mathrm{A}})_k t_{22,k} \\ -M_{2\mathrm{A},k}\left(\dfrac{t_{22,k}-t_{22,k-1}}{\Delta\tau}\right) + 2N_{2\mathrm{A},k}t_{\mathrm{bA},k} = 0 \\ 2(U_{1,k}+U_{2\mathrm{A},k})\,t_{\mathrm{bA},k} + R_{\mathrm{bA}}\left(\dfrac{t_{\mathrm{bA},k}-t_{\mathrm{bA},k-1}}{\Delta\tau}\right) - U_{1,k}t_{11,k} - \\ U_{1,k}t_{12,k} - U_{2\mathrm{A},k}t_{21,k} - U_{2\mathrm{A},k}t_{22,k} = 0 \end{cases} \quad (3\text{-}44)$$

$$\begin{cases} (1-N_{2\mathrm{B}})_k t_{22,k} - M_{2\mathrm{B},k}\left(\dfrac{t_{22,k}-t_{22,k-1}}{\Delta\tau}\right) - (1+N_{2\mathrm{B}})_k t_{21,k} - \\ M_{2\mathrm{B},k}\left(\dfrac{t_{21,k}-t_{21,k-1}}{\Delta\tau}\right) + 2N_{2\mathrm{B},k}t_{\mathrm{bB},k} = 0 \\ (1-N_3)_k t_{31,k} - M_{3,k}\left(\dfrac{t_{31,k}-t_{31,k-1}}{\Delta\tau}\right) - (1+N_3)_k t_{32,k} - \\ M_{3,k}\left(\dfrac{t_{32,k}-t_{32,k-1}}{\Delta\tau}\right) + 2N_{3,k}t_{\mathrm{bB},k} = 0 \\ 2(U_{3,k}+U_{2\mathrm{B},k})\,t_{\mathrm{bB},k} + R_{\mathrm{bB}}\left(\dfrac{t_{\mathrm{bB},k}-t_{\mathrm{bB},k-1}}{\Delta\tau}\right) - U_{3,k}t_{31,k} - \\ U_{3,k}t_{32,k} - U_{2\mathrm{B},k}t_{22,k} - U_{2\mathrm{B},k}t_{21,k} = 0 \end{cases} \quad (3\text{-}45)$$

将节点温度 $t_{11,k}$，$t_{12,k}$，$t_{21,k}$，$t_{22,k}$，$t_{31,k}$，$t_{32,k}$，$t_{\mathrm{bA},k}$，$t_{\mathrm{bB},k}$ 用先前温度 $t_{11,k-1}$，$t_{12,k-1}$，$t_{21,k-1}$，$t_{22,k-1}$，$t_{31,k-1}$，$t_{32,k-1}$，$t_{\mathrm{bA},k-1}$，$t_{\mathrm{bB},k-1}$ 表示，则上两式可整理为

$$
\begin{cases}
\Delta\tau(1-N_1)_k t_{11,k} - M_{1,k}t_{11,k} - \Delta\tau(1+N_1)_k t_{12,k} \\
\quad -M_{1,k}t_{12,k} + 2\Delta\tau N_{1,k}t_{bA,k} = -M_{1,k}(t_{11,k-1}+t_{12,k-1}) \\
\Delta\tau(1-N_{2A})_k t_{21,k} - M_{2A,k}t_{21,k} - \Delta\tau(1+N_{2A})_k t_{22,k} \\
\quad -M_{2A,k}t_{22,k} + 2\Delta\tau N_{2A,k}t_{bA,k} = -M_{2A,k}(t_{21,k-1}+t_{22,k-1}) \\
2\Delta\tau(U_{1,k}+U_{2A,k})t_{bA,k} + R_{bA}t_{bA,k} - \Delta\tau U_{1,k}t_{11,k} \\
\quad -\Delta\tau U_{1,k}t_{12,k} - \Delta\tau U_{2A,k}t_{21,k} - \Delta\tau U_{2A,k}t_{22,k} = R_{bA}t_{bA,k-1}
\end{cases} \tag{3-46}
$$

$$
\begin{cases}
\Delta\tau(1-N_{2B})_k t_{22,k} - M_{2B,k}t_{22,k} - \Delta\tau(1+N_{2B})_k t_{21,k} \\
\quad -M_{2B,k}t_{21,k} + 2\Delta\tau N_{2B,k}t_{bB,k} = -M_{2B,k}(t_{22,k-1}+t_{21,k-1}) \\
\Delta\tau(1-N_3)_k t_{31,k} - M_{3,k}t_{31,k} - \Delta\tau(1+N_3)_k t_{32,k} \\
\quad -M_{3,k}t_{32,k} + 2\Delta\tau N_{3,k}t_{bB,k} = -M_{3,k}(t_{31,k-1}+t_{32,k-1}) \\
2\Delta\tau(U_{3,k}+U_{2B,k})t_{bB,k} + R_{bB}t_{bB,k} - \Delta\tau U_{3,k}t_{31,k} \\
\quad -\Delta\tau U_{3,k}t_{32,k} - \Delta\tau U_{2B,k}t_{22,k} - \Delta\tau U_{2B,k}t_{21,k} = R_{bB}t_{bB,k-1}
\end{cases} \tag{3-47}
$$

将以上两式左侧整理为以 $T=(t_{11,k},\ t_{12,k},\ t_{21,k},\ t_{22,k},\ t_{31,k},\ t_{32,k},\ t_{bA,k},\ t_{bB,k})^T$ 为未知向量的非其次线性方程组

$$
\begin{cases}
[\Delta\tau(1-N_1)_k - M_{1,k}]t_{11,k} - [\Delta\tau(1+N_1)_k + M_{1,k}]t_{12,k} \\
\quad +2\Delta\tau N_{1,k}t_{bA,k} = -M_{1,k}(t_{11,k-1}+t_{12,k-1}) \\
[\Delta\tau(1-N_{2A})_k - M_{2A,k}]t_{21,k} - [\Delta\tau(1+N_{2A})_k + M_{2A,k}]t_{22,k} \\
\quad +2\Delta\tau N_{2A,k}t_{bA,k} = -M_{2A,k}(t_{21,k-1}+t_{22,k-1}) \\
[2\Delta\tau(U_{1,k}+U_{2A,k})+R_{bA}]t_{bA,k} - \Delta\tau U_{1,k}t_{11,k} - \Delta\tau U_{1,k}t_{12,k} \\
\quad -\Delta\tau U_{2A,k}t_{21,k} - \Delta\tau U_{2A,k}t_{22,k} = R_{bA}t_{bA,k-1}
\end{cases} \tag{3-48}
$$

$$
\begin{cases}
[\Delta\tau(1-N_{2B})_k - M_{2B,k}]t_{22,k} - [\Delta\tau(1+N_{2B})_k + M_{2B,k}]t_{21,k} \\
\quad +2\Delta\tau N_{2B,k}t_{bB,k} = -M_{2B,k}(t_{22,k-1}+t_{21,k-1}) \\
[\Delta\tau(1-N_3)_k - M_{3,k}]t_{31,k} - [\Delta\tau(1+N_3)_k + M_{3,k}]t_{32,k} \\
\quad +2\Delta\tau N_{3,k}t_{bB,k} = -M_{3,k}(t_{31,k-1}+t_{32,k-1}) \\
[2\Delta\tau(U_{3,k}+U_{2B,k})+R_{bB}]t_{bB,k} - \Delta\tau U_{3,k}t_{31,k} - \Delta\tau U_{3,k}t_{32,k} \\
\quad -\Delta\tau U_{2B,k}t_{22,k} - \Delta\tau U_{2B,k}t_{21,k} = R_{bB}t_{bB,k-1}
\end{cases} \tag{3-49}
$$

对于式（3-48）、式（3-49），烟气1和热网水3的进口流体温度把 t_{11} 和 t_{31} 为已知数，则将上式整理为以 $T=(t_{12,k},\ t_{21,k},\ t_{22,k},\ t_{32,k},\ t_{bA,k},\ t_{bB,k})^T$ 为未知向量的非其次线性方程组

$$
\begin{cases}
-[\Delta\tau(1+N_1)_k + M_{1,k}]t_{12,k} + 2\Delta\tau N_{1,k}t_{bA,k} \\
= -M_{1,k}(t_{11,k-1}+t_{12,k-1}) - [\Delta\tau(1-N_1)_k - M_{1,k}]t_{11,k} \\
[\Delta\tau(1-N_{2A})_k - M_{2A,k}]t_{21,k} - [\Delta\tau(1+N_{2A})_k + M_{2A,k}]t_{22,k} \\
\quad +2\Delta\tau N_{2A,k}t_{bA,k} = -M_{2A,k}(t_{21,k-1}+t_{22,k-1}) \\
[2\Delta\tau(U_{1,k}+U_{2A,k})+R_{bA}]t_{bA,k} - \Delta\tau U_{1,k}t_{12,k} \\
\quad -\Delta\tau U_{2A,k}t_{21,k} - \Delta\tau U_{2A,k}t_{22,k} = R_{bA}t_{bA,k-1} + \Delta\tau U_{1,k}t_{11,k}
\end{cases} \tag{3-50}
$$

$$
\left\{
\begin{aligned}
&[\Delta\tau(1-N_{2B})_k-M_{2B,k}]t_{22,k}-[\Delta\tau(1+N_{2B})_k+M_{2B,k}]t_{21,k}\\
&+2\Delta\tau N_{2B,k}t_{bB,k}=-M_{2B,k}(t_{22,k-1}+t_{21,k-1})\\
&-[\Delta\tau(1+N_3)_k+M_{3,k}]t_{32,k}+2\Delta\tau N_{3,k}t_{bB,k}\\
&=-M_{3,k}(t_{31,k-1}+t_{32,k-1})-[\Delta\tau(1-N_3)_k-M_{3,k}]t_{31,k}\\
&[2\Delta\tau(U_{3,k}+U_{2B,k})+R_{bB}]t_{bB,k}-\Delta\tau U_{3,k}t_{32,k}-\Delta\tau U_{2B,k}t_{22,k}\\
&-\Delta\tau U_{2B,k}t_{21,k}=R_{bB}t_{bB,k-1}+\Delta\tau U_{3,k}t_{31,k}
\end{aligned}
\right.
\tag{3-51}
$$

将以上六个方程写成矩阵形式为

$$
\begin{bmatrix}
-\Delta\tau(1+N_1)_k-M_{1,k} & 0 & 0 & 0 & 2\Delta\tau N_{1,k} & 0\\
0 & \Delta\tau(1-N_{2A})_k-M_{2A,k} & -\Delta\tau(1+N_{2A})_k-M_{2A,k} & 0 & 2\Delta\tau N_{2A,k} & 0\\
-\Delta\tau U_{1,k} & -\Delta\tau U_{2A,k} & -\Delta\tau U_{2A,k} & 0 & 2\Delta\tau(U_{1,k}+U_{2A,k})+R_{bA} & 0\\
0 & -\Delta\tau(1+N_{2B})_k-M_{2B,k} & \Delta\tau(1-N_{2B})_k-M_{2B,k} & 0 & 0 & 2\Delta\tau N_{2B,k}\\
0 & 0 & 0 & -\Delta\tau(1+N_3)_k-M_{3,k} & 0 & 2\Delta\tau N_{3,k}\\
0 & -\Delta\tau U_{2B,k} & -\Delta\tau U_{2B,k} & -\Delta\tau U_{3,k} & 0 & 2\Delta\tau(U_{3,k}+U_{2B,k})+R_{bB}
\end{bmatrix}
$$

$$
\cdot
\begin{bmatrix}
t_{12}\\
t_{21}\\
t_{22}\\
t_{32}\\
t_{bA}\\
t_{bB}
\end{bmatrix}
=
\begin{bmatrix}
-M_{1,k}(t_{11,k-1}+t_{12,k-1})-[\Delta\tau(1-N_1)_k-M_{1,k}]t_{11,k}\\
-M_{2A,k}(t_{21,k-1}+t_{22,k-1})\\
R_{bA}t_{bA,k-1}+\Delta\tau U_{1,k}t_{11,k}\\
-M_{2B,k}(t_{22,k-1}+t_{21,k-1})\\
-M_{3,k}(t_{31,k-1}+t_{32,k-1})-[\Delta\tau(1-N_3)_k-M_{3,k}]t_{31,k}\\
R_{bB}t_{bB,k-1}+\Delta\tau U_{3,k}t_{31,k}
\end{bmatrix}
\tag{3-52}
$$

3.3.2　无相变单台逆流换热器的分布式动态模拟

现针对无相变单台逆流换热器进行分布式动态模型的建立，将某个逆流换热器划分为 N 段（段的编号为 i），如图 3-10 所示。

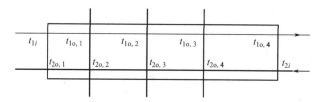

图 3-10　无相变单台逆流换热

每段换热器的分布式模型均满足集总式动态模型，由于第一段的进口 t_{1i}（$t_{1o,0}$），最后一段的进口 t_{2i}（$t_{2o,N+1}$）已知，因此各段的控制方程为

第一段：

$$
\left\{
\begin{aligned}
&-[\Delta\tau(1+N_1)_k+M_{1,k}]t_{1o,1,k}+2\Delta\tau N_{1,k}t_{b,1,k}\\
&=-M_{1,k}(t_{1i,k-1}+t_{1o,1,k-1})-[\Delta\tau(1-N_1)_k-M_{1,k}]t_{1i,k}\\
&[\Delta\tau(1-N_2)_k-M_{2,k}]t_{2o,2,k}-[\Delta\tau(1+N_2)_k+M_{2,k}]t_{2o,1,k}\\
&+2\Delta\tau N_{2,k}t_{b,1,k}=-M_{2,k}(t_{2o,2,k-1}+t_{2o,1,k-1})\\
&[2\Delta\tau(U_{1,k}+U_{2,k})+R_b]t_{b,1,k}-\Delta\tau U_{1,k}t_{1o,1,k}-\Delta\tau U_{2,k}t_{2o,2,k}\\
&-\Delta\tau U_{2,k}t_{2o,1,k}=R_b t_{b,1,k-1}+\Delta\tau U_{1,k}t_{1i,k}
\end{aligned}
\right.
\tag{3-53}
$$

中间段：

$$\begin{cases} [\Delta\tau(1-N_1)_k - M_{1,k}]t_{1o,i-1,k} - [\Delta\tau(1+N_1)_k + M_{1,k}]t_{1o,i,k} \\ + 2\Delta\tau N_{1,k}t_{b,i,k} = -M_{1,k}(t_{1o,i-1,k-1} + t_{1o,i,k-1}) \\ [\Delta\tau(1-N_2)_k - M_{2,k}]t_{2o,i+1,k} - [\Delta\tau(1+N_2)_k + M_{2,k}]t_{2o,i,k} \\ + 2\Delta\tau N_{2,k}t_{b,i,k} = -M_{2,k}(t_{2o,i+1,k-1} + t_{2o,i,k-1}) \\ [2\Delta\tau(U_{1,k} + U_{2,k}) + R_b]t_{b,i,k} - \Delta\tau U_{1,k}t_{1o,i-1,k} - \Delta\tau U_{1,k}t_{1o,i,k} \\ - \Delta\tau U_{2,k}t_{2o,i+1,k} - \Delta\tau U_{2,k}t_{2o,i,k} = R_b t_{b,i,k-1} \end{cases} \tag{3-54}$$

第 N 段：

$$\begin{cases} [\Delta\tau(1-N_1)_k - M_{1,k}]t_{1o,N-1,k} - [\Delta\tau(1+N_1)_k + M_{1,k}]t_{1o,N,k} \\ + 2\Delta\tau N_{1,k}t_{b,N,k} = -M_{1,k}(t_{1o,N-1,k-1} + t_{1o,N,k-1}) \\ - [\Delta\tau(1+N_2)_k + M_{2,k}]t_{2o,N,k} + 2\Delta\tau N_{2,k}t_{b,N,k} \\ = -M_{2,k}(t_{2i,k-1} + t_{2o,N,k-1}) - [\Delta\tau(1-N_2)_k - M_{2,k}]t_{2i,k} \\ [2\Delta\tau(U_{1,k} + U_{2,k}) + R_b]t_{b,N,k} - \Delta\tau U_{1,k}t_{1o,N-1,k} \\ - \Delta\tau U_{1,k}t_{1o,N,k} - \Delta\tau U_{2,k}t_{2o,N,k} = R_b t_{b,N,k-1} + \Delta\tau U_{2,k}t_{2i,k} \end{cases} \tag{3-55}$$

N 组方程中共有 N 个 $t_{1o,di}$、$t_{2o,di}$、$t_{b,di}$，共 $3N$ 个未知量，刚好 $3N$ 个方程，设置未知向量的顺序为 $T = \big[(t_{1o,1}, \cdots t_{1o,i}\cdots, t_{1o,N}),\ (t_{2o,1}, \cdots t_{2o,i}\cdots, t_{2o,N}),\ (t_{b,1}, \cdots t_{b,i}\cdots, t_{b,N}) \big]^T$，依据未知向量规律重新排列方程组，将关于热流体 1 的温度 t_{1o} 的方程放在第一部分，冷流体 2 的温度 t_{2o} 的方程放在第二部分，间壁温度 t_b 的方程放在第三部分，其中，当分段数 $N \geq 3$ 时，适用第三部分方程形式；$N=2$ 时，适用一、三部分，没有中间第二部分；$N=1$ 时，另列。

第一部分 N 个方程

$$\begin{cases} - [\Delta\tau(1+N_1)_k + M_{1,k}]t_{1o,1,k} + 2\Delta\tau N_{1,k}t_{b,1,k} \\ = -M_{1,k}(t_{1i,k-1} + t_{1o,1,k-1}) - [\Delta\tau(1-N_1)_k - M_{1,k}]t_{1i,k} \\ \cdots \\ [\Delta\tau(1-N_1)_k - M_{1,k}]t_{1o,i-1,k} - [\Delta\tau(1+N_1)_k + M_{1,k}]t_{1o,i,k} \\ + 2\Delta\tau N_{1,k}t_{b,i,k} = -M_{1,k}(t_{1o,i-1,k-1} + t_{1o,i,k-1}) \\ \cdots \\ [\Delta\tau(1-N_1)_k - M_{1,k}]t_{1o,N-1,k} - [\Delta\tau(1+N_1)_k + M_{1,k}]t_{1o,N,k} \\ + 2\Delta\tau N_{1,k}t_{b,N,k} = -M_{1,k}(t_{1o,N-1,k-1} + t_{1o,N,k-1}) \end{cases} \tag{3-56}$$

第二部分 N 个方程

$$\begin{cases} [\Delta\tau(1-N_2)_k - M_{2,k}]t_{2o,2,k} - [\Delta\tau(1+N_2)_k + M_{2,k}]t_{2o,1,k} \\ + 2\Delta\tau N_{2,k}t_{b,1,k} = -M_{2,k}(t_{2o,2,k-1} + t_{2o,1,k-1}) \\ \cdots \\ [\Delta\tau(1-N_2)_k - M_{2,k}]t_{2o,i+1,k} - [\Delta\tau(1+N_2)_k + M_{2,k}]t_{2o,i,k} \\ + 2\Delta\tau N_{2,k}t_{b,i,k} = -M_{2,k}(t_{2o,i+1,k-1} + t_{2o,i,k-1}) \\ \cdots \\ - [\Delta\tau(1+N_2)_k + M_{2,k}]t_{2o,N,k} + 2\Delta\tau N_{2,k}t_{b,N,k} \\ = -M_{2,k}(t_{2i,k-1} + t_{2o,N,k-1}) - [\Delta\tau(1-N_2)_k - M_{2,k}]t_{2i,k} \end{cases} \tag{3-57}$$

第三部分 N 个方程

$$
\begin{cases}
[2\Delta\tau(U_{1,k}+U_{2,k})+R_{b}]t_{b,1,k}-\Delta\tau U_{1,k}t_{1o,1,k} \\
\quad-\Delta\tau U_{2,k}t_{2o,2,k}-\Delta\tau U_{2,k}t_{2o,1,k}=R_{b}t_{b,1,k-1}+\Delta\tau U_{1,k}t_{1i,k} \\
\cdots \\
[2\Delta\tau(U_{1,k}+U_{2,k})+R_{b}]t_{b,i,k}-\Delta\tau U_{1,k}t_{1o,i-1,k} \\
\quad-\Delta\tau U_{1,k}t_{1o,i,k}-\Delta\tau U_{2,k}t_{2o,i+1,k}-\Delta\tau U_{2,k}t_{2o,i,k}=R_{b}t_{b,i,k-1} \\
\cdots \\
[2\Delta\tau(U_{1,k}+U_{2,k})+R_{b}]t_{b,N,k}-\Delta\tau U_{1,k}t_{1o,N-1,k} \\
\quad-\Delta\tau U_{1,k}t_{1o,N,k}-\Delta\tau U_{2,k}t_{2o,N,k}=R_{b}t_{b,N,k-1}+\Delta\tau U_{2,k}t_{2i,k}
\end{cases}
\tag{3-58}
$$

当分段数 $N=1$ 时，只有一个方程组如下：

$$
\begin{cases}
-[\Delta\tau(1+N_{1})_{k}+M_{1,k}]t_{1o,k}+2\Delta\tau N_{1,k}t_{b,k} \\
\quad=-M_{1,k}(t_{1i,k-1}+t_{1o,k-1})-[\Delta\tau(1-N_{1})_{k}-M_{1,k}]t_{1i,k} \\
-[\Delta\tau(1+N_{2})_{k}+M_{2,k}]t_{2o,k}+2\Delta\tau N_{2,k}t_{b,k} \\
\quad=-M_{2,k}(t_{2i,k-1}+t_{2o,k-1})-[\Delta\tau(1-N_{2})_{k}-M_{2,k}]t_{2i,k} \\
[2\Delta\tau(U_{1,k}+U_{2,k})+R_{b}]t_{b,k}-\Delta\tau U_{1,k}t_{1o,k}-\Delta\tau U_{2,k}t_{2o,k} \\
\quad=R_{b}t_{b,k-1}+\Delta\tau U_{1,k}t_{1i,k}+\Delta\tau U_{2,k}t_{2i,k}
\end{cases}
\tag{3-59}
$$

因此，重排方程组的系数矩阵规律如表 3-1 所示。

系数矩阵 G 中的非零项汇总（适用 $N\geqslant3$）　　　　表 3-1

第 1 行	1	第 1 段	$A(1,0)^{T}A(1,1)^{T}A(1,2N+1)$
第 i 行	$1<i\leqslant N$	第 i 段	$A(i,i-1)^{T}A(i,i)^{T}A(i,2N+i)$
第 i 行 第 N+m 行	$N+1\leqslant i<2N$ $1\leqslant m<N$ $i=N+m$	第 m 段 第 m 段	$A(i,i)^{T}A(i,i+1)^{T}A(i,2N+i-N)$ $A(N+m,N+m+1)^{T}A(N+m,N+m)^{T}A(N+m,2N+m)$
第 2N 行	2N	第 N 段	$A(2N,2N+1)^{T}A(2N,2N)^{T}A(2N,3N)$
第 2N+1 行	2N+1	第 1 段	$A(2N+1,2N+1)^{T}A(2N+1,0)^{T}A(2N+1,1)$ $A(2N+1,N+1)^{T}A(2N+1,N+2)$
第 i 行 第 2N+n 行	$2N+1<i<3N$ $1<n<N$ $i=2N+n$	第 n 段 第 n 段	$A(i,i)^{T}A(i,i-2N-1)^{T}A(i,i-2N)^{T}A(i,i-N)^{T}A(i,i-N+1)$ $A(2N+n,2N+n)^{T}A(2N+n,n-1)^{T}A(2N+n,n)^{T}$ $A(2N+n,N+n)^{T}A(2N+n,N+n+1)$
第 3N 行	3N	第 N 段	$A(3N,3N)^{T}A(3N,N-1)^{T}A(3N,N)^{T}$ $A(3N,2N)^{T}A(3N,2N+1)$

3.3.3　换热器系统的分布式动态模拟

此部分在前文基础上，针对无相变、逆流、无汇合点的换热器系统进行分布式动态模拟。设换热器系统中，第 i 个换热器 H_i 被划分为 N_i 段，则每个换热器能列 $3N_i$ 个方程，如果一共 M 个换热器，则能列 $3\times N_i\times M$ 阶线形方程组。对应的系数矩阵为 $3\times N_i\times M$ 阶方程，由 M 个对角线方阵组成，对角线方阵为各个换热器的系数矩阵。对应的非齐次

项为 $3 \times Ni \times M$ 阶列向量，由各个换热器的非齐次列向量拼接而成。

而针对连接形式较为复杂的换热器系统，某个换热器的入口温度可能是另一个换热器的出口温度，是未知的，因此，以下问题必须给予清楚地描述：

（1）谁的出口是谁的进口，包括温度和流量。

（2）含未知进口温度的方程，该如何处置。

针对以上问题有两个解决思路：

思路一：赋予这些未知进口温度迭代初值，则系数矩阵和非齐次项无须变化，直接拼接，通过"出口＝进口"的条件迭代求出真值。

思路二：对未知进口温度的方程，对它的系数向量和非齐次项进行单独的特殊处理。

针对思路二：以图 3-11 换热器系统为例，其中流体 3 的进出口温度都未知，不影响方程的形式，只影响方程中哪些项是未知项，该放在系数矩阵中，哪些项是已知项，该放在非齐次项里（流体 3 在 $H1$ 中视为流体 2，采用下标 2）。下面即对换热器系统中不同情况下的换热器控制方程展开介绍。

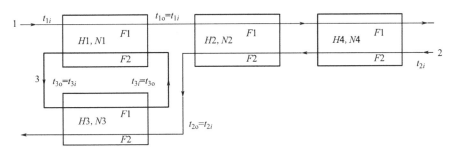

图 3-11　无相变、逆流、无汇合点的换热器系统

1. 未知向量排序规律

根据前文分析可知，若每个换热器分成 Ni 段，则流体 1、流体 2、壁温共可列 $3 \times Ni$ 个方程，因此，M 个换热器可列 $3 \times Ni \times M$ 阶方程，其中包含 $3 \times Ni \times M$ 个未知数，若换热系统中存在混合点，则每个混合点可列 1 个方程，包含 1 个未知数，将未知向量排序规律设置为先换热器后混合点，以下为未知向量排序步骤：

（1）将换热器进行编号和分段；将混合点进行编号。

（2）每个换热器按照流体 1、流体 2、壁温的顺序编排未知量：即

$$T = \left[(t_{1o, 1}, \cdots t_{1o, i} \cdots, t_{1o, N}), (t_{2o, 1}, \cdots t_{2o, i} \cdots, t_{2o, N}), (t_{b, 1}, \cdots t_{b, i} \cdots, t_{b, N}) \right]^T$$

（3）再按换热器的编号进行未知量的排序。

（4）换热器未知向量排完序之后，再按混合点的编号进行混合点出口温度的排序。

2. 不同情况下换热器的控制方程变化规律

由于不同情况下的换热器控制方程中未知项与已知项不完全相同，下面以图 3-11 为例，针对不同换热器的控制方程变化规律进行阐述。

在换热器 $H1$ 中：

由于在 $H1$ 中 t_{1i} 已知，t_{3i} 未知，即有一个进口温度为未知（在 $H3$ 中 t_{3i} 也未知）。在换热器系统中共有 $3 \times Ni \times M$ 阶方程，$3 \times Ni \times M$ 个未知数，设每个换热器依然为 $3 \times Ni$ 个未知数，每个换热器依然采用如下的未知向量规律：

$$T=[(t_{1o, 1}，\cdots t_{1o, i}\cdots，t_{1o, N})，(t_{2o, 1}，\cdots t_{2o, i}\cdots，t_{2o, N})，(t_{b, 1}，\cdots t_{b, i}\cdots，t_{b, N})]^{T}$$

接下来，依据未知向量规律重新排列方程组：将关于热流体 1 的温度 t_{1o} 的方程放在第一部分，冷流体 2 的温度 t_{2o} 的方程放在第二部分，间壁温度 t_b 的方程放在第三部分。其中，分段数 $N \geqslant 3$ 时，适用 3 部分方程形式；$N=2$ 时，适用一、三部分，没有中间部分；$N=1$ 时，另列。即

第一部分 $N1$ 个方程（$H1$ 中关于流体 1 的方程），系数矩阵 G 和非齐次向量 D 形式都不变：

$$
\begin{cases}
-\left[\Delta\tau(1+N_1)_k+M_{1, k}\right]t_{1o, 1, k}+2\Delta\tau N_{1, k}t_{b, 1, k} \\
=-M_{1, k}(t_{1i, k-1}+t_{1o, 1, k-1})-\left[\Delta\tau(1-N_1)_k-M_{1, k}\right]t_{1i, k} \\
\cdots \\
\left[\Delta\tau(1-N_1)_k-M_{1, k}\right]t_{1o, i-1, k}-\left[\Delta\tau(1+N_1)_k+M_{1, k}\right]t_{1o, i, k} \\
+2\Delta\tau N_{1, k}t_{b, i, k}=-M_{1, k}(t_{1o, i-1, k-1}+t_{1o, i, k-1}) \\
\cdots \\
\left[\Delta\tau(1-N_1)_k-M_{1, k}\right]t_{1o, N-1, k}-\left[\Delta\tau(1+N_1)_k+M_{1, k}\right]t_{1o, N, k} \\
+2\Delta\tau N_{1, k}t_{b, N, k}=-M_{1, k}(t_{1o, N-1, k-1}+t_{1o, N, k-1})
\end{cases}
\tag{3-60}
$$

第二部分 $N1$ 个方程 $H1$ 中关于流体 2（对应图 3-11 中流体 3 的方程），系数矩阵 G 和非齐次向量 D 形式发生变化：

$$
\begin{cases}
\left[\Delta\tau(1-N_2)_k-M_{2, k}\right]t_{2o, 2, k}-\left[\Delta\tau(1+N_2)_k+M_{2, k}\right]t_{2o, 1, k} \\
+2\Delta\tau N_{2, k}t_{b, 1, k}=-M_{2, k}(t_{2o, 2, k-1}+t_{2o, 1, k-1}) \\
\cdots \\
\left[\Delta\tau(1-N_2)_k-M_{2, k}\right]t_{2o, i+1, k}-\left[\Delta\tau(1+N_2)_k+M_{2, k}\right]t_{2o, i, k} \\
+2\Delta\tau N_{2, k}t_{b, i, k}=-M_{2, k}(t_{2o, i+1, k-1}+t_{2o, i, k-1}) \\
\cdots \\
\left[\Delta\tau(1-N_2)_k-M_{2, k}\right]t_{2i, k}-\left[\Delta\tau(1+N_2)_k+M_{2, k}\right]t_{2o, N, k} \\
+2\Delta\tau N_{2, k}t_{b, N, k}=-M_{2, k}(t_{2i, k-1}+t_{2o, N, k-1})
\end{cases}
\tag{3-61}
$$

并且，t_{2i} 即为 $H3$ 中的 $t_{1o, N3}$（流体 3 在 $H3$ 中视为流体 1），即最后一项变形为

$$
\begin{aligned}
& \left[\Delta\tau(1-N_2)_k-M_{2, k}\right]t_{H3, 1o, N3, k}-\left[\Delta\tau(1+N_2)_k+M_{2, k}\right]t_{2o, N, k} \\
& +2\Delta\tau N_{2, k}t_{b, N, k}=-M_{2, k}(t_{H3, 1o, N3, k-1}+t_{2o, N, k-1})
\end{aligned}
\tag{3-62}
$$

第三部分 N 个方程（$H1$ 中关于间壁的方程），系数矩阵 G 和非齐次向量 D 形式发生变化

$$
\begin{cases}
\left[2\Delta\tau(U_{1, k}+U_{2, k})+R_b\right]t_{b, 1, k}-\Delta\tau U_{1, k}t_{1o, 1, k} \\
-\Delta\tau U_{2, k}t_{2o, 2, k}-\Delta\tau U_{2, k}t_{2o, 1, k}=R_b t_{b, 1, k-1}+\Delta\tau U_{1, k}t_{1i, k} \\
\cdots \\
\left[2\Delta\tau(U_{1, k}+U_{2, k})+R_b\right]t_{b, i, k}-\Delta\tau U_{1, k}t_{1o, i-1, k} \\
-\Delta\tau U_{1, k}t_{1o, i, k}-\Delta\tau U_{2, k}t_{2o, i+1, k}-\Delta\tau U_{2, k}t_{2o, i, k}=R_b t_{b, i, k-1} \\
\cdots \\
\left[2\Delta\tau(U_{1, k}+U_{2, k})+R_b\right]t_{b, N, k}-\Delta\tau U_{1, k}t_{1o, N-1, k} \\
-\Delta\tau U_{1, k}t_{1o, N, k}-\Delta\tau U_{2, k}t_{2i, k}-\Delta\tau U_{2, k}t_{2o, N, k}=R_b t_{b, N, k-1}
\end{cases}
\tag{3-63}
$$

并且，t_{2i} 即为 $H3$ 中的 $t_{1o,N3}$（流体 3 在 $H3$ 中视为流体 1），即最后一项变形为

$$[2\Delta\tau(U_{1,k}+U_{2,k})+R_b]t_{b,N,k}-\Delta\tau U_{1,k}t_{1o,N-1,k}$$
$$-\Delta\tau U_{1,k}t_{1o,N,k}-\Delta\tau U_{2,k}t_{H3,1o,N3,k}-\Delta\tau U_{2,k}t_{2o,N,k}=R_b t_{b,N,k-1} \tag{3-64}$$

当分段数 $N=1$ 时，只有一个方程组

$$\begin{cases} -[\Delta\tau(1+N_1)_k+M_{1,k}]t_{1o,k}+2\Delta\tau N_{1,k}t_{b,k} \\ =-M_{1,k}(t_{1i,k-1}+t_{1o,k-1})-[\Delta\tau(1-N_1)_k-M_{1,k}]t_{1i,k} \\ [\Delta\tau(1-N_2)_k-M_{2,k}]t_{H3,1o,N3,k}-[\Delta\tau(1+N_2)_k+M_{2,k}]t_{2o,k} \\ +2\Delta\tau N_{2,k}t_{b,k}=-M_{2,k}(t_{2i,k-1}+t_{2o,k-1}) \\ [2\Delta\tau(U_{1,k}+U_{2,k})+R_b]t_{b,k}-\Delta\tau U_{1,k}t_{1o,k} \\ -\Delta\tau U_{2,k}t_{H3,1o,N3,k}-\Delta\tau U_{2,k}t_{2o,k}=R_b t_{b,k-1}+\Delta\tau U_{1,k}t_{1i,k} \end{cases} \tag{3-65}$$

在换热器 $H2$ 中：

由于 $H2$ 中两个进口 t_{1i}，t_{2i} 均未知，因此：

第一部分 $N1$ 个方程（$H1$ 中关于流体 1 的方程），系数矩阵 G 和非齐次向量 D 形式发生变化：

$$\begin{cases} [\Delta\tau(1-N_1)_k-M_{1,k}]t_{1i,k}-[\Delta\tau(1+N_1)_k+M_{1,k}]t_{1o,1,k} \\ +2\Delta\tau N_{1,k}t_{b,1,k}=-M_{1,k}(t_{1i,k-1}+t_{1o,1,k-1}) \\ \cdots \\ [\Delta\tau(1-N_1)_k-M_{1,k}]t_{1o,i-1,k}-[\Delta\tau(1+N_1)_k+M_{1,k}]t_{1o,i,k} \\ +2\Delta\tau N_{1,k}t_{b,i,k}=-M_{1,k}(t_{1o,i-1,k-1}+t_{1o,i,k-1}) \\ \cdots \\ [\Delta\tau(1-N_1)_k-M_{1,k}]t_{1o,N-1,k}-[\Delta\tau(1+N_1)_k+M_{1,k}]t_{1o,N,k} \\ +2\Delta\tau N_{1,k}t_{b,N,k}=-M_{1,k}(t_{1o,N-1,k-1}+t_{1o,N,k-1}) \end{cases} \tag{3-66}$$

即第 1 项变更为

$$[\Delta\tau(1-N_1)_k-M_{1,k}]t_{H1,1o,N1,k}-[\Delta\tau(1+N_1)_k+M_{1,k}]t_{1o,1,k}$$
$$+2\Delta\tau N_{1,k}t_{b,1,k}=-M_{1,k}(t_{1i,k-1}+t_{1o,1,k-1}) \tag{3-67}$$

第二部分 $N1$ 个方程 [在 $H1$ 中关于流体 2（对应流体 3）的方程]，系数矩阵 G 和非齐次向量 D 形式发生变化：

$$\begin{cases} [\Delta\tau(1-N_2)_k-M_{2,k}]t_{2o,2,k}-[\Delta\tau(1+N_2)_k+M_{2,k}]t_{2o,1,k} \\ +2\Delta\tau N_{2,k}t_{b,1,k}=-M_{2,k}(t_{2o,2,k-1}+t_{2o,1,k-1}) \\ \cdots \\ [\Delta\tau(1-N_2)_k-M_{2,k}]t_{2o,i+1,k}-[\Delta\tau(1+N_2)_k+M_{2,k}]t_{2o,i,k} \\ +2\Delta\tau N_{2,k}t_{b,i,k}=-M_{2,k}(t_{2o,i+1,k-1}+t_{2o,i,k-1}) \\ \cdots \\ [\Delta\tau(1-N_2)_k-M_{2,k}]t_{2i,k}-[\Delta\tau(1+N_2)_k+M_{2,k}]t_{2o,N,k} \\ +2\Delta\tau N_{2,k}t_{b,N,k}=-M_{2,k}(t_{2i,k-1}+t_{2o,N,k-1}) \end{cases} \tag{3-68}$$

并且 t_{2i} 即为 $H4$ 中的 $t_{2o,N4}$（流体 2），即最后一项变形为

$$[\Delta\tau(1-N_2)_k-M_{2,k}]t_{H4,2o,N4,k}-[\Delta\tau(1+N_2)_k+M_{2,k}]t_{2o,N,k}$$
$$+2\Delta\tau N_{2,k}t_{b,N,k}=-M_{2,k}(t_{H4,2o,N4,k-1}+t_{2o,N,k-1}) \tag{3-69}$$

第三部分 N 个方程（在 $H1$ 中关于间壁的方程），系数矩阵 G 和非齐次向量 D 形式发生变化：

$$
\begin{cases}
[2\Delta\tau(U_{1,k}+U_{2,k})+R_{\mathrm{b}}]t_{\mathrm{b},1,k}-\Delta\tau U_{1,k}t_{1i,k} \\
-\Delta\tau U_{1,k}t_{1o,1,k}-\Delta\tau U_{2,k}t_{2o,2,k}-\Delta\tau U_{2,k}t_{2o,1,k}=R_{\mathrm{b}}t_{\mathrm{b},1,k-1} \\
\cdots \\
[2\Delta\tau(U_{1,k}+U_{2,k})+R_{\mathrm{b}}]t_{\mathrm{b},i,k}-\Delta\tau U_{1,k}t_{1o,i-1,k} \\
-\Delta\tau U_{1,k}t_{1o,i,k}-\Delta\tau U_{2,k}t_{2o,i+1,k}-\Delta\tau U_{2,k}t_{2o,i,k}=R_{\mathrm{b}}t_{\mathrm{b},i,k-1} \\
\cdots \\
[2\Delta\tau(U_{1,k}+U_{2,k})+R_{\mathrm{b}}]t_{\mathrm{b},N,k}-\Delta\tau U_{1,k}t_{1o,N-1,k} \\
-\Delta\tau U_{1,k}t_{1o,N,k}-\Delta\tau U_{2,k}t_{2i,k}-\Delta\tau U_{2,k}t_{2o,N,k}=R_{\mathrm{b}}t_{\mathrm{b},N,k-1}
\end{cases}
\tag{3-70}
$$

即第 1 项为

$$
[2\Delta\tau(U_{1,k}+U_{2,k})+R_{\mathrm{b}}]t_{\mathrm{b},1,k}-\Delta\tau U_{1,k}t_{H1,1o,N1,k} \\
-\Delta\tau U_{1,k}t_{1o,1,k}-\Delta\tau U_{2,k}t_{2o,2,k}-\Delta\tau U_{2,k}t_{2o,1,k}=R_{\mathrm{b}}t_{\mathrm{b},1,k-1}
\tag{3-71}
$$

最后一项为

$$
[2\Delta\tau(U_{1,k}+U_{2,k})+R_{\mathrm{b}}]t_{\mathrm{b},N,k}-\Delta\tau U_{1,k}t_{1o,N-1,k} \\
-\Delta\tau U_{1,k}t_{1o,N,k}-\Delta\tau U_{2,k}t_{H4,2o,N4,k}-\Delta\tau U_{2,k}t_{2o,N,k}=R_{\mathrm{b}}t_{\mathrm{b},N,k-1}
\tag{3-72}
$$

当分段数 $N=1$ 时，只有一个方程组：

$$
\begin{cases}
[\Delta\tau(1-N_1)_k-M_{1,k}]t_{H1,1o,N1,k}-[\Delta\tau(1+N_1)_k+M_{1,k}]t_{1o,k} \\
+2\Delta\tau N_{1,k}t_{\mathrm{b},k}=-M_{1,k}(t_{1i,k-1}+t_{1o,k-1}) \\
[\Delta\tau(1-N_2)_k-M_{2,k}]t_{H3,1o,N3,k}-[\Delta\tau(1+N_2)_k+M_{2,k}]t_{2o,k} \\
+2\Delta\tau N_{2,k}t_{\mathrm{b},k}=-M_{2,k}(t_{2i,k-1}+t_{2o,k-1}) \\
[2\Delta\tau(U_{1,k}+U_{2,k})+R_{\mathrm{b}}]t_{\mathrm{b},k}-\Delta\tau U_{1,k}t_{H1,1o,N1,k}-\Delta\tau U_{1,k}t_{1o,k} \\
-\Delta\tau U_{2,k}t_{H4,2o,N4,k}-\Delta\tau U_{2,k}t_{2o,k}=R_{\mathrm{b}}t_{\mathrm{b},k-1}
\end{cases}
\tag{3-73}
$$

3. 汇合点控制方程

对于相同物质（比热容不变）无相变的混合点，如气液分离器，引射器之类设备需另列方程。每个混合点只有一个方程，只增加一个未知数 t_{mo}，清楚每个混合点的上游是那些换热器的那种流体的出口即可。

$$
\sum_{Mi}M_i c_{mi}t_{mi}=c_{mo}t_{mo}\cdot\sum_{Mi}M_i
\tag{3-74}
$$

4. 系数矩阵与非齐次向量

如果某个出口 $t_{Hi,1o,Ni,k}$ 是某个进口 $t_{Hn,1i,k}$，在通用项表达式的基础上需要对系数矩阵和非齐次向量进行特殊项的增减。

体现在系数矩阵 G 中为：Hn 的流体 1 的第 1 个方程和壁温的第 $2Nn+1$ 个方程中需增加一项，即 $G(\sim Hn+1,\ \sim Hi+Ni)$，$G(\sim Hn+2Nn+1,\ \sim Hi+Ni)$ 有数值，系数行向量需增加一项。其中，$\sim Hn$ 为 Hn 换热器之前的所有换热器的分段方程数总和，之后紧接着就是 Hn 换热器的分段方程，$\sim Hi$ 为 Hi 换热器之前的所有换热器的分段方程数（位置数）总和，之后紧接着就是 Hi 换热器的分段方程（未知数）。

体现在非齐次向量 D 中为：$D(\sim Hn+1)$ 和 $D(\sim Hn+2Nn+1)$ 减去(有关已知进口温度)一项。

体现在程序上，处置方法为：

（1）将非齐次项的通用表达式写为不带已知进口温度的项（需要修改单台的对应程序），如果某换热器的进口温度已知，则通过判断对其非齐次项增加一项即可。进口温度的 $k-1$ 时刻数据为已知，做赋值和参数传递处理即可。

（2）将系数矩阵的通用表达式写为不带已知进口温度的项（无需修改单台的对应程序），如果某换热器的进口温度未知，则通过判断对其系数矩阵增加的一项即可。

第4章 非线性方程组数值解法及其应用

4.1 非线性方程组的解法原理

4.1.1 非线性方程

定义 1 设 $f(x)$ 是一元函数，$\overline{x}$ 是方程 $f(x)=0$ 的解，如果对于 $x \neq \overline{x}$ 有 $f(x)=(x-\overline{x})^m \phi(x)$，$\lim\limits_{x \to \overline{x}} \phi(x) \neq 0$，则称 $\overline{x}$ 是 f 的 m 重 0 点。特别对于 $m=1$ 的情形，称为简单 0 点。

1. 不动点迭代

对于函数 $g(x)$，若 $g(\overline{x})=\overline{x}$，称 $\overline{x}$ 是 g 的不动点。给定初始点 x_1，按

$$x_{k+1}=g(x_k), \quad k \geqslant 1 \tag{4-1}$$

产生序列 $\{x_k\}$，如果 $\{x_k\}$ 收敛，且 g 为连续函数，则将收敛到 g 的不动点。并且 x_k 可用作 $\overline{x}$ 的近似值。

定理 1（不动点定理） 设 $g \in C[a, b]$。假设

$g(x) \in [a, b]$，对于所有 $x \in [a, b]$；

存在 $g'(x)$，且 $|g'(x)| \leqslant c < 1$，对所有 $x \in (a, b)$。

如果 $x_1 \in [a, b]$，则式(4-1)所确定的序列收敛到（唯一的）不动点 $\overline{x} \in [a, b]$，且对所有的 $k \geqslant 2$，有下列两种误差估计：

$$|x_{k+1}-\overline{x}| \leqslant \frac{c^k}{1-c}|x_2-x_1| \tag{4-2}$$

$$|x_{k+1}-\overline{x}| \leqslant c^k \max\{x_1-a, b-x_1\} \tag{4-3}$$

此定理的假设，只是迭代收敛的一种充分条件，并且在此假设下，$\{x_k\}$ 以 $\{c^k\}$ 的收敛速度收敛到 $\overline{x}$。

定理 2 在定理 1 假设下，再设 $g'(x)$ 在 (a, b) 连续。如果 $g'(x) \neq 0$，则对任意的 $x_1 \in [a, b]$，按式(4-1)产生的 $\{x_k\}$ 线性收敛到唯一不动点 $\overline{x} \in [a, b]$。

定理 3 设 $\overline{x}$ 是方程 $x=g(x)$ 的解，$g'(\overline{x})=0$，$g''(\overline{x})$ 在 $\overline{x}$ 的某个邻域上连续且有界，则存在 $\delta > 0$，使得当 $x_1 \in [\overline{x}-\delta, \overline{x}+\delta]$ 时，按式（4-1）产生的序列至少二阶收敛到 $\overline{x}$。

2. 斯蒂芬森法

这是一种加速收敛的不动点迭代方法。方法如下：

给定 x_1，按照

$$x_k'=g(x_k), \quad x_k''=g(x_k'), \quad x_{k+1}=\frac{(x_k'-x_k)^2}{x_k''-2x_k'-x_k}, \quad k \geqslant 1 \tag{4-4}$$

产生序列 $\{x_k\}$ ，对此有如下定理。

定理 4 设 $\overline{x}$ 是方程 $x=g(x)$ 的解， $g'(\overline{x})\neq 1$ 。如果存在 $\delta>0$ 使得 $g\in C^3[\overline{x}-\delta,\overline{x}+\delta]$ ，则斯蒂芬森法产生的序列 $\{x_k\}$ 只要 $x_1\in[\overline{x}-\delta,\overline{x}+\delta]$ ， 就是二阶收敛的。

3. 牛顿法

要解 $f(x)=0$ ，给初始点 x_1 ，**牛顿法**按

$$x_{k+1}=x_k-\frac{f(x_k)}{f'(x_k)}, \quad k\geqslant 1 \tag{4-5}$$

产生序列 $\{x_k\}$ 。几何上， x_{k+1} 是曲线 $f(x)$ 在 x_k 点的切线与 x 轴的交点，因此此法也成为**切线法**。

一个实例是 $f(x)=x^2-a$ ，用牛顿法导出求 $\sqrt{a}$ 的迭代公式

$$x_{k+1}=\frac{1}{2}\left(x_k+\frac{a}{x_k}\right), \quad k\geqslant 1 \tag{4-6}$$

只要初值 $x_1>0$ ，都有 $x_k\to\sqrt{a}$ 。

定理 5 设 $f\in C^2[a,b]$ ，若 $\overline{x}\in[a,b]$ 有 $f(\overline{x})=0$ ， $f'(\overline{x})\neq 0$ ，则存在 $\delta>0$ ，使得当 $x_1\in[\overline{x}-\delta,\overline{x}+\delta]$ 时，**牛顿法**所生成的序列 $\{x_k\}$ 收敛到 $\overline{x}$ 。如果 $f''(x)$ 在 $\overline{x}$ 某邻域存在且是连续的，则收敛是 2 阶的。

当 $\overline{x}$ 不是简单 0 点时，收敛只是线性的。 $\overline{x}$ 是函数 $\dfrac{f(x)}{f'(x)}$ 的简单 0 点，对此函数使用牛顿法，即以

$$x_{k+1}=x_k-\frac{f(x_k)f'(x_k)}{[f'(x_k)]^2-f(x_k)f''(x_k)} \tag{4-7}$$

取代式 (4-5) 。这称为**修正的牛顿法**，会产生 2 阶收敛到 $f(x)=0$ 的解的序列。

因为 $\overline{x}$ 是待求解，所以定理 5 的条件无从检验。 x_1 的盲目选取会造成不收敛。又当出现 $f'(x_k)=0$ 时， 计算无法进行，这些都是牛顿法的不足之处。

4. 搜索区间法

设 $f(x)$ 在 $[a,b]$ 上连续，且 $f(a)f(b)<0$ 。根据介值定理，一定存在 $\overline{x}\in(a,b)$ 使 $f(\overline{x})=0$ 。像 $[a,b]$ 这样包含所有求解 $\overline{x}$ 的区间，称为**搜索区间**。从一个初始的搜索区间 $[a_1,b_1]$ 开始，逐次以搜索区间 $[a_{k+1},b_{k+1}]\subset[a_k,b_k]$ 取代 $[a_k,b_k]$ ， $k\geqslant 1$ ，直到区间长度小于给定的 $\varepsilon>0$ ，区间内的任一点都可以作为近似解。这称为**搜索区间法**。一种寻求新区间 $[a_{k+1},b_{k+1}]$ 的方案是取 $x_k\in(a_k,b_k)$ ，如果 $f(x_k)=0$ ，则停止，得 $\overline{x}=x_k$ ；

否则，如果 $f(a_k)f(x_k)<0$ ，则置 $a_{k+1}=a_k$ ， $b_{k+1}=x_k$ ；否则置 $a_{k+1}=a_k$ ， $b_{k+1}=b_k$ 。

具体的产生 $x_k\in(a_k,b_k)$ 的方法，有

1. 二分法

$$x_k=\frac{a_k+b_k}{2} \tag{4-8}$$

显然 $|x_k-\overline{x}|\leqslant(b_1-a_1)/2^k$ ，即若以 $\{x_k\}$ 为近似解序列，其收敛速度为 $O(2^{-k})$ 。

2. 弦线法

$$x_k = a_k - f(a_k) \frac{b_k - a_k}{f(b_k) - f(a_k)} \tag{4-9}$$

同样，若以 $\{x_k\}$ 为近似解序列，如果 $f'(x)$，$f''(x)$ 在 $[a_1, b_1]$ 内不变号，则有 $x_k \to \overline{x}$，且为超线性收敛。

4.1.2　非线性方程组

1. 牛顿法

设 F：$R^n \to R^n$。即

$$F(x) = F[x_1, x_2, \cdots, x_n] = [f_1(x_1, x_2, \cdots, x_n), \cdots, f_n(x_1, x_2, \cdots, x_n)]^T$$

解非线性方程组

$$F(x) = 0 \tag{4-10}$$

有许多迭代方法。给定 $x_1 \in R^n$，作为式（4-5）的推广，为

$$x_{k+1} = x_k - J(x_k)^{-1} F(x_k), \quad k \geqslant 1 \tag{4-11}$$

其中

$$J(x) = \begin{vmatrix} \dfrac{\partial f_1(x)}{\partial x_1} & \dfrac{\partial f_1(x)}{\partial x_2} & \cdots & \dfrac{\partial f_1(x)}{\partial x_n} \\ \dfrac{\partial f_2(x)}{\partial x_1} & \dfrac{\partial f_2(x)}{\partial x_2} & \cdots & \dfrac{\partial f_2(x)}{\partial x_n} \\ \cdots & \cdots & \cdots & \cdots \\ \dfrac{\partial f_n(x)}{\partial x_1} & \dfrac{\partial f_n(x)}{\partial x_2} & \cdots & \dfrac{\partial f_n(x)}{\partial x_n} \end{vmatrix} \tag{4-12}$$

是 $F(x)$ 的雅克比矩阵。式（4-11）也可以看作是

$$G(x) = x - J(x)^{-1} F(x) \tag{4-13}$$

的不动点迭代。此处牛顿法的收敛速度仍是 2 阶的，但通常要求 x_1 充分接近于式（4-10）的解，才会收敛。

在具体实现算法时，避免计算 $J(x_k)^{-1}$，而通过解线性方程组

$$J(x_k) s = -F(x_k) \tag{4-14}$$

求得向量 s，然后令 $x_{k+1} = x_k + s$。

2. 非线性方程组与无约束最优化

非线性方程组与无约束最优化问题有着密切的联系。求函数 f：$R^n \to R$ 的梯度 0 点，要解非线性方程组 $\nabla f(x) = 0$。非线性方程组式（4-10）的求解，通过令

$$g(x) = F(x)^T F(x) = \sum_{i=1}^{n} f_i^2(x_1, x_2, \cdots, x_n) \tag{4-15}$$

可以简化为求 $g(x)$ 的最小值点的问题，且如果式（4-10）有解，则 $g(x)$ 的最小值为 0。于是，用最速下降法、变度量法、共轭方向法等方法，可以解非线性方程组。

4.2 溴化锂吸收式热泵的运行模拟

4.2.1 吸收式热泵系统的数学模型

溴化锂吸收式换热机组数学模型的求解和计算包含两方面任务：机组设计与运行模拟。为了便于研究，对计算进行模块化处理，分为热力计算、传热计算、结构计算与水力计算四部分。机组的设计及模拟拥有相同的数学模型，不同的已知量输入。本节对吸收式换热机组数学模型的求解方法做出说明。

4.2.1.1 溴化锂溶液的热物性与状态方程

（1）溴化锂溶液密度与浓度的关系

以国产溴化锂溶液为样本，对浓度 $X=40\%\sim66\%$，温度 $t=0\sim120℃$ 范围内的密度方程进行拟合。式中回归系数见表 4-1。经计算验证，该方程与实测值误差不大于 0.15%。

$$\rho = \sum_0^3 A_n X^n + t \sum_0^3 B_n X^n \tag{4-16}$$

式中　X——质量分数，%；

　　　t——温度，℃；

　　　ρ——密度，kg/m^3。

密度计算方程回归系数　　　　　　　　　　　　　　表 4-1

n	0	1	2	3
A_n	1016.018	844.165	-419.036	1696.176
B_n	-4.903	27.309	-55.465	36.273

（2）溴化锂溶液的定压比热容

溴化锂溶液的定压比容与溶液的温度及浓度有关见表 4-2。经验证，最大相对误差 0.0396%，精度满足工程设计需求。

$$C_p = \sum_0^2 A_n (X/100)^n + t \sum_0^2 B_n (X/100)^n + t^2 \sum_0^2 C_n (X/100)^n \tag{4-17}$$

式中　C_p——溴化锂溶液的质量定压比热容，$kJ/(kg \cdot ℃)$；

　　　X——溴化锂溶液中溴化锂的质量分数，%；

　　　t——溴化锂溶液温度，℃。

定压比热容计算方程回归系数　　　　　　　　　　表 4-2

n	0	1	2
A_n	4.07	-5.123	2.297
B_n	9.92×10^4	6.29×10^3	-9.38×10^3
C_n	-1.20×10^5	4.39×10^6	1.26×10^5

（3）溴化锂溶液的比焓

比焓值是热力计算及传热计算中的重要参数。在进行比焓计算的过程中需要注意不同拟合方程间比焓值的基准是否相同。有文献规定溶液质量分数 $X=0\%$、温度 $t=0℃$ 时其比焓为 418.68kJ/kg。溶液浓度 0% 即为纯水，但是验证发现该方程不适用于纯水（$X=0\%$）的焓值计算，建模过程中需要另外准备适用于水的比焓值计算方程。该方程拟合范围 $t=0\sim160℃$、$X=40\%\sim65\%$，与实验值相比较，最大相对误差 0.146%，可用于工程计算。方程系数见表 4-3。

$$h_1 = \sum_0^4 A_n (X/100)^n + t\sum_0^2 B_n (X/100)^n + t^2 \sum_0^2 C_n (X/100)^n + t^3 \sum_0^3 D_n (X/100)^n$$

$$(4\text{-}18)$$

式中　h_1——比焓值，kJ/kg；

　　　X——质量分数，%。

比焓方程回归系数　　　　　　　　　　　　表 4-3

n	A_n	B_n	C_n	D_n
0	−571.17715	4.07	4.9600×10^{-4}	-3.996×10^{-6}
1	7507.23400	−5.123	3.1450×10^{-3}	1.46183×10^{-6}
2	−23006.7518	2.297	-4.6900×10^{-3}	4.1890×10^{-6}
3	28037.36680	—	—	—
4	−11610.75000	—	—	—

（4）溴化锂溶液的热导率

热导率是传热计算过程中必要的物性参数之一，它是关于溴化锂溶液溶度 X 和温度 t 的函数。以上公式适用于浓度 $X=40\%\sim65\%$、温度 $t=0\sim100℃$ 范围内的热导率计算。公式系数见表 4-4。对比实验值，该方程计算出的 λ 最大相对误差 0.773%，满足工程计算要求。

$$\lambda = \sum_0^3 A_n t^n - X/100 \sum_0^2 B_n t^n \qquad (4\text{-}19)$$

式中　λ——热导率，W/(m·K)；

　　　X——质量分数，%；

　　　t——温度，℃。

热导率回归系数　　　　　　　　　　　　表 4-4

n	0	1	2	3
A_n	0.56391	2.80×10^{-3}	-2.2636×10^{-5}	7.2317×10^{-8}
B_n	0.31264	1.75×10^{-3}	-1.1977×10^{-5}	

（5）溴化锂溶液的动力黏度

溴化锂溶液的黏性系数是关于溴化锂溶液浓度 X 和温度 t 的函数，见表 4-5。上述公式适用于浓度 $X=40\%\sim66\%$，温度 $t=20\sim100℃$ 范围内的计算。拟合平均相对误差 0.526%，最大相对误差 4.9%，最大误差出现在 100℃ 点上。从数据上看，已有文献较大的几个误差出现在 80℃ 以上的区间，但误差均小于 5%，满足工程设计计算要求。

$$\mu = \sum_0^4 A_n (X/100)^n + t \sum_0^4 B_n (X/100)^n + t^2 \sum_0^4 C_n (X/100)^n +$$

$$t^3 \sum_0^4 D_n (X/100)^n + t^4 \sum_0^4 E_n (X/100)^n \tag{4-20}$$

式中 μ——动力黏度，Pa/s；

      X——浓度，%；

      t——温度，℃。

黏性系数方程回归系数 表 4-5

n	A_n	B_n	C_n	D_n	E_n
0	280.29786	−10.2359	0.168663	−1.28817×10⁻³	3.76484×10⁻⁶
1	−2467.1035	88.18418	−1.414004	1.05791×10⁻²	−3.04581×10⁻⁵
2	8236.95712	−287.0873	4.464344	−3.25918×10⁻²	9.20812×10⁻⁵
3	−12295.1512	417.76558	−6.291157	4.46873×10⁻²	−1.23458×10⁻⁴
4	6987.19159	−231.05258	3.366537	−2.32197×10⁻²	6.25342×10⁻⁵

4.2.1.2 水和水蒸气的热物性与状态方程

（1）水的饱和温度

有文献给出了水在一定饱和蒸汽压下的饱和温度的拟合方程，其中，$C=7.05$，$D=-1596.49$，$E=-104095.5$：

$$T = \frac{-2E}{D + [D^2 - 4E(C - \log P)]^{0.5}} \tag{4-21}$$

式中 T——水的饱和温度，K；

      P——温度 T 时水的饱和蒸汽压，kPa。

（2）饱和水的比焓

上述文献对饱和水蒸气的比焓进行了拟合，水的比焓 h：

$$h = 418.68 + C_{\text{pl}} t_1 \tag{4-22}$$

式中 C_{pl}——水从 0 到 t_l℃时的定压平均比热，kJ/kg·K；

      t_1——压强 P 所对应的水的饱和温度，℃。

（3）饱和水蒸气的比焓

根据上述文献：

$$h = 418.68 + C_{\text{pl}} t_l + r + C_{\text{pg}}(t - t_l) \tag{4-23}$$

$$r = 383.65(373.95 - t_l)^{0.316} \tag{4-24}$$

式中 h——饱和水蒸气比焓，kJ/kg；

      r——温度 t_l 时所对应的饱和水的汽化潜热，kJ/kg。

（4）过热水蒸气的比焓

根据上述文献：

$$h = 418.68 + C_{\text{pl}} t_1 + r + C_{\text{pg}}(t - t_l) \tag{4-25}$$

$$C_{\text{pg}} = 1.85434 + 5.77221 \times 10^{-4} t \tag{4-26}$$

式中 h——饱和水蒸气的比焓，kJ/kg；

C_{pg}——定压平均比热，kJ/(kg·K)；

t——过热水蒸气的温度，℃。

4.2.1.3　吸收式换热机组热力状态方程

溴化锂吸收式换热机组（Absorption Heat Exchanger 简称 AHE）机组功能由溴化锂吸收式机组（LiBr Absorption Equipment 简称 BAE）与温驱换热器（由符号 X 表示）共同实现。

机组运行中各符号位置如表 4-6、表 4-7 所示，运行流程如图 4-1 所示，循环图中各点下标说明如下表。机组包含 6 个主要换热设备：发生器 G、冷凝器 C、吸收器 A、蒸发器 E、溶液换热器 SX 以及温驱换热器 X。系统内部工作介质为溴化锂溶液，外部介质中一次水为来自一次管网或热源的高温热水，对二次管网水进行加热。

原理图中各符号位置　　　　　　　　　　　　表 4-6

流程		设备					
		蒸发器	吸收器	冷凝器	发生器	溶液换热器	温驱换热器
管程	流入	t_{hei}	t_{yai}	t_{yci}	t_{hgi}	t_{sao}	t_{hxi}
	流出	t_{heo}	t_{yao}	t_{yco}	t_{hgo}	t_{sgi}	t_{hxo}
壳程	流入	t_{wei}	t_{sai}	t_{wci}	t_{sgi}	t_{sgo}	t_{yxi}
	流出	t_{weo}	t_{sao}	t_{wco}	t_{sgo}	t_{sai}	t_{yxo}

下标符号说明　　　　　　　　　　　　表 4-7

符号	说明
wgo/wci	发生器中产生的冷剂蒸气进入冷凝器
wco	冷凝器中冷剂蒸气被冷凝后产生的冷剂水
wei	离开冷凝器，经由节流装置进入蒸发器的冷剂水
wco/wai	蒸发器中产生的水蒸气
hgi	流入发生器的一次水
hgo/hxi	流出发生器的一次水温驱换热器一次水侧入口
hxo/hei	温驱换热器一次水侧出口流入蒸发器的一次水
heo	流出蒸发器的一次水
yai	流入吸收器的二次水
yao	流出吸收器的二次水
yci	流入冷凝器的二次水
yxi	温驱换热器二次水侧入口
yxo	温驱换热器二次水侧出口
yi	二次水入口
yo	BAE 二次水出口与温驱换热器二次水出口混水
sgi	离开溶液热交换器进入发生器的溴化锂稀溶液
sao	吸收器导出进入溶液换热器的稀溶液
sgo	发生器出口处浓缩后的溴化锂溶液

符号	说明
sai	吸收器进口溴化锂浓溶液
sgs	发生器发生预热
wcs	冷凝器起始冷凝

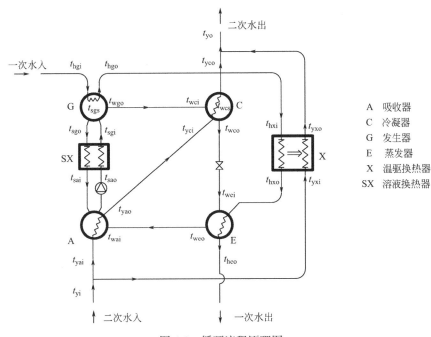

图 4-1　循环流程原理图

机组外部介质流程如下：（1）二次水在进入机组前分流，部分进入温驱换热器直接与一次水进行热交换，另一部分经由吸收器、冷凝器完成换热后与上一部分二次水混合，供给热用户；（2）热源一次水进入发生器，加热管外溶液发生，发生结束后蒸气凝结，凝结的高温凝结水进入溶液换热器用于加热吸收器的稀溶液；（3）在发生器中完成换热的一次水进入温驱换热器，与送入温驱换热器的二次水直接换热；（4）由温驱换热器出来的一次水进入蒸发器，通过释放热量加热高压冷剂水后排出。

机组内部介质流程如下：（1）吸收器的稀溶液由溶液泵输送，经由溶液换热器加热，输送入发生器；（2）稀溶液在发生器中被一次水加热，加热至饱和溶液后开始发生冷剂蒸气，同时浓缩成浓溶液；（3）浓溶液从发生器出来，首先进入溶液换热器将热量传给稀溶液降温后返回吸收器与再循环泵打上来的稀溶液混合喷淋进吸收器；（4）冷剂蒸气进入冷凝器后闪蒸，随后冷凝至饱和状态，经节流阀减压后变为低压冷剂蒸气进入蒸发器进行蒸发，产生的蒸气进入吸收器。吸收器中的部分稀溶液经由再循环泵进入喷淋装置，与来自溶液换热器的浓溶液混合为中间溶液，吸收冷剂蒸气。

为了简化数学模型，在进行各换热器热力和传热分析时，提出如下假设：

（1）忽略机组与环境的传热损失；

（2）冷凝器入口压力与发生器出口压力近似相等；

（3）冷凝器出口的饱和水以及蒸发器出口的蒸气均为饱和态；

（4）忽略水泵能耗；

（5）传热系数为定值。

根据图 4-1 各换热器的热平衡可以求出各自的热负荷。下文所述单位热负荷均为产生单位质量流量冷剂水或冷剂蒸气过程中各换热器所对应进行的换热量。

（1）发生器的热负荷：机组发生器采用沉浸式壳管换热器，一次水在管内流动加热管外来自溶液换热器的稀溶液，产生冷剂蒸气。发生器的热负荷 Q_g 可以表示为制冷剂量 $q_{m,w}$（kg/h）和单位热负荷 q_g 的乘积：

$$Q_g = q_g q_{m,w} \tag{4-27}$$

由热量平衡关系，得：

$$q_{m,a} h_{sgi} + Q_g = q_{m,w} h_{sgo} + (q_{m,a} - q_{m,w}) h_{wgo} \tag{4-28}$$

循环倍率 $a = q_{m,a}/q_{m,w}$，得：

$$\begin{aligned} q_g &= h_{sgo} - h_{wgo} + a(h_{wgo} - h_{sgi}) \\ &= h_{sgo} + (a-1)h_{wgo} - a h_{sgi} \end{aligned} \tag{4-29}$$

由溴化锂的质量平衡关系可得：

$$\begin{aligned} q_{m,a} X_a &= (q_{m,a} - q_{m,w}) X_r \\ a &= X_a / (X_r - X_a) \end{aligned} \tag{4-30}$$

（2）冷凝器的热负荷：冷凝器一般采用壳管式结构，冷凝器管内流动的冷却水将传热管外来自发生器的冷剂蒸气冷凝至冷剂水。冷凝器的热负荷 Q_c，即二次水流经冷凝器带走的热量，单位热负荷用 q_c 表示：

$$Q_c = q_c q_{m,w} \tag{4-31}$$

由热量平衡，得

$$\begin{aligned} q_{m,w} h_{wco} + Q_c &= q_{m,w} h_{wgo} \\ Q_c &= q_{m,w}(h_{wgo} - h_{wco}) \end{aligned} \tag{4-32}$$

等式两边同时除 $q_{m,w}$，得：

$$q_c = h_{wgo} - h_{wco} \tag{4-33}$$

（3）蒸发器的热负荷：蒸发器中，经过节流的冷剂水喷淋在蒸发器管簇上，吸取管内流动的一次水热量蒸发。蒸发器的热负荷 Q_e 是一次水流经蒸发器过程中放出的热量，单位热负荷用符号 q_e 表示：

$$Q_e = q_e q_{m,w} \tag{4-34}$$

由热平衡关系，得

$$\begin{aligned} q_{m,w} h_{wco} + Q_e &= q_{m,w} h_{weo} \\ Q_e &= q_{m,w}(h_{weo} - h_{wco}) \end{aligned} \tag{4-35}$$

等式两边同时除 $q_{m,w}$，得

$$q_e = h_{weo} - h_{wco} \tag{4-36}$$

（4）吸收器的热负荷：吸收器中浓溶液喷淋到管束外表面上，吸收蒸发器中蒸发的冷剂蒸气放热加热二次水。吸收器热负荷 Q_a，为吸收过程中二次水带走的热量，单位热负荷用符号 q_a 表示：

$$Q_a = q_a q_{m,w} \tag{4-37}$$

由热平衡关系，得

$$q_{m, a}h_{sao} + Q_a = q_{m, w}h_{weo} + (q_{m, a} - q_{m, w})h_{sai}$$
$$Q_a = q_{m, w}(h_{weo} - h_{sai}) + q_{m, a}(h_{sai} - h_{sao}) \tag{4-38}$$

等式两边同时除 $q_{m, w}$，得

$$q_a = h_{weo} - h_{sai} + a(h_{sai} - h_{sao}) \tag{4-39}$$

若吸收器采用中间喷淋，定义再循环倍率 a_f。对于直接喷淋式系统，a_f 为 0。中间溶液比焓及浓度由以下公式计算：

$$(q_{m, a} - q_{m, D})h_{sai} + a_f q_{m, w}h_{sao} = [(q_{m, a} - q_{m, w}) + a_f q_{m, w}]h'_{sai}$$
$$(q_{m, a} - q_{m, w})X_{sai} + a_f q_{m, w}X_{sao} = [(q_{m, a} - q_{m, w}) + a_f q_{m, w}]X'_{sai}$$

等式两边同时除以 $q_{m, w}$ 得：

$$h'_{sai} = [(a-1)h_{sai} + a_f h_{sao}]/(a-1+a_f) \tag{4-40}$$
$$X'_{sai} = [(a-1)X_{sai} + a_f X_{sao}]/(a-1+a_f) \tag{4-41}$$

吸收器再循环倍率 a_f 的大小直接决定了吸收器内部溶液的喷淋量，喷淋系数与喷淋量有关。一般取 $a_f = 10 \sim 50$。

（5）溶液换热器的热负荷：溶液热交换器中，来自发生器的高温浓溶液与来自吸收器的低温稀溶液进行热交换。换热量 Q_{sx}，单位热负荷 q_{sx}。

由热平衡关系得

$$Q_{sx} = q_{m, a}(h_{sgi} - h_{sao})$$
$$Q_{sx} = (q_{m, a} - q_{m, w})(h_{sgo} - h_{sai}) \tag{4-42}$$

令 $Q_{sx}/q_{m, w} = q_{sx}$，得

$$q_{sx} = a(h_{sgi} - h_{sao}) = (a-1)(h_{sgo} - h_{sai}) \tag{4-43}$$

（6）温驱换热器的热负荷：温驱换热器与前五个换热器比较，其换热过程相对独立，受一次水质量流量 $q_{m, h}$、二次水质量流量 $q_{m, y}$、一、二次水进水温度、温驱换热器换热面积及传热系数的影响。在此引入二次水流量分配比 φ_x，其意义为直接流入温驱换热器的二次水的质量流量与二次水总质量流量的比值，则流入温驱换热器的二次水质量流量为 $\varphi_x q_{m, y}$，流入吸收器的二次水的质量流量为 $(1-\varphi_x)q_{m, y}$。

温驱换热器中，从发生器完成换热的高温一次水，与部分直接送入温驱换热器的低温二次水完成热交换：

$$Q_x = q_{m, h}(h_{hxi} - h_{hxo})$$
$$Q_x = \varphi_x q_{m, y}(h_{yxo} - h_{yxi}) \tag{4-44}$$

（7）系统质量关系

1）质量平衡方程

BAE 机组：
$$m_{sao}X_a = m_{sgo}X_r \tag{4-45}$$

吸收器：
$$m_{weo} + m_{sai} = m_{sgi} \tag{4-46}$$

发生器：
$$m_{wgo} + m_{sgo} = m_{sai} \tag{4-47}$$

2）稀溶液循环倍率 a：定义为机组内部每产生单位质量的制冷剂蒸气，所需的进入发生器的稀溶液质量流量：

$$a = q_{m, a}/q_{m, w} - X_r/(X_r - X_a) \tag{4-48}$$

3）稀溶液的再循环倍率 a_f：吸收单位质量流量制冷剂蒸气，送入吸收器喷淋装置与

浓溶液进行混合的稀溶液的质量流量：

$$a_f = 10 \sim 50 \tag{4-49}$$

4）中间溶液的质量分数 X_m

$$X_m = [(a-1)X_r + a_f X_a]/(a-1+a_f) \tag{4-50}$$

5）放气范围 ΔX 通常取 4%～5%

$$\Delta X = X_r - X_a \tag{4-51}$$

6）二次水流量分配比 φ_x，表示直接流入温驱换热器的二次水的质量流量与二次水总质量的比值

$$\varphi_x = \frac{q_{m,yX}}{q_{m,y}} \tag{4-52}$$

（8）系统能量关系

1）溴机（BAE）部分各换热器热量比 R_q

发生器与蒸发器换热量比：
$$R_{qGE} = \frac{q_g}{q_e} = \frac{h_{sgo} + (a-1)h_{wgo} - ah_{sgi}}{h_{weo} - h_{wco}} \tag{4-53}$$

冷凝器与蒸发器换热量比：
$$R_{qCE} = \frac{q_c}{q_e} = \frac{h_{wgo} - h_{wco}}{h_{weo} - h_{wco}} \tag{4-54}$$

吸收器与蒸发器换热量比：
$$R_{qAE} = \frac{q_a}{q_e} = \frac{h_{weo} - h_{sai} + a(h_{sai} - h_{sao})}{h_{weo} - h_{wco}} \tag{4-55}$$

溶液换热器与蒸发器换热量比：
$$R_{qSXE} = \frac{q_{sx}}{q_e} = \frac{(a-1)(h_{sgo} - h_{sai})}{h_{weo} - h_{wco}} \tag{4-56}$$

2）温驱换热器 X 与蒸发器换热量比：

$$R_{qXE} = \frac{\Delta t_{hx}}{\Delta t_{he}} = \frac{t_{hxi} - t_{hxo}}{t_{hxo} - t_{ho}} \tag{4-57}$$

（9）系统的温差及压差关系

1）为保证机组数学建模过程中满足热力学第二定律，对板式换热器传热一端的一、二次水设定一定温差 Δt（℃）

溶液换热器：
$$t_{sai} = t_{sao} + \Delta t_{sx} \tag{4-58}$$

温驱换热器：
$$t_{hxo} = t_{yxi} + \Delta t_x \tag{4-59}$$

2）BAE 机组中，冷剂水在筒体内部传递的时候有一定阻力损失 ΔP（Pa）

发生器冷凝器侧：
$$P_g = P_c + \Delta P_{gc} \tag{4-60}$$

蒸发器吸收器侧：
$$P_g = P_c + \Delta P_{gc} \tag{4-61}$$

（10）系统等效状态点

吸收式溴化锂吸收式化热机组系统中，以下状态点等效见表 4-8：

表 4-8

等效状态点

一次水流程	二次水流程	冷剂水流程
hi/hgi	yi/yai/yxi	wgo/wci
hgo/hxi	yao/yci	weo/wai
hxo/hei	yco 与 yxo 混水得 yo	—
heo/ho	—	—

4.2.1.4 吸收式换热机组传热模型

根据设计条件，合理地选取换热器结构形式，计算传热系数，进而求得各换热器传热面积，是溴化锂吸收式换热机组的主要设计内容。

当传热管为圆管时，考虑管壁污垢系数，以内外管径为基准，传热系数为

$$K_o = \cfrac{1}{\left(\cfrac{1}{\alpha_i} + r_i\right)\cfrac{d_o}{d_i} + \cfrac{d_o}{2\lambda}\ln\cfrac{d_o}{d_i} + r_o + \cfrac{1}{\alpha_o}}$$

$$K_i = \cfrac{1}{\cfrac{1}{\alpha_i} + r_i + \cfrac{d_i}{2\lambda}\ln\cfrac{d_o}{d_i} + \left(r_o + \cfrac{1}{\alpha_o}\right)\cfrac{d_i}{d_o}} \tag{4-62}$$

式中　K_o——外表面传热系数，$W/(m^2 \cdot K)$；

　　　K_i——内表面传热系数，$W/(m^2 \cdot K)$；

　　　α_o——管道外侧的表面传热系数，$W/(m^2 \cdot K)$；

　　　α_i——管道内侧的表面传热系数，$W/(m^2 \cdot K)$；

　　　r_o——管外单位污垢热阻，$m^2 \cdot kJ/W$；

　　　r_i——管内单位污垢热阻，$m^2 \cdot kJ/W$；

　　　d_o——管道外径，m；

　　　d_i——管道内径，m；

　　　λ——管道热导率。

传热系数 K 计算的关键是求圆管内外两侧的表面传热系数 α_i、α_o。机组设计中，给定一定传热系数，通过管道选材、尺寸计算来满足传热系数的设计要求。

各个换热器的传热面积 A（m^2）可按下式计算，公式中 a，b 值可参考表 4-9。

$$A = Q / [K(\Delta t_{max} - a\Delta t_s - b\Delta t_1)] \tag{4-63}$$

式中　Q——换热器的热负荷，kW；

　　　K——传热系数，$W/(m^2 \cdot K)$；

　　Δt_{max}——冷热流体的最大温差，℃；

　　a、b——由流动情况决定的常数，参考表 4-9 选取；

　　　Δt_s——温度变化较小的流体的进出口温差，℃；

　　　Δt_1——温度变化较大的流体的进出口温差，℃。

各种流动情况下的 a、b 值　　　　　　　　　　表 4-9

流动情况		a	b
逆流		0.35	0.65
顺流		0.65	0.65
叉流	进出口逆流	0.45、0.50	0.65
	进出口顺流	0.55	0.65

（1）发生器的传热面积　热水在管道内部降温放热，将其视为冷、热流交叉流动无相变传热，其传热面积的计算式如下：

$$A_{\mathrm{g}}=\frac{Q_{\mathrm{g}}}{K_{\mathrm{g}}\left[(t_{\mathrm{hgi}}-t_{\mathrm{sgi}})-0.50(t_{\mathrm{hgi}}-t_{\mathrm{hgo}})-0.65(t_{\mathrm{sgo}}-t_{\mathrm{sgi}})\right]} \tag{4-64}$$

式中　t_{hgi}、t_{hgo}——一次水在蒸发器中的进出口温度，℃；

　　　　K_{g}——发生器的传热系数，W/($\mathrm{m}^2 \cdot$ K)。

（2）冷凝器　冷剂蒸气在冷凝器中凝结放热，为有相变的传热过程，按式（4-65）计算传热面积：

$$A_{\mathrm{c}}=\frac{Q_{\mathrm{c}}}{K_{\mathrm{c}}\left[(t_{\mathrm{c}}-t_{\mathrm{yci}})-0.65(t_{\mathrm{yco}}-t_{\mathrm{yci}})\right]} \tag{4-65}$$

式中　t_{yci}、t_{yco}——冷凝器中二次水的进出口温度，℃；

　　　　K_{c}——发生器的传热系数，W/($\mathrm{m}^2 \cdot$ K)。

（3）蒸发器　在蒸发温度下，冷剂水吸热蒸发，为有相变的传热，传热面积为

$$A_{\mathrm{e}}=\frac{Q_{\mathrm{e}}}{K_{\mathrm{e}}\left[(t_{\mathrm{hgi}}-t_{\mathrm{e}})-0.65(t_{\mathrm{hgi}}-t_{\mathrm{hgo}})\right]} \tag{4-66}$$

式中　t_{hgi}、t_{hgo}——蒸发器中一次水的进出口温度，℃；

　　　　K_{e}——蒸发器的传热系数，W/($\mathrm{m}^2 \cdot$ K)。

（4）吸收器　交叉流，无相变传热，传热面积为

$$A_{\mathrm{a}}=\frac{Q_{\mathrm{a}}}{K_{\mathrm{a}}\left[(t_{\mathrm{wao}}-t_{\mathrm{yai}})-0.50(t_{\mathrm{yao}}-t_{\mathrm{yai}})-0.65(t_{\mathrm{wao}}-t_{\mathrm{weo}})\right]} \tag{4-67}$$

式中　t_{yai}、t_{yao}——吸收器中一次水的进出口温度，℃；

　　　　K_{a}——吸收器的传热系数，W/($\mathrm{m}^2 \cdot$ K)。

（5）溶液换热器　壳管式换热器中溶液经折流板多次折流做纵横向流动，本质上是逆向流动，其传热面积按下式计算：

$$A_{\mathrm{sx}}=\frac{Q_{\mathrm{sx}}}{K_{\mathrm{sx}}\left[(t_{\mathrm{sgo}}-t_{\mathrm{sao}})-0.35(t_{\mathrm{sgi}}-t_{\mathrm{sao}})-0.65(t_{\mathrm{sgo}}-t_{\mathrm{sai}})\right]} \tag{4-68}$$

式中　K_{sx}——溶液换热器的传热系数，W/($\mathrm{m}^2 \cdot$ K)。

（6）温驱换热器　温驱换热器同样采用壳管式换热器，传热面积为

$$A_{\mathrm{x}}=\frac{Q_{\mathrm{x}}}{K_{\mathrm{x}}\left[(t_{\mathrm{hxi}}-t_{\mathrm{yxi}})-0.35(t_{\mathrm{hxo}}-t_{\mathrm{yxi}})-0.65(t_{\mathrm{hxi}}-t_{\mathrm{yxo}})\right]} \tag{4-69}$$

式中　K_{x}——温驱换热器的传热系数，W/($\mathrm{m}^2 \cdot$ K)。

4.2.1.5　水力与结构方程

1）一次水质量流量 $q_{\mathrm{m,h}}$

对于热水型机组，由发生器的热负荷 Q_{g}、温驱换热器热负荷 Q_{x} 及蒸发器热负荷 Q_{e}，可计算一次水的质量流量 $q_{\mathrm{m,h}}$（kg/h）。综合考虑循环过程中的各项热损失，需附加一定余量：

$$q_{\mathrm{m,h}}=(1+e)(Q_{\mathrm{g}}+Q_{\mathrm{x}}+Q_{\mathrm{e}})/\left[c_{\mathrm{p,h}}(t_{\mathrm{hgi}}-t_{\mathrm{heo}})\right] \tag{4-70}$$

式中　e——一次水耗量附加系数，取 3%～5%；

　　　　$c_{\mathrm{p,h}}$——一次水的定压比热容，根据热水平均温度，由饱和水物性拟合公式求得，kJ/kg・K；

t_{hgi}、t_{heo}——一次水发生器进口温度，一次水蒸发器出口温度，℃。

2）二次水质量流量 $q_{m,y}$

$$q_{m,y} = (Q_a + Q_c) / [c_{p,y}(t_{yai} - t_{yco})] + Q_x / [c_{p,y}(t_{yxi} - t_{yxo})] \tag{4-71}$$

式中　$c_{p,y}$——二次水的定压比热容，根据二次水在机组换热中的平均温度，由饱和水物
　　　　　　性拟合公式求得，$kJ/kg \cdot K$。

　t_{yai}、t_{yco}——二次水吸收器进口温度，二次水冷凝器出口温度，℃。

3）溶液泵体积流量 $q_{V,s}$ 分设发生器泵和吸收器泵，吸收器泵用于混合喷淋

发生器泵体积流量 $q_{V,s1}$：

$$q_{V,s1} = a q_{m,D} / \rho_a \tag{4-72}$$

吸收器泵体积流量 $q_{V,s2}$：

$$q_{V,s2} = (a - 1 + a_f) q_{m,D} / \rho_p \tag{4-73}$$

式中　ρ_a、ρ_p——稀溶液以及喷淋溶液的密度，可由溴化锂溶液的温度和质量分数，通过
　　　　　　物性拟合公式求得。

4）传热管内流速 v（m/s）

$$v = \frac{q_m}{900 \rho \pi n d_i^2} \tag{4-74}$$

式中　q_m——传热管内介质的质量流量，kg/h；

　　　n——传热管根数，计算换热器配管流速时，$n = 1$；

　　　d_i——传热管内径，m。

5）摩擦阻力系数 λ_d

$$\lambda_d = f(Re, \varepsilon)$$

$$Re = \frac{v d_i}{\gamma}, \quad \varepsilon = K_d / d_i \tag{4-75}$$

式中　Re——雷诺数，用于判断流体流动状态的准则数；

　　　γ——管内流体的运动黏滞系数，m^2/s；

　　　K_d——管壁当量绝对粗糙度，m；

　　　ε——管壁的相对粗糙度。

6）管道比摩阻 R（Pa/m）每米管段的沿程损失可以用流体的达西·维斯巴赫公式
计算：

$$R = \frac{\lambda_d}{d} \cdot \frac{\rho v^2}{2} \tag{4-76}$$

由于机组设计中管道中流体处于较高的流速（流速通常大于 0.5m/s），因此，水在换
热器管道中的流动状态大多处于阻力平方区内。将式（4-75）代入式（4-76），可以得出更
方便的计算公式

$$R = 6.25 \times 10^{-8} \frac{\lambda_d}{\rho} \cdot \frac{q_m^2}{n^2 d_i^5} \tag{4-77}$$

7）管段阻力损失 ΔP（Pa）

$$\Delta P = Rl + \sum \zeta \frac{\rho v^2}{2} \tag{4-78}$$

式中　l——管段长度，m；

$\sum \zeta$——管段总的局部阻力系数。

8）传热管根数 n

$$n = \frac{A}{\pi d_\circ L} \tag{4-79}$$

式中 n——换热器传热管数；

A——换热器传热面积，m^2；

L——传热管管长，m；

$d_\circ$——传热管外径，m。

4.2.2 吸收式热泵系统的自由度分析

（1）热力计算方程组分析

热力计算部分针对 BAE 部分各换热器内部参数及溶液换热器状态参数进行计算，通过对溴化锂吸收式换热机组的循环进行分析，完整描述 BAE 内部状态需要 105 个变量，包括 10 个内部状态点的温度变量、压力变量、焓值、密度、导热系数、动力黏度、运动黏度、导温系数、普朗特数，比热容 4 个，换热器单位换热量 5 个，溶液的质量浓度 3 个，稀溶液的循环倍率 1 个，稀溶液的再循环倍率 1 个，溶液换热器端差 1 个。描述该部分的方程共 99 个，即给出 6 个变量可以确定 BAE 部分的热力状态。

（2）传热计算方程组分析

在热力计算的基础上，通过机组传热计算可以完整地对机组状态进行描述。这里将 KA 作为一个变量求解。基于热力计算的 105 个变量，增加一、二次水侧的 10 个状态点的温度变量、压力变量、焓值、密度、导热系数、动力黏度、运动黏度、导温系数、普朗特数，比热容 2 个，换热器换热量 6 个，变量 KA6 个，换热器传热温差 6 个，二次水流量分配比 1 个，质量流量 5 个，温驱换热器端差 1 个共 222 个参数。描述溴化锂吸收式换热机组系统循环的方程共 209 个，即传热计算部分自由度为 13。

（3）结构计算方程组分析

结构计算方程组涉及传热系数，传热面积，换热器内部管道管径尺寸及根数等内容。传热计算完成后按照工程经验给出了各个换热器的传热系数，在结构计算中通过结构设计满足传热系数要求。在热力计算、传热计算的基础上，增加 40 个参数，12 个方程，自由度为 28。新增的参数包括 6 个传热系数，6 个换热面积，8 个传热管内径，8 个传热管外径，6 个传热管管长，6 个传热管根数。

（4）水力计算方程组分析

通过机组水力计算过程计算管道内流速及阻力损失，配管尺寸，进行水泵选取。为完成这一部分的计算，增加 37 个参数，24 个方程，自由度 13。新增参数包括 6 个换热器配管管径，配管管长 6 个，管道内部介质流速 8 个，管壁当量绝对粗糙度 1 个，管壁的相对粗糙度 8 个，管段阻力损失 8 个。

4.2.3 吸收式热泵系统设计的数值计算

1. 设计计算已知条件的确定

由以上分析可知，根据各个计算模块自由度的不同，给出相应的独立变量可以完成对应模块的计算任务。

热力计算过程，包含 6 个自由度，选取冷凝温度、蒸发温度、稀溶液吸收器出口温度、浓溶液出口温度、溶液换热器端差、稀溶液再循环倍率作为已知变量，来确定 BAE 部分内部的运行状态，换热器换热量等参数需要在传热计算中进一步求得。

传热计算过程中，增加 7 个自由度。这一部分计算将 KA 当作一个参数。对于设计任务而言，系统中的部分参数可以看作已知量，即一次水进口温度、一次水出口温度、二次水进口温度、二次水出口温度、一次水质量流量已知，即在这一部分的计算任务中再给出 2 个变量可以确定整个系统的状态，本次设计选择温驱换热器端差、二次水流量分配比作为已知变量，来实现机组的设计。传热计算完成后，按照工程经验给定各个换热器的传热系数，求出各个换热器传热面积。

结构计算过程，增加 28 个自由度。设计中取发生器、冷凝器、蒸发器、吸收器、溶液换热器以及温驱换热器的换热面积、传热管内外径、传热管管长作为已知量，完成机组的结构设计。可求出各换热器的传热面积及传热管根数等参数。

水力计算过程，增加 13 个自由度。将 6 个换热器配管管径、6 个配管管长以及管壁当量绝对粗糙度作为已知量，求得机组内部阻力，换热器配管尺寸等，完成机组的设计。

2. 机组设计计算的设计流程

图 4-2 给出了溴化锂吸收式换热机组的设计流程图。首先，热力计算部分输入 t_c、t_e、t_{sao}、t_{sgo}、Δt_{sx}、a_f 的初始值，计算得出 BAE 侧壳程 sgs、wgo、wci、wcs、wcs、wco、wai、weo、wei 以及溶液换热器 sgo、sgi、sai、sao 的热力参数。在此基础上计算得出机组内部溶液浓度关系以及压力关系，然后可计算各点介质物性参数，接下来计算得到 BAE 部分各换热器的单位换热量，还可以计算得到各换热器的热量比，可用于分析机组部分温度变化对于机组性能的影响，计算结束判断 $X_r - X_a$、X_r、X_a 是否处于合适的范围来进行技术可行性分析，若不适宜调整 t_c、t_e、t_{sao}、t_{sgo}、Δt_{sx}、a_f 初始值重新进行计算；适宜的情况下进入传热计算。

在传热计算部分，继续输入 t_{hi}、t_{ho}、t_{yi}、t_{yo}、$q_{m,h}$、Δt_x、φ_x 的初始值，在上一步设计的基础上可以计算得出一、二次水侧管程 hgi、hgo、hxi、hxo、heo、yi、yai、yao、yci、yco、yxi、yxo、yo 各点的热力参数，还可以计算得到各个换热器的传热量，并且计算一次水流量、二次水总流量及各分支流量，校核各换热器传热温差是否满足经济性标准，不适宜的情况下可同时选择回到第一步热力计算部分重新开始，也可以通过修改传热计算部分输入的参数对计算结果进行调整；计算结果满意的情况下，进行下一步结构计算。

结构计算在本次设计中分为传热面积计算及机组腔体结构设计计算两部分，事实上，在上一步传热计算过程中，已经计算得到了传热系数 K 与传热面积 A 的乘积 $K \cdot A$ 的值，结构计算首先需要计算传热面积 A，根据工程经验给出的范围确定各换热器的 K 值作为初始值，计算得到各个换热器的面积，由于 BAE 部分各个换热器的造价远高于温驱换热器所选用的不锈钢板式换热器，从经济性角度考虑，应使 BAE 侧换热器单位换热量所需面积尽可能小，因此，完成传热面积计算后，需用 $\dfrac{A}{Q}$ 判断机组传热面积满足经济性要求后，进行更进一步的结构设计。机组的结构设计，需输入各换热器传热管内外径、传热管

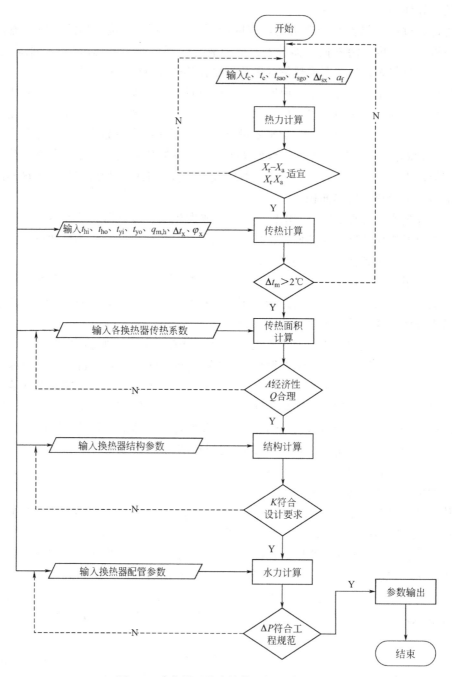

图 4-2　溴化锂吸收式换热机组设计流程图

管长作为已知量，计算得到传热管根数，结合溴化锂吸收式换热机组常见的设计形式，进行换热器腔体内部的设计。此外还可以进行机组内部水泵的选型。机组的结构设计本质上是通过机组的结构设计使得换热器的传热系数 K 符合上一步面积计算中所假定的 K 值，先计算得到各个换热器的 K 值，若不满足，需重新调整相应换热器传热管参数重新计算；若满足设计要求，进入下一步水力计算。

水力计算过程，输入 6 个换热器配管管径，6 个配管管长以及管壁当量绝对粗糙度作为已知量，先求出管内流速，接下来求出管内阻力损失，若管内流动损失 ΔP 不符合工程标准及机组技术要求，需重新选择配管尺寸；若 ΔP 满足要求，设计完成，如图 4-2 所示。

4.2.4 吸收式热泵系统运行模拟的数值方法

1. 吸收式热泵系统运行模拟的过程输入量

机组进行模拟分析过程前提条件是完整的机组结构参数，同时，模拟分析过程考虑不凝性气体对机组运行性能的影响。考虑到模拟程序为实验分析服务，将机组部分流量及温度数据作为已知量，可以通过实验测得。输入量如下：

（1）一次水流量；一次水进口温度；二次水进口温度；二次水 BAE 流量；二次水 X 流量；稀溶液循环流量；

（2）各主要换热器换热系数；各主要换热器换热面积；

（3）发生器 G 中不凝气体分压力；吸收器 A 中不凝性气体分压力；

（4）冷凝温度；蒸发温度；浓溶液发生器出口温度；稀溶液吸收器出口温度。

通过模拟计算可得机组稳态运行时各主要状态点参数及机组的性能系数。

2. 模拟计算方法简介

模拟程序采用拟牛顿法，拟牛顿法通过测量梯度的变化，构造一个快速收敛的数学模型。这一方法具有收敛速度快、不需要二阶导数信息的特点。拟牛顿法基本思路如下：

构造目标函数处于当前迭代 x_k 的数学模型

$$m_k(p) = f(x_k) + \nabla f(x_k)^T p + \frac{p^T B_k p}{2} \tag{4-80}$$

$p_k = -B_k^{-1} \nabla f(x_k)$ 这里 B_k 是一个对称正定阵，取公式（4-80）的最优解作为搜索方向，同时新的迭代点可以表示为 $x_{k+1} = x_k + a_k p_k$，a_k 为步长。拟牛顿法的关键在于每一步迭代计算过程中对矩阵 B_k 进行更新。现假设存在一个新的迭代值 x_{k+1}，从而得到一个新的数学模型

$$m_{k+1}(p) = f(x_{k+1}) + \nabla f(x_{k+1})^T p + \frac{p^T B_{k+1} p}{2} \tag{4-81}$$

令 $\nabla f(x_{k+1}) - \nabla f(x_k) = a_k B_{k+1} p_k$，从而得到割线方程（4-28）

$$m_{k+1}(p) = f(x_{k+1}) + \nabla f(x_{k+1})^T p + \frac{p^T B_{k+1} p}{2} \tag{4-82}$$

这里采用 BFGS 法对矩阵 B_k 进行更新。BFGS 法为秩-2 更新，记 $s_k = x_{k+1} - x_k$，$y_k = \nabla f(x_{k+1}) - \nabla f(x_k)$，$H_k = B_k^{-1}$，其公式为

$$B_{k+1} = B_k - \frac{B_k s_k s_k^T B_k}{s_k^T B_k s_k} + \frac{y_k y_k^T}{y_k^T s_k} \tag{4-83}$$

通过这一方法求得的 B_k 保持正定的同时，满足极小性（s. t. 为 subject to 的缩写，意思是前式受后式的约束）：

$$\min_H |H - H_k| \quad \text{s. t. } H = H^T, \ H_{yk} = s_k \tag{4-84}$$

4.3　多效蒸发浓缩系统的设计

4.3.1　多效蒸发浓缩系统的原理

在料液浓缩工艺中，多效蒸发可以提高热利用效率，使用较为普遍。鉴于末效蒸气中仍含有大量潜热未得到利用，可在双效蒸发系统中增设热泵机组，吸收末效蒸气潜热，制备生蒸气。考虑热泵蒸发温度和冷凝温度较高，选用 R245fa 制冷剂，通过设定各效蒸气温差，计算得到各效蒸发器的进出口参数和换热面积；同时计算得到热泵系统相关参数，为系统的实际制造提供了依据。

热泵双效蒸发系统原理图见图 4-3。

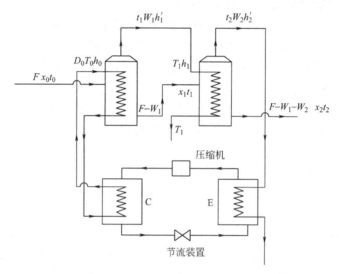

图 4-3　双效蒸发系统原理图

4.3.2　多效蒸发浓缩系统的数学模型

1. 物料衡算

料液蒸发浓缩的目的是把原始料液中的溶质保留，溶剂沸腾蒸发，从而提高料液的浓度。由此可以推导出以下公式（单效蒸发）：

$$Fx_0 = (F-W)x_1 \tag{4-85}$$

$$W = F\left(1 - \frac{x_0}{x_1}\right) \tag{4-86}$$

式中　F——原料液的流量，kg/h；

　　　W——单位时间内蒸发的水分量，kg/h；

　　　x_0——原料液的质量浓度；

　　　x_1——出口料液的质量浓度。

进行扩展和推导，得出多效蒸发物料衡算式如下：

$$Fx_0 = (F-W)x_n \tag{4-87}$$

$$W = F(x_n - x_0)/x_n \tag{4-88}$$

其中

$$W = W_1 + W_2 + \cdots + W_n = \sum_{i=1}^{n} W_i \tag{4-89}$$

式中 x_n、x_i——分别为第 n、i 效蒸发出口料液的质量浓度；

W_i——第 i 效蒸发的蒸发量，kg/h。

2. 能量衡算

蒸发操作中，加热蒸气的热量用于将溶液加热至沸点、将水分蒸发为蒸汽以及向周围散失的热量。对于某些溶液，稀释时放出热量。因此蒸发这些溶液时应考虑稀释热。根据单效蒸发示意图，对蒸发器进行焓衡算（能量守恒）可得出：

$$DH + Fh_0 = WH' + (F-W)h_1 + Dh_w + Q_L \tag{4-90}$$

式中 D——加热蒸气的消耗量，kg/h；

H——加热蒸气的焓，kJ/kg；

H'——二次蒸气的焓，kJ/kg；

h_0——原料液的焓，kJ/kg；

h_1——出口溶液的焓，kJ/kg；

h_w——冷凝水的焓，kJ/kg；

Q_L——热损失，kJ/h。

溶液的稀释热很小，可忽略不计，故取 $Q_L = 0$。

设加热蒸汽的冷凝液在蒸气的饱和温度下排除：

$$H - h_w = r \tag{4-91}$$

式中 r——加热蒸气的汽化潜热，kJ/kg。

因此，焓衡算公式改写为

$$Dr = WH' + (F-W)h_1 - Fh_0 \tag{4-92}$$

忽略溶液的稀释热时，溶液的焓可由比热容算出

$$h_0 = c_{p0}(t_0 - 0) = c_{p0}t_0 \tag{4-93}$$

$$h_1 = c_{p1}(t_1 - 0) = c_{p1}t_1 \tag{4-94}$$

$$h_w = c_{pw}(t_w - 0) = c_{pw}t_w = c_{pw}T \tag{4-95}$$

将上式代入焓衡算式（4-92），可得

$$Dr = WH' + (F-W)c_{p1}t_1 - Fc_{p0}t_0 \tag{4-96}$$

因为式中使用的不同浓度的料液比热容较麻烦，故将出口液的比热容用原料液的比热容 c_{p0} 表示。

溶液的比热容按以下的经验公式计算

$$c_p = c_{pw}(1-x) + c_{pB} \tag{4-97}$$

当 $x < 20\%$ 时，可以简化为

$$c_p = c_{pw}(1-x) \tag{4-98}$$

式中 x——溶液中溶质的质量浓度；

c_p——溶液的比热容，kJ/（kg·℃）；

c_{pw}——纯水的比热容，kJ/（kg·℃）；

c_{pB}——溶质的比热容，kJ/（kg·℃）。

计算使用的初效料液定压比热 c_{p0} 可由公式（4-98）求得，无需查物料的物性参数。

$$c_{p0}=1.9155\times0.95\approx1.82\ \mathrm{kJ/（kg·℃）}$$

$$c_{p0}=c_{pw}(1-x_0) \tag{4-99}$$

$$c_{p1}=c_{pw}(1-x_1) \tag{4-100}$$

可推得

$$(F-W)c_{p1}=Fc_{p0}-Wc_{pw} \tag{4-101}$$

代入式（4-96），推导出

$$Dr=W(H'-c_{pw}t_1)+Fc_{p0}(t_1-t_0) \tag{4-102}$$

$$H'-c_{pw}t_1=r' \tag{4-103}$$

故式（4-102）可写为

$$Dr=Wr'+Fc_{p0}(t_1-t_0) \tag{4-104}$$

式中　r'——蒸发器蒸发产生的二次蒸气的汽化潜热，kJ/kg。

同理，推导多效蒸发公式可得

$$D_1r_1-W_1r_1'=Fc_{p0}(t_1-t_0)$$

$$W_1r_2-W_2r_2'=(F-W_1)c_{p0}(t_2-t_1)$$

$$W_{n-1}r_n-W_nr_n'=(F-\sum_{i=1}^{n-1}W_i)c_{p0}(t_n-t_{n-1}) \tag{4-105}$$

3. 温度损失

（1）沸点温升带来温度损失

由乌拉尔定律可知，相同温度下，溶液的饱和蒸气压比纯水的饱和蒸气压低。相同的外界压强下，要加热到更高的温度，溶液才能沸腾。

设在某压力下，溶液的沸点为 T_b，纯水的沸点为 T_b^* T_b^*，沸点温升 $\Delta'=T_b-T_b^*$ $\Delta'=T_b-T_b^*$。

$$\Delta'=f\Delta_0' \tag{4-106}$$

式中　f——校正系数，$f=0.0162[(t+273)/r']$；

　　　t——实际生产压力下二次蒸气温度，℃；

　　　Δ_0'——常压下溶液由于蒸气压下降引起的沸点升高值，℃。

（2）液柱高度造成温度损失

在蒸发器中，气空间的压力为 P，则溶液表面压力为 P。

取溶液深度一半处的液柱压力作为压力差：

$$\Delta p=0.5\rho gL \tag{4-107}$$

以 $P+\Delta p$ 作为定性压力，液柱压力温升 Δ'' 为

$$\Delta''=T(P+\Delta p)-T(P) \tag{4-108}$$

（3）管道流动阻力造成温度损失

蒸气在管道的流动过程中，摩擦阻力热损失和传热热损失会使得蒸气温度下降，降低了传热的有效温差。这部分温差下降不容易确定，暂取管道流动阻力和传热温度损失 Δ'''。

（4）热利用系数修正

式（4-105）的推导过程未计入溶液的浓缩热，且蒸发器和流动过程管道中的热损失会导致二次蒸汽的焓值降低。因此利用热利用系数进行修正，将式（4-105）改写成

$$W_{n-1}r_n - W_n r'_n \frac{1}{\eta} = (F - \sum_{i=1}^{n-1}W_i)c_{p0}(t_n - t_{n-1}) \tag{4-109}$$

根据经验公式，一般溶液的蒸发热利用系数为：

$$\eta = 0.94 - 0.7\Delta x \tag{4-110}$$

式中 Δx——蒸发器进出口料液的浓度差。

4. 数学计算模型

根据物料守恒式（4-89）能量守恒式（4-108），推导出计算各效蒸发器需要的加热蒸气量和生成的二次蒸气量。用矩阵表示为：

$$
\begin{bmatrix}
r_0 & -\dfrac{r_1}{\eta_1} & 0 & 0 & \cdots & 0 \\
0 & r_1 + c_{pw1}\Delta t_{fs2} & -\dfrac{r_2}{\eta_2} & 0 & \cdots & 0 \\
0 & c_{pw1}\Delta t_{fs3} & r_2 + c_{pw2}\Delta t_{fs3} & -\dfrac{r_3}{\eta_3} & \cdots & 0 \\
\vdots & \vdots & \vdots & \vdots & \vdots & \vdots \\
0 & c_{pw1}\Delta t_{fsn} & c_{pw2}\Delta t_{fsn} & \cdots & r_{n-1}+c_{pwn-1}\Delta t_{fsn} & -\dfrac{r_n}{\eta_n} \\
0 & r_0 & r_0 & r_0 & \cdots & r_0
\end{bmatrix}
\begin{bmatrix}
W_0 \\ W_1 \\ W_2 \\ \vdots \\ W_{n-1} \\ W_n
\end{bmatrix}
=
\begin{bmatrix}
F_0 c_{pf0}\Delta t_{fs1} \\
F_0 c_{pf0}\Delta t_{fs2} \\
F_0 c_{pf0}\Delta t_{fs3} \\
\vdots \\
F_0 c_{pf0}\Delta t_{fsn} \\
r_0 W_z
\end{bmatrix}
$$

写成矩阵方程为：$\mathbf{A}\cdot\vec{W}=\vec{C}$

5. 传热面积计算

计算方程为

$$Q_i = K_i \Delta t_i S_i \tag{4-111}$$

$$S_i = \frac{Q_i}{K_i \Delta t_i} \tag{4-112}$$

4.3.3 多效蒸发浓缩模型分析与数值求解算法

通过总结，发现对于效数为 N 的多效蒸发浓缩系统的数学模型（独立控制方程组）如表 4-10 所示：

效数为 N 的多效蒸发浓缩系统的数学模型   表 4-10

项目	说明	备注
独立控制 方程组	水的饱和温度与饱和压力关系式：$t_{ws} = f(P_{ws})$	或者 $P_{ws} = f(t_{ws})$
	沸点温升的关系式：$\Delta' = f(x, t_{ws})$	或者 $\Delta' = f(x, P_{ws})$
	料液密度的关系式：$\rho_f = f(x)$	
	静压温差损失关系式：$\Delta'' = f(x, t_{ws}, H)$	或者 $\Delta'' = f(x, P_{ws}, H)$
	水的定压比热关系式：$c_{pw} = f(t_{ws})$	

续表

项目	说明	备注
独立控制方程组	水的汽化潜热关系式：$r = f(t_{ws})$	
	汁汽的密度关系式：$\rho_s = f(t_{ws})$	
	热利用效率的关系式：$\eta = \eta_0 - \xi \Delta x$	Δx 为某一效料液的浓度变化
	蒸发强度：$Q_{ai} = K_i \cdot \Delta t_{mi}$，$W_{ai} = \dfrac{W_i}{A_i}$；蒸汽消耗率：$\mu_i = \dfrac{W_{i-1}}{W_i}$	定义式

在设计条件下，已知参数如表 4-11 所示：

多效蒸发浓缩系统的数学模型已知参数表 表 4-11

项目	说明	备注
设计已知条件	原始进料质量流量：F_0	
	原始进料温度：t_{fs0}	
	原始进料质量浓度：x_0（小数）	
	料液出口质量浓度：x_n（小数）	
	生蒸气饱和温度：t_{ws0}	或者生蒸气绝对压力：P_0
	末效汁汽饱和温度：t_{wsn}	或者末效汁汽绝对压力：P_n
	效数：N	
	各效的静压液柱高度：H_i	N 个
	各效的传热系数：K_i	N 个
	各效的汁汽压降温差损失：Δ'''	一般取 0.5～1℃
	原始进料比热容：c_{pf0}	也可根据下式计算 $c_{pf0} = (1-x_0) \cdot c_{pw}$
	热利用效率基数：η_0	η_0 一般取 0.96～0.98
	热利用效率的浓度系数：ξ	ξ 一般取 0.3～0.7

通过设计，需要确定或求解的系统参数如表 4-12 所示：

多效蒸发浓缩系统的数学模型待求参数 表 4-12

项目	说明	备注
设计求解参数	各效换热面积：A_i	N 个
	中间各效的汁汽饱和温度：t_{wsi}	第 1 效至第 $N-1$ 效，$N-1$ 个
	生蒸气及各效汁汽质量：W_i；汁汽的体积流量 V_{si}	$N+1$ 个
	各效的浓度 x_i，沸点 t_{fsi}，温度差损失 Δ'_i、Δ''_i、Δ_{zi}、$\sum \Delta_i$，传热温差 Δt_{mi}，换热量 Q_i，蒸发强度 W_{ai}，蒸气消耗率 μ_i，汁汽压力 P_i 等	$10N-2$ 个

为了进行上述复杂独立方程组和众多未知参数的求解，采用嵌套数值迭代的方法，确定的嵌套迭代变量有下述两种，如表 4-13 所示：

多效蒸发浓缩系统的数学模型嵌套迭代变量 　　　　表 4-13

项目	说明	备注
迭代 变量 1	设定生蒸气及（$N-1$ 个）中间各效汁汽饱和温度：$t_{ws1} \sim t_{wsi} \sim$ $t_{ws(n-1)}$ 构成汁汽饱和温度的迭代向量：$\vec{T}_{ws} = [t_{ws0}, t_{ws1}, t_{ws2}, \cdots, t_{wsn}]^T$	第 1 效至第 $N-1$ 效，$N+1$ 个
迭代 变量 2	设定生蒸气及（N 个）中间各效汁汽质量：$W_0 \sim W_i \sim W_{n-1}$ 构成汁汽质量的迭代向量：$\vec{W} = [W_0, W_1, W_2, \cdots, W_n]^T$	W_0 为生蒸气耗量，$N+1$ 个

采用的嵌套迭代求解步骤如表 4-14 所示：

多效蒸发浓缩系统的数学模型求解步骤 　　　　表 4-14

第 1 步	给定汁汽饱和温度迭代向量初值：$\vec{T}_{ws}^0 = [t_{ws0}, t_{ws1}, t_{ws2}, \cdots, t_{wsn}]^{0T}$	可以均匀分布 $\Delta t_{ws} = \dfrac{t_{ws0} - t_{wsn}}{N}$
第 2 步	总蒸发量：$W_z = F_0 \left(1 - \dfrac{x_0}{x_n}\right)$ 给定汁汽质量迭代向量初值：$\vec{W}^0 = \left[\dfrac{W_0}{N}, \dfrac{W_1}{N}, \dfrac{W_2}{N}, \cdots, \dfrac{W_n}{N}\right]^{0T}$	质量守恒
第 3 步	各效汁汽压力：P_i；凝液比热：c_{pwi}； 汽化潜热 r_i；汁汽密度：ρ_{si}	水的物性关系 含生蒸汽的对应参数
第 4 步	各效的质量浓度：$x_i = \dfrac{F_0 x_0}{F - \sum\limits_{k=1}^{i} W_k}$	质量守恒
第 5 步	各效沸点温升：$\Delta_i' = f(x_i, t_{wsi})$ 各效料液密度：$\rho_{fi} = f(x_i)$ 各效静压温差损失：$\Delta_i'' = f(x_i, t_{wsi}, H_i)$ 各效的总温差损失：$\Delta_{zi} = \Delta_i' + \Delta_i'' + \Delta_i'''$ 所有效的总温差损失：$\sum \Delta = \sum\limits_{i=1}^{N} \Delta_{zi}$ 各效的沸点：$t_{fsi} = t_{wsi} + \Delta_i' + \Delta_i''$ 效间沸点差：$\Delta t_{fsi} = t_{fsi} - t_{fs(i-1)}$ 各效的热利用效率：$\eta_i = \eta_0 - \xi(x_i - x_{i-1})$	各效的料液特性
第 6 步	无抽气的能量守恒方程：$A \cdot \vec{W} = \vec{C}$	核心方程组
第 7 步	计算新的汁汽质量向量：$\vec{W}^1 = A \backslash \vec{C}$ $\vec{W}^1 = [W_0, W_1, W_2, \cdots, W_n]^T$	也可以用其他方法 求解线性方程组
第 8 步	判断：$\left| 1 - \dfrac{\vec{W}^0}{\vec{W}^1} \right| \leqslant \varepsilon_W$	ε_W 为精度指标，可取 0.0001
第 9 步	否则，新的汁汽质量迭代向量为：$\vec{W}^0 = \vec{W}^0 + \omega_W (\vec{W}^1 - \vec{W}^0)$ 或者：$\vec{W}^0 = \vec{W}^1$ 返回第 2 步循环计算	ω_W 为松弛因子，可取 0.1~0.3

续表

第 10 步	是则,计算各效的传热温差:$\Delta t_{mi} = t_{wsi-1} - \Delta'''_i - t_{fsi}$ 各效的换热量:$Q_i = W_{i-1} \cdot r_{i-1}$	
第 11 步	计算各效的从传热面积:$A_i = \dfrac{Q_i}{K_i \cdot \Delta t_{mi}}$	
第 12 步	如果要求各效传热面积相等,则判断: $\left\| 1 - \dfrac{A_{imin}}{A_{imax}} \right\| \leqslant \varepsilon_A$	ε_A 为精度指标,可取 0.0001
第 13 步	否则,重新分配各效面积:$\overline{A} = \dfrac{\sum A_i \cdot \Delta t_{mi}}{\sum \Delta t_{mi}}$	
第 14 步	重新分配各效传热温差:$\Delta t'_{mi} = \Delta t_{mi} \dfrac{A_i}{\overline{A}}$	
第 15 步	重新计算各效的汁汽饱和温度:$t'_{wsi} = t'_{ws(i-1)} - \Delta t'_{mi} - \Delta_{zi}$	(1) t_{ws0} 已知,不变 (2) Δ_{zi} 用上一次的结果
第 16 步	构造汁汽饱和温度向量迭代新值: $\vec{T}^1_{ws} = [t_{ws0} \cdot t'_{ws1} \cdot t'_{ws2} \cdots t'_{ws(n-1)} \cdot t_{wsi}]^{1T}$	
第 17 步	返回第 1 步循环计算	
第 18 步	是则,得到满意结果,输出所有参数	

第 5 章　状态空间法及其应用

5.1　线性微分方程组理论

5.1.1　线性微分方程组的结构

给定由 n 个一阶正规形齐次线性微分方程所构成的方程组

$$\frac{\mathrm{d}y_i}{\mathrm{d}x} = \sum_{j=1}^{n} a_{ij}(x)y_i \ (i=1,\ 2,\ \cdots,\ n) \tag{5-1}$$

与非齐次线性微分方程所构成的方程组

$$\frac{\mathrm{d}y_i}{\mathrm{d}x} = \sum_{j=1}^{n} a_{ij}(x)y_i + f_i(x) \ (i=1,\ 2,\ \cdots,\ n) \tag{5-2}$$

其中 $a_{ij}(x)$ 与 $f_i(x)$ $(i=1,\ 2,\ \cdots,\ n)$ 均为区间 $(a,\ b)$ 内已知的连续函数。

若令

$$y=(y_1,\ y_2,\ \cdots,\ y_n)^T,\ A(x)=[a_{ij}(x)]_{n \times n},$$
$$f(x)=[f_1(x),\ f_2(x),\ \cdots,\ f_n(x)]^T,$$

则方程 (5-1) 与方程 (5-2) 可分别表示为如下矩阵形式：

$$\frac{\mathrm{d}y}{\mathrm{d}x} = A(x)y \tag{5-3}$$

$$\frac{\mathrm{d}y}{\mathrm{d}x} = A(x)y + f(x) \tag{5-4}$$

式 (5-1) 或式 (5-3) 称为**齐次线性微分方程组**，而式 (5－2) 或式 (5-4) 称为**非齐次线性微分方程组**。

定理 1　齐次线性微分方程组式 (5-3) 存在线性无关的 n 个解向量

$$y_j(x)=(y_{1j},\ y_{2j},\ \cdots,\ y_{nj})^T \quad (j=1,\ 2,\ \cdots,\ n)$$

且它的通解就是这 n 个解向量的线性组合

$$y(x)=\sum_{j=1}^{n} c_j y_j(x)$$

其中 c_j $(j=1,\ 2,\ \cdots,\ n)$ 为任意常数。

定义 1　齐次线性微分方程组式 (5-3) 的线性无关的 n 个解向量称为它的一个基本解组。

定理 2　设 $y_j(x)=(y_{1j},\ y_{2j},\ \cdots,\ y_{nj})^T$ $(j=1,\ 2,\ \cdots,\ n)$ 是齐次线性微分方程组 (5-3) 在 $(a,\ b)$ 内的一个基本解组，而 $y^*(x)=(y_1^*,\ y_2^*,\ \cdots,\ y_n^*)^T$ 是非齐次线性微分方程组 (5-4) 在 $(a,\ b)$ 内的任一特解，则方程组 (5-4) 在 $(a,\ b)$ 内的通解为：

$$y(x) = \sum_{j=1}^{n} c_j y_i(x) + y^*(x)$$

其中 $c_j(j=1,2,\cdots,n)$ 为任意常数。

定理 3　设 $y_j(x) = (y_{1j}, y_{2j}, \cdots, y_{nj})^T (j=1,2,\cdots,n)$ 是齐次线性微分方程组 (5-3) 在 (a,b) 内的一个基本解组，$Y(x) = [y_1(x), y_2(x), \cdots, y_n(x)]$ 是它的基本解组矩阵，则非齐次方程组（5-4）的通解可由下述变动参数的公式给出

$$y(x) = Y(x)c + Y(x)\int_{x_0}^{x} Y^{-1}(t)f(t)\mathrm{d}t \quad (a < x_0 < b, a < x < b) \tag{5-5}$$

其中 $c = (c_1, c_2, \cdots c_n)^T$ 是任意向量。

[例 5-1] 解方程组

$$\begin{cases} \dfrac{\mathrm{d}y_1}{\mathrm{d}x} = \cos x \cdot y_1 + \sin x \cdot y_2 + \sin x \cdot e^{\sin x} \\ \dfrac{\mathrm{d}y_2}{\mathrm{d}x} = \sin x \cdot y_1 + \cos x \cdot y_2 + \sin x \cdot e^{\sin x} \end{cases}$$

[解] 对应齐次线性方程组的基本解矩阵为

$$Y(x) = \begin{pmatrix} e^{\sin x - \cos x} & e^{\sin x + \cos x} \\ e^{\sin x - \cos x} & -e^{\sin x + \cos x} \end{pmatrix}$$

$$Y^{-1}(x) = \frac{1}{2}\begin{pmatrix} e^{-\sin x + \cos x} & e^{-\sin x + \cos x} \\ e^{-\sin x - \cos x} & -e^{-\sin x - \cos x} \end{pmatrix}$$

由通解公式（5-5）得

$$y(x) = \begin{pmatrix} c_1 e^{\sin x - \cos x} + c_2 e^{\sin x + \cos x} - e^{\sin x} + e^{\sin x - \cos x + 1} \\ c_1 e^{\sin x - \cos x} - c_2 e^{\sin x + \cos x} - e^{\sin x} + e^{\sin x - \cos x + 1} \end{pmatrix}$$

5.1.2　常系数线性微分方程组

若在方程组（5-3）与方程组（5-4）中，系数矩阵 $A(x)$ 为 n 阶常数矩阵 $A = (a_{ij})_{n \times n}$，则方程组

$$\frac{\mathrm{d}y}{\mathrm{d}x} = Ay \tag{5-6}$$

$$\frac{\mathrm{d}y}{\mathrm{d}x} = Ay + f(x) \tag{5-7}$$

称为常系数线性微分方程组。

定义 2　系数矩阵 $A = (a_{ij})_{n \times n}$ 的特征方程

$$\det(\lambda I - A) = \begin{vmatrix} \lambda - a_{11} & -a_{12} & \cdots & -a_{1n} \\ -a_{21} & \lambda - a_{22} & \cdots & -a_{2n} \\ \cdots & \cdots & \cdots & \cdots \\ -a_{n1} & -a_{n2} & \cdots & \lambda - a_{nn} \end{vmatrix} = 0 \tag{5-8}$$

称为方程组（5-6）的**特征方程**，特征方程的根称为**特征根**。

1. 求齐次常系数线性微分方程组通解的方法

（1）若特征方程（5-8）有互不相等的 n 个根 $\lambda_j(j=1,2,\cdots,n)$，则微分方程组

（5-6）有线性无关的 n 个解向量 $y_j(x)=h_je^{\lambda_j x}$，其中 h_j 是相应于 $\lambda_j(j=1,2,\cdots,n)$ 的特征向量，这时方程组（5-6）的通解为

$$y(x)=\sum_{j=1}^{n}c_jy_j(x)=\sum_{j=1}^{n}c_jh_je^{\lambda_j x}$$

若方程组（5-6）的系数矩阵 A 是实的，且特征方程（5-8）有互不相等的 r 个实根 $\lambda_j(j=1,2,\cdots,r)$ 与 $\dfrac{n-r}{2}$ 对共轭复根 λ_{r+j} 及

$$\bar{\lambda}_{r+j}\left(j=1,2,\cdots,\frac{n-r}{2}\right)$$

则向量函数组

$$y_j(x)=h_je^{\lambda_j x}\ (j=1,2,\cdots,r)$$

$$y_{r+j}^{(r)}(x)=Reh_{r+j}e^{\lambda_{r+j} x}\left(j=1,2,\cdots,\frac{n-r}{2}\right)$$

$$y_{r+j}^{(I)}(x)=Imh_{r+j}e^{\lambda_{r+j} x}\left(j=1,2,\cdots,\frac{n-r}{2}\right)$$

便是方程组（5-6）的一实值基本解组。

（2）若特征方程（5-8）有重根，则可用待定系数法求通解。设

$$|\lambda E-A|=\prod_{i=1}^{r}(\lambda-\lambda_i)^{n_i}\left(\lambda_i\neq\lambda_k,\ i\neq k;\ \sum_{i=1}^{r}n_i=n\right)$$

则可设方程组（5-6）的解为如下的待定表达式

$$y_i=\sum_{k=1}^{n_i}c_{jk}x^{k-1}e^{\lambda_j x}\ (i=1,2,\cdots,r;\ j=1,2,\cdots,n)$$

将此表达式代入方程组（5-6），即得确定诸系数 c_{jk} 的线性代数方程组，此代数方程组中的解中仍有 n_i 个任意常数。对每个特征根（$\lambda_i=1,2,\cdots,r$），用上述方法图可求出含有 n_i 个任意常数的线性无关的 n_i 个解，把这 $n_1+n_2+\cdots+n_r$ 个解合起来就得方程组（5-6）的通解。

2. 求非齐次常系数线性微分方程组通解的方法

设已求得齐次方程组（5-6）的通解为 $y(x)=\sum_{j=1}^{n}c_jy_j(x)$，则非齐次方程组（5-7）的通解可由定理 3 的变动参数的公式（5-5）给出。

［例 5-2］解方程组

$$\frac{dy_1}{dx}=y_2-y_3,\ \frac{dy_2}{dx}=y_1+y_2,\ \frac{dy_3}{dx}=y_1+y_3$$

［解］系数矩阵的特征方程为

$$|\lambda E-A|=\lambda(\lambda-1)^2=0$$

对特征根 $\lambda_1=0$，设解为 $y_{11}=a$，$y_{21}=b$，$y_{31}=c$，代入原方程组得 $a=-b=-c$。若令 $a=-c_1$（c_1 为任意常数），则 $b=c=c_1$，所以对应于 $\lambda_1=0$ 的一个解为 $y_{11}=-c_1$，$y_{21}=c_1$，$y_{31}=c_1$。

对二重特征根 $\lambda_2=1$，设解为

$$y_{12} = (c_{11} + c_{12}x)e^x, \quad y_{22} = (c_{21} + c_{22}x)e^x, \quad y_{32} = (c_{31} + c_{32}x)e^x$$

代入原微分方程组得确定各系数的代数方程组

$$c_{12} + c_{11} = c_{21} - c_{31}, \quad c_{12} = c_{22} - c_{32}, \quad c_{22} + c_{21} = c_{11} + c_{21}$$

$$c_{22} = c_{12} + c_{22}, \quad c_{32} + c_{31} = c_{11} + c_{31}, \quad c_{32} = c_{32} + c_{12}$$

解得

$$c_{12} = 0, \quad c_{11} = c_{22} = c_{32}, \quad c_{11} = c_{21} - c_{31}$$

若令 $c_{11} = c_3$，$c_{21} = c_2$（c_2，c_3 均为任意常数），则所得解为：

$$y_{12} = c_3 e^x, \quad y_{22} = (c_2 + c_3 x)e^x, \quad y_{32} = (c_2 - c_3 + c_3 x)e^x$$

因此，所求通解为

$$y_1 = y_{11} + y_{12} = -c_1 + c_3 e^x$$

$$y_2 = y_{21} + y_{22} = c_1 + (c_2 + c_3 x)e^x$$

$$y_3 = y_{31} + y_{32} = c_1 + (c_2 - c_3 + c_3 x)e^x$$

[例 5-3] 解方程组

$$\frac{\mathrm{d}y_1}{\mathrm{d}x} = y_2 - y_3 + 1, \quad \frac{\mathrm{d}y_2}{\mathrm{d}x} = y_1 + y_2, \quad \frac{\mathrm{d}y_3}{\mathrm{d}x} = y_1 + y_3 + e^{-x}$$

[解] 由例 5-2 可知对应齐次线性方程组的一个基本解矩阵为

$$Y(x) = \begin{bmatrix} -1 & 0 & e^x \\ 1 & e^x & xe^x \\ 1 & e^x & (x-1)e^x \end{bmatrix}$$

故

$$Y^{-1}(x) = \begin{bmatrix} -1 & 1 & -1 \\ e^{-x} & -xe^{-x} & (x+1)e^{-x} \\ 0 & e^{-x} & -e^{-x} \end{bmatrix}$$

$$f(x) = (1 \quad 0 \quad e^{-x})^T$$

$$Y^{-1}(x)f(x) = \begin{bmatrix} -1 - e^{-x} \\ e^{-x} + (x+1)e^{-2x} \\ -e^{-2x} \end{bmatrix}$$

$$\int Y^{-1}(x)f(x)\mathrm{d}x = \begin{bmatrix} -x + e^{-x} + c_1 \\ -e^{-x} - \frac{1}{2}\left(x + \frac{3}{2}\right)e^{-2x} + c_2 \\ \frac{1}{2}e^{-2x} + c_3 \end{bmatrix}$$

由公式（5-5）得所求的通解为

$$y(x) = Y(x)\int Y^{-1}(x)f(x)\mathrm{d}x = \begin{bmatrix} x - \frac{1}{2}e^{-x} - c_1 + c_3 e^x \\ -1 - x + \frac{1}{4}e^{-x} + c_1 + (c_2 + c_3 x)e^x \\ -1 - x - \frac{1}{4}e^{-x} + c_1 + (c_2 - c_3 + c_3 x)e^x \end{bmatrix}$$

或

$$\begin{cases} y_1(x) = -c_1 + c_3 e^x + x - \dfrac{1}{2}e^{-x} \\[2mm] y_2(x) = c_1 + (c_2 + c_3 x)e^x - 1 - x + \dfrac{1}{4}e^{-x} \\[2mm] y_3(x) = c_1 + (c_2 - c_3 + c_3 x)e^x - 1 - x - \dfrac{1}{4}e^{-x} \end{cases}$$

5.2 建筑动态热过程的状态空间法

这里以某厂房降温热过程为例，来说明建筑动态热过程的状态空间法。为了快捷地计算得到更为合理有效的防冻措施，需要提出一种降温预估算方法来对厂房降温过程和防冻措施进行估计。该方法应具备以下 3 个特点：

（1）准确性：估算结果与软件模拟结果之间误差在可接受的范围之内；

（2）安全性：估算温度低于软件模拟温度；

（3）有效性：对于不满足防冻要求的厂房，利用估算方法能够有效估计相应防冻措施。

5.2.1 厂房降温热过程物理模型

要研究估算方法，首先需要建立合理的估算模型，厂房停暖后降温实质是厂房空气和围护结构所蓄存热量的缓慢释放过程。因此求解厂房降温过程的关键是求解壁体非稳态导热方程和空气传热的偏微分方程。因此预估算模型应该遵循以下 5 点原则：

（1）厂房外形尺寸保持不变；

（2）厂房外部围护结构保持不变；

（3）厂房初始温度保持不变；

（4）厂房总内热源散热量保持不变；

（5）厂房内部蓄热体保持不变，将内墙和楼板作为蓄热体考虑。

对于单一厂房而言，由于各种热传递导致房间温度改变。厂房热传递主要包括四个方面：外部热源通过对流和辐射换热对房间温度的影响、内部热源通过对流和辐射换热对房间温度的影响、室外通风对温度的影响和供暖系统通过对流和辐射送入热量。建立厂房热过程物理模型，如图 5-1 所示。表 5-1 是图中各符号含义。

图 5-1 中各符号含义　　　　　　　　　　　表 5-1

符号	含义
t_o	室外空气温度
h_{out}	围护结构外表面与室外空气对流换热系数
$t_{adjacent}$	邻室空气温度
h_{in}	围护结构内表面与室内空气对流换热系数
t_{env}	建筑周围环境评价温度

续表

符号	含义
hr_o	围护结构外表面与周围环境的辐射换热系数
hr	各围护结构内表面之间的辐射换热
t_{ground}	地下土壤温度
$Q_{adjacent\_radiaton}$	墙体靠近邻室侧接收到的邻室的太阳投窗辐射和室内热扰的辐射部分
$Q_{sun\_radiaton\_wall}$	太阳辐射中被建筑不透明围护结构外表面吸收的部分
$Q_{sun\_radiaton\_window}$	太阳辐射中被窗户吸收的部分
Q_{sun_trans}	太阳辐射中透过窗户进入室内的部分
$Q_{longwave}$	各围护结构内表面之间的长波辐射换热
$Q_{occupation}$	室内的人员扰量
Q_{light}	室内的灯光扰量
$Q_{equipment}$	室内的设备扰量
Q_{HVAC}	房间空调设备的供热量
G_o	房间与室外的通风换气量
$G_{adjacent}$	房间与邻室的通风换气量

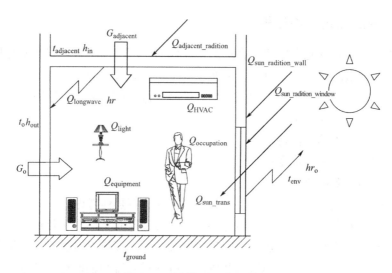

图 5-1　厂房热过程物理模型

5.2.2　厂房降温热过程数学模型

1. 厂房降温热过程合理简化

对上一节中物理模型进行如下 6 个简化：

（1）将通过外窗的太阳直射得热作为内热源加入内热源产热中；

（2）通过对围护结构外表面对流换热系数进行修正来考虑外部辐射，具体处理方法见式（5-9）；

（3）计算厂房内墙、楼板及其他蓄热体的蓄热能力；

（4）忽略各围护结构内表面之间的长波辐射换热；

（5）将通过外窗产生热负荷作为稳态热流加入空气热平衡方程中，见式（5-10）；

（6）将冷风渗透产生热负荷作为稳态热流加入空气热平衡方程中，见式（5-11）。

$$h_{\text{out,z}} = h_{\text{out}} + h_{\text{sun}} + h_{\text{longwave}} \tag{5-9}$$

式中 h_{out}——围护结构外表面与空气对流换热系数，W/（m²·℃）；

h_{sun}——考虑太阳辐射对围护结构外表面对流换热系数的影响，W/（m²·℃）；

h_{longwave}——考虑长波辐射对围护结构外表面对流换热系数的影响，W/（m²·℃）。

$$Q_{\text{c}} = \sum_{i=1}^{n} k_{\text{w,i}} f_{\text{w,i}} (t_{\text{a}} - t_{\text{o}}) \tag{5-10}$$

$$Q_{\text{w}} = c_{\text{p,o}} \rho_{\text{o}} n V (t_{\text{a}} - t_{\text{o}}) \tag{5-11}$$

式中 t_{a}——室内空气的温度，℃；

t_{o}——室外空气的温度，℃；

V_{a}——室内空气体积，m³；

$k_{\text{w,i}}$——外窗 i 传热系数，W/（m²·K）；

$f_{\text{w,i}}$——外窗 i 面积，m²；

$c_{\text{p,o}}$——室外空气的比热，J/（kg·℃）；

ρ_{o}——室外空气的密度，kg/m³；

n——房间换气次数，次/h。

根据上述简化，可分别建立围护结构和室内空气热平衡方程。

2. 外墙和屋面热平衡方程

对于外墙和屋面，对其离散后建立各节点的热平衡方程。对图 5-2 是墙体或屋面温度离散节点。用 $n+1$ 个温度节点将外墙和屋面划分为 n 层，其内外表面温度节点是 t_1 和 t_{n+1}。

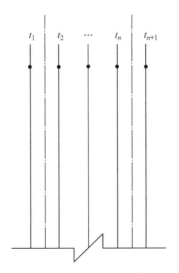

图 5-2 外墙和屋面温度离散示意图

对于相应的离散节点，可建立其热平衡方程。

$$\frac{1}{2}c_{p1}\rho_1\Delta x_1 \cdot \frac{dt_1}{d\tau} = h_{in}(t_a - t_1) + \frac{\lambda_1}{\Delta x_1}(t_2 - t_1) \tag{5-12}$$

$$\left(\frac{1}{2}c_{pi-1}\rho_{i-1}\Delta x_{i-1} + \frac{1}{2}c_{pi}\rho_i\Delta x_i\right) \cdot \frac{dt_i}{d\tau} = \frac{\lambda_{i-1}}{\Delta_{xi-1}}(t_{i-1} - t_i) + \frac{\lambda_i}{\Delta_{xi}}(t_{i+1} - t_i) \tag{5-13}$$

$$\frac{1}{2}c_{pn}\rho_1\Delta x_n \cdot \frac{dt_n}{d\tau} = h_{out}(t_o - t_{n+1}) + \frac{\lambda_n}{\Delta x_n}(t_n - t_{n+1}) \tag{5-14}$$

式中　c_{pi}——第 i 个差分层的比热，J/（kg·℃）；

ρ_i——第 i 个差分层的密度，kg/m³；

λ_i——第 i 个差分层的导热系数，W/（m·℃）；

Δx_i——第 i 个差分层的厚度，m；

t_1、t_i、t_n——温度节点，℃；

t_a、t_o——室内外空气温度，℃；

h_{in}、h_{out}——内外表面与空气对流换热系数，W/m²。

3. 地面热平衡方程

不同于 DeST 对地面采用三维差分法，将地面与室内传热过程简化为一维传热，考虑到室内热量通过靠近外墙地面传到室外的路程较短，热阻较小；而通过远离外墙地面传到室外的路程较长，热阻较大。因此，室内地面的热阻随着离外墙的远近而有变化。采用地带法将地面沿外墙平行方向分成四个计算地带，如图 5-3 所示。墙角阴影部分面积应计算两次。各地带传热系数及热阻见表 5-2，可直接对四个地带离散后建立各个节点的热平衡方程。

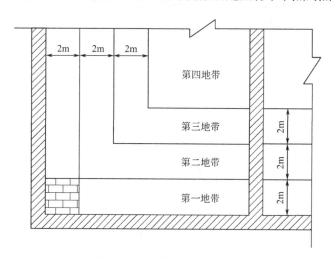

图 5-3　地面传热地带的划分

各地带热阻和传热系数　表 5-2

地带	R_o [(m²·℃)/W]	K_o [W/(m²·℃)]
第一地带	2.15	0.47
第二地带	4.3	0.23
第三地带	8.60	0.12
第四地带	14.2	0.07

但是考虑到地面深层有泥土，计算时应该考虑其蓄热能力，所以应该将地下泥土部分作为地面结构。地面结构如图 5-4 所示。

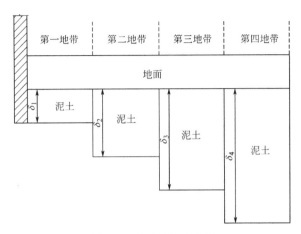

图 5-4　地面结构示意图

因此对于地面建立热平衡方程的关键是求得图 5-4 中 δ_1、δ_2、δ_3、δ_4。

根据传热阻公式，可求得各地带泥土层厚度。

$$R_{总} = \frac{1}{h_{in}} + \sum_{i=1}^{n} \frac{\delta_i}{\lambda_i} + \frac{1}{h_{out}} \tag{5-15}$$

式中　h_{in}——地面与房间空气对流换热系数，W/m^2；

　　　λ_i——第 i 层材料的导热系数，$W/(m \cdot ℃)$；

　　　δ_i——第 i 层材料的厚度，m。

在地面构造已知的条件下，可以根据式（5-15）求得各地带的泥土厚度，当求得各地带泥土厚度后，可分别对四个地带离散后建立各节点热平衡方程，如式（5-12）～式（5-14）所示，只是将相应的墙体参数改为地面参数，不再赘述。

4. 空气热平衡方程

不同于 DeST 对外窗也进行离散的方法，本方法将通过外窗的热负荷作为稳态热流直接加入空气热平衡方程中，同时将通过外窗太阳直射得热加入内热源产热中。将空气作为单一节点，空气节点获得的热量包括：①与外墙、屋面、地面内表面之间的对流换热；②通过外窗的冷风渗透产生热负荷；③通过外窗热负荷；④内热源产热。

$$c_{p,a}\rho_a V_a \frac{dt_a}{d\tau} = \sum_{i=1}^{n} h_i f_i (t_i - t_a) + \sum_{i=1}^{n} k_{w,i} f_{w,i}(t_o - t_a) + c_{p,o}\rho_o n V(t_o - t_a) + q_{in}$$

$$\tag{5-16}$$

式中　$c_{p,a}$——室内空气的比热，$J/(kg \cdot ℃)$；

　　　ρ_a——室内空气的密度，kg/m^3；

　　　V_a——房间体积，m^3；

　　　h_i——围护结构 i 内表面与空气的对流换热系数，W/m^2；

　　　f_i——围护结构 i 面积，m^2；

　　　$k_{w,i}$——外窗 i 传热系数，$W/(m^2 \cdot K)$；

$f_{w,i}$——外窗 i 面积，m^2；

$c_{p,o}$——室外空气比热容，$kJ/(kg \cdot K)$；

ρ_o——室外空气密度，kg/m^3；

n——房间换气次数，次/h。

t_a——室内空气温度，℃；

t_i——围护结构内表面温度，℃；

t_o——室外空气温度，℃；

q_{in}——内热源产热，W。

5. 单一房间热平衡方程

假设该房间外墙、屋面及地面分别有一种结构。联立外墙、屋面、地面、空气热平衡方程并写出其状态空间表达式，见式（5-17）。

$$CT' = AT + Bu \tag{5-17}$$

其中

$$
C = \begin{bmatrix}
C_{wall} & & & & & & \\
& C_{roof} & & & & & \\
& & C_{gro\_1} & & & & \\
& & & C_{gro\_2} & & & \\
& & & & C_{gro\_3} & & \\
& & & & & C_{gro\_4} & \\
& & & & & & NC_{air}
\end{bmatrix} \tag{5-18}
$$

$$
A = \begin{bmatrix}
A_{wall} & & & & & & A_{wall,\,air} \\
& A_{roof} & & & & & A_{roof,\,air} \\
& & A_{gro\_1} & & & & A_{gro\_1,\,air} \\
& & & A_{gro\_2} & & & A_{gro\_2,\,air} \\
& & & & A_{gro\_3} & & A_{gro\_3,\,air} \\
& & & & & A_{gro\_4} & A_{gro\_4,\,air} \\
A_{air,\,wall} & A_{air,\,roof} & A_{air,\,gro\_1} & A_{air,\,gro\_2} & A_{air,\,gro\_3} & A_{air,\,gro\_4} & A_{air}
\end{bmatrix}
$$
$$\tag{5-19}$$

$$B = (B_{wall} \quad B_{roof} \quad B_{gro\_1} \quad B_{gro\_2} \quad B_{gro\_3} \quad B_{gro\_4} \quad B_{air})^T \tag{5-20}$$

式中　C_{wall}、A_{wall}、B_{wall} ——分别为外墙的 C 矩阵、A 矩阵、B 矩阵；

C_{roof}、A_{roof}、B_{roof} ——分别为屋面的 C 矩阵、A 矩阵、B 矩阵；

C_{gro_1}、A_{gro_1}、B_{gro_1} ——分别为第一地带的 C 矩阵、A 矩阵、B 矩阵；

C_{gro_2}、A_{gro_2}、B_{gro_2} ——分别为第二地带的 C 矩阵、A 矩阵、B 矩阵；

C_{gro_3}、A_{gro_3}、B_{gro_3} ——分别为第三地带的 C 矩阵、A 矩阵、B 矩阵；

C_{gro_4}、A_{gro_4}、B_{gro_4} ——分别为第四地带的 C 矩阵、A 矩阵、B 矩阵；

C_{air}、A_{air}、B_{air} ——分别为空气的 C 矩阵、A 矩阵、B 矩阵；

$A_{wall,\,air}$、$A_{roof,\,air}$、$A_{gro,\,air}$ ——分别为相应围护结构表面与空气的对流换热矩阵；

$A_{air,\,wall}$、$A_{air,\,roof}$、$A_{air,\,gro}$ ——分别为空气与相应围护结构表面的对流换热矩阵；

$$N\text{——家具系数。}$$

$$u = (t_{\text{out}} \quad q_{\text{in}})^{T} \tag{5-21}$$

式中　t_{out}——室外空气温度，℃；

q_{in}——内热源产热，W。

$$T = (T_{\text{wall}} \quad T_{\text{roof}} \quad T_{\text{gro\_1}} \quad T_{\text{gro\_2}} \quad T_{\text{gro\_3}} \quad T_{\text{gro\_4}} \quad T_{\text{air}})^{T} \tag{5-22}$$

其中

$$C_{\text{wall}} = \begin{bmatrix} \frac{1}{2}c_{\text{w\_1}}\rho_{\text{w\_1}}\Delta x_{\text{w\_1}}f_{\text{w\_1}} & & & & \\ & \frac{1}{2}c_{\text{w\_1}}\rho_{\text{w\_1}}\Delta x_{\text{w\_1}}f_{\text{w\_1}}+\frac{1}{2}c_{\text{w\_2}}\rho_{\text{w\_2}}\Delta x_{\text{w\_2}}f_{\text{w\_2}} & & & \\ & & \cdots & & \\ & & & \frac{1}{2}c_{\text{w\_}n-1}\rho_{\text{w\_}n-1}\Delta x_{\text{w\_}n-1}f_{\text{w\_}n-1}+\frac{1}{2}c_{\text{w\_}n}\rho_{\text{w\_}n}\Delta x_{\text{w\_}n}f_{\text{w\_}n} & \\ & & & & \frac{1}{2}c_{\text{w\_}n}\rho_{\text{w\_}n}\Delta x_{\text{w\_}n}f_{\text{w\_}n} \end{bmatrix} \tag{5-23}$$

$$A_{\text{wall}} = \begin{bmatrix} -h_{\text{in}}f_{\text{wall}}-\frac{\lambda_1}{\Delta x_1}f_{\text{wall}} & \frac{\lambda_1}{\Delta x_1}f_{\text{wall}} & & \\ \frac{\lambda_1}{\Delta x_1}f_{\text{wall}} & -\left(\frac{\lambda_1}{\Delta x_1}+\frac{\lambda_2}{\Delta x_2}\right)f_{\text{wall}} & \frac{\lambda_2}{\Delta x_2}f_{\text{wall}} & \\ \cdots & \cdots & \cdots & \\ & \frac{\lambda_{n-1}}{\Delta x_{n-1}}f_{\text{wall}} & -\left(\frac{\lambda_{n-1}}{\Delta x_{n-1}}+\frac{\lambda_n}{\Delta x_n}\right)f_{\text{wall}} & \frac{\lambda_n}{\Delta x_n}f_{\text{wall}} \\ & & \frac{\lambda_n}{\Delta x_n}f_{\text{wall}} & -h_{\text{out}}f_{\text{wall}}-\frac{\lambda_n}{\Delta x_n}f_{\text{wall}} \end{bmatrix} \tag{5-24}$$

$$B_{\text{wall}} = \begin{bmatrix} 0 & 0 \\ 0 & 0 \\ \vdots & 0 \\ h_{w\_\text{out}} & f_w & 0 \end{bmatrix} \tag{5-25}$$

$$T_{\text{wall}} = (t_{\text{w\_1}} \quad t_{\text{w\_2}} \quad \cdots \quad t_{\text{w\_}n} \quad t_{\text{w\_}n+1})^{T} \tag{5-26}$$

式（5-23）、式（5-24）列出了墙体的 C 矩阵、A 矩阵、B 矩阵及 T 矩阵，而对于屋面及地面来说，其 C 矩阵、A 矩阵、B 矩阵及 T 矩阵与墙体相应矩阵结构相同，只是相应参数改变，故不赘述。

对于空气而言，其 C 矩阵、A 矩阵及 B 矩阵见式（5-27）～式（5-29）。

$$C_{\text{air}} = c_{\text{a}}\rho_{\text{a}}V \tag{5-27}$$

$$A_{\text{air}} = -(n\rho_{\text{o}}c_{\text{p, o}}V+k_{\text{w, }i}f_{\text{w, }i}+h_{\text{w\_1}}f_w+h_{\text{r\_1}}f_r+h_{\text{gro\_1\_1}}f_{\text{gro\_1}}+h_{\text{gro\_2\_1}}f_{\text{gro\_2}}+h_{\text{gro\_3\_1}}f_{\text{gro\_3}}+h_{\text{gro\_4\_1}}f_{\text{gro\_4}}) \tag{5-28}$$

$$B_{\text{air}} = [(n\rho_{\text{o}}c_{\text{p, o}}V+k_{\text{w, }i}f_{\text{w, }i}) \quad 1] \tag{5-29}$$

A 矩阵中其他部分矩阵见式（5-30）、式（5-31）。

$$A_{\text{wall, air}} = (h_{\text{w\_1}}f_w \quad 0 \quad \cdots \quad 0)^{T} \tag{5-30}$$

$$A_{\text{air, wall}} = (h_{\text{w\_1}}f_w \quad 0 \quad \cdots \quad 0) \tag{5-31}$$

A 矩阵中 $A_{\text{roof, air}}$、$A_{\text{gro\_1, air}}$、$A_{\text{gro\_2, air}}$、$A_{\text{gro\_3, air}}$、$A_{\text{gro\_4, air}}$、$A_{\text{air, roof}}$、$A_{\text{air, gro\_1}}$、$A_{\text{air, gro\_2}}$、$A_{\text{air, gro\_3}}$、$A_{\text{air, gro\_4}}$ 矩阵与 $A_{\text{wall, air}}$、$A_{\text{air, wall}}$ 矩阵结构相同，只是相应参数为屋

面地面参数，故不赘述。

式中 $c_a \rho_a V$ 是空气热容，h_{w_1}、f_w 分别是外墙与空气对流换热系数和外墙面积，h_{r_1}、f_r 分别是屋面与空气对流换热系数和屋面面积，$h_{gro\_1\_1}$、f_{gro_1} 分别是地面第一地带与空气对流换热系数和地面第一地带面积，$h_{gro\_2\_1}$、$h_{gro\_3\_1}$、$h_{gro\_4\_1}$ 是第二地带、第三地带、第四地带与空气对流换热系数，f_{gro_2}、f_{gro_3}、f_{gro_4} 分别是第二地带、第三地带、第四地带面积。

5.2.3　数学模型求解方法

1. 求解迭代公式

根据上一节中建立的单一房间热平衡方程组。对式 $\dfrac{\mathrm{d}y}{\mathrm{d}x}=Ay$ 两边同乘 C^{-1}，得

$$X'=C^{-1}AT+C^{-1}Bu \tag{5-32}$$

求解此一阶线性微分方程组，得到

$$X(t)=e^{C^{-1}At}X(0)+e^{C^{-1}At}\int_0^t e^{-C^{-1}A\tau}C^{-1}Bu(\tau)\mathrm{d}\tau \tag{5-33}$$

为了使用计算机计算 X（t），需要将连续状态方程转化为离散状态方程，即需要将矩阵微分方程转化为矩阵差分方程。假设控制函数只在采样时刻上发生变化，而在两次采样时刻之间保持不变，即 $kT<t<$（$k+1$）T 时，u（kT）$=$ 常量。

令 $t=kT$，$X(kT)=e^{C^{-1}AkT}X(0)+e^{C^{-1}AkT}\int_0^{kT} e^{-C^{-1}A\tau}C^{-1}Bu(\tau)\mathrm{d}\tau \tag{5-34}$

令 $t=(k+1)T$，$X[(k+1)T]=e^{C^{-1}A(k+1)T}X(0)+e^{C^{-1}A(k+1)T}\int_0^{(k+1)T} e^{-C^{-1}A\tau}C^{-1}Bu(\tau)\mathrm{d}\tau$

$$\tag{5-35}$$

将式（5-34）两边同乘 $e^{C^{-1}AT}$，得到

$$e^{C^{-1}AT}X(kT)=e^{C^{-1}A(k+1)T}X(0)+e^{C^{-1}A(k+1)T}\int_0^{kT} e^{-C^{-1}A\tau}C^{-1}Bu(\tau)\mathrm{d}\tau \tag{5-36}$$

用式（5-35）减式（5-36），得到

$$X[(k+1)T]-e^{C^{-1}AT}X(kT)=e^{C^{-1}A(k+1)T}\left[\int_0^{(k+1)T} e^{-C^{-1}A\tau}C^{-1}Bu(\tau)\mathrm{d}\tau-\int_0^{kT} e^{-C^{-1}A\tau}C^{-1}Bu(\tau)\mathrm{d}\tau\right]$$

$$\tag{5-37}$$

改写式（5-37），得到

$$X[(k+1)T]=e^{C^{-1}AT}X(kt)+e^{C^{-1}A(k+1)T}\left[\int_0^{(k+1)T} e^{-C^{-1}A\tau}C^{-1}Bu(\tau)\mathrm{d}\tau-\int_0^{kT} e^{-C^{-1}A\tau}C^{-1}Bu(\tau)\mathrm{d}\tau\right]$$

$$=e^{C^{-1}AT}X(kT)+e^{C^{-1}AT}\int_{KT}^{(k+1)T} e^{-C^{-1}A(\tau-kT)}C^{-1}Bu(\tau)\mathrm{d}\tau \tag{5-38}$$

令 $\tau-kT=\xi$，$0<\xi<T$

式（5-38）变为

$$X[(k+1)T]=e^{C^{-1}AT}X(kT)+e^{C^{-1}AT}\int_0^T e^{-C^{-1}A\xi}C^{-1}Bu(kT+\xi)\mathrm{d}\xi \tag{5-39}$$

根据假设，有 $u(kT+\xi)=u(kT)$

因此，式（5-39）可写为

$$X[(k+1)T]=e^{C^{-1}AT}X(kT)+\int_0^T e^{C^{-1}A(t-\xi)}C^{-1}Bd\xi u(kT)$$

$$=e^{C^{-1}AT}X(kt)+\int_0^T e^{C^{-1}A\xi}C^{-1}Bd\xi u(kT) \qquad (5\text{-}40)$$

由矩阵指数的定义可得

$$\int_0^T e^{C^{-1}A\zeta}d\zeta=(C^{-1}A)^{-1}(e^{C^{-1}AT}-I) \qquad (5\text{-}41)$$

所以

$$X[(k+1)T]=A^*X(kT)+B^*u(kT) \qquad (5\text{-}42)$$

式中，$A^*=e^{C^{-1}AT}$，$B^*=(C^{-1}A)^{-1}(A^*-I)C^{-1}B$（I 为对角线全为 1 的对角矩阵）。

2. 计算迭代初值

参考《实用供热空调设计手册》，当室内温度为初始温度时，计算围护结构内部各节点温度作为迭代初值。图 5-5 为围护结构纵向示意图。

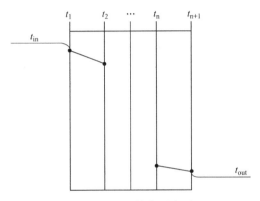

图 5-5 围护结构示意图

围护结构内部温度可根据下式进行计算：

$$t_1=t_{in}-\frac{(t_{in}-t_{out})}{R_0}R_{in} \qquad (5\text{-}43)$$

$$t_n=t_{in}-\frac{(t_{in}-t_{out})}{R_0}\left(R_{in}+\sum_{i=1}^{n-1}R_i\right) \qquad (5\text{-}44)$$

式中　t_1——围护结构内表面温度，℃；

　　　l_n——围护结构内部第 n 层表面温度，℃；

l_{in}、t_{out}——分别为室内外空气温度，℃；

　　　R_0——围护结构传热热阻，(m²·K)/W；

　　　R_{in}——内表面对流传热热阻，(m²·K)/W；

　　　R_i——围护结构内部第 i 层热阻，(m²·K)/W。

图 5-6 为数值计算流程。

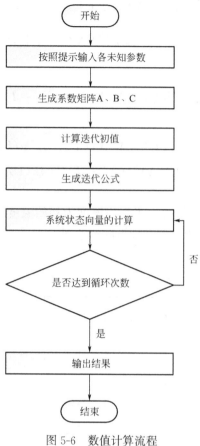

图 5-6 数值计算流程

5.3 防结露换热器的状态空间法

5.3.1 逆向进式防结露换热器特性分析

一般情况下的换热微分方程组如下：

$$\begin{cases} \dfrac{\mathrm{d}t_{11}}{\mathrm{d}A} = \dfrac{K_1}{C_1}(t_{11} - t_{12}) \\[2mm] \dfrac{\mathrm{d}t_{12}}{\mathrm{d}A} = \dfrac{K_2}{C_1}(t_2 - t_{12}) - \dfrac{K_1}{C_1}(t_{12} - t_{11}) \\[2mm] \dfrac{\mathrm{d}t_2}{\mathrm{d}A} = \dfrac{K_2}{C_2}(t_{12} - t_2) \end{cases}$$

令：$\dfrac{K_1}{C_1} = D_{11}$，$\dfrac{K_2}{C_1} = D_{12}$，$\dfrac{K_2}{C_2} = D_2$，上式可化为

$$\begin{cases} t'_{11} = D_{11}t_{11} - D_{11}t_{12} + 0 \\ t'_{12} = D_{11}t_{11} - (D_{11} + D_{12})t_{12} + D_{12}t_2 \\ t'_2 = 0 + D_2 t_{12} - D_2 t_2 \end{cases}$$

矩阵形式为：

$$
\begin{bmatrix} t'_{11} \\ t'_{12} \\ t'_2 \end{bmatrix} = \begin{bmatrix} D_{11} & -D_{11} & 0 \\ D_{11} & -D_{11}-D_{12} & D_{12} \\ 0 & D_2 & -D_2 \end{bmatrix} \begin{bmatrix} t_{11} \\ t_{12} \\ t_2 \end{bmatrix}
$$

最一般的情况，$K_1 \neq K_2$，因而 $D_{11} \neq D_{12}$，方程系数矩阵

$$
\boldsymbol{H} = \begin{bmatrix} D_{11} & -D_{11} & 0 \\ D_{11} & -D_{11}-D_{12} & D_{12} \\ 0 & D_2 & -D_2 \end{bmatrix}
$$

这里给出逆向进气防结露换热器结构如图 5-7、图 5-8 所示：

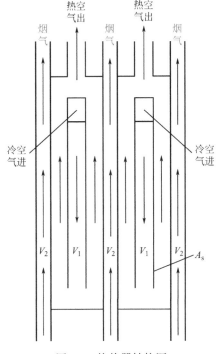

图 5-7　换热器结构图

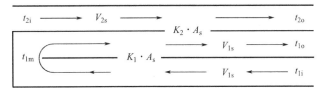

图 5-8　换热器结构图

如图 5-8 所示的换热器结构与流动形式。设单个烟气流道内的流量为 V_2（m^3/s），单个空气进口流道的流量为 V_1（m^3/s）。每两个流道之间的（单片）金属板的换热面积为 A_s。总传热系数为 K。烟气的进口温度为 t_{2i}，出口温度为 t_{2o}。空气的进口温度为 t_{1i}，出口温度为 t_{1o}。热空气与烟气顺流换热器。

求取方程系数矩阵 $\boldsymbol{H}$ 的特征值：

$$|\lambda\boldsymbol{E}-\boldsymbol{H}|=\begin{vmatrix} \lambda-D_{11} & D_{11} & 0 \\ -D_{11} & \lambda+D_{11}+D_{12} & -D_{12} \\ 0 & -D_2 & \lambda+D_2 \end{vmatrix}=0$$

$$\Rightarrow\lambda\left[\lambda^2+(D_{12}+D_2)\lambda-D_{11}D_{12}\right]=0$$

$$\Rightarrow\lambda_1=0,\ \lambda_{2,3}=\frac{-(D_2+D_{12})\pm\sqrt{(D_2+D_{12})^2+4D_{11}D_{12}}}{2}$$

求取方程的特征向量：$(\lambda\boldsymbol{E}-\boldsymbol{H})\boldsymbol{h}=0$

$$\Rightarrow\begin{cases}(\lambda-D_{11})x_1+D_{11}x_2=0 & (1)\\ -D_{11}x_1+(\lambda+D_{11}+D_{12})x_2-D_{12}x_3=0 & (2)\\ 0-D_2x_2+(\lambda+D_2)x_3=0 & (3)\end{cases}$$

由（1）得：$x_2=\dfrac{D_{11}-\lambda}{D_{11}}x_1$，

由（2）得：$x_3=-\dfrac{D_{11}}{D_{12}}x_1+\left[\dfrac{\lambda+D_{11}+D_{12}}{D_{12}}\right]\dfrac{D_{11}-\lambda}{D_{11}}x_1=\left(1-\dfrac{\lambda}{D_{11}}-\dfrac{\lambda^2}{D_{11}D_{12}}\right)x_1$

因而特征向量：$\boldsymbol{h}=\begin{bmatrix}1\\ 1-\dfrac{\lambda}{D_{11}}\\ 1-\dfrac{\lambda}{D_{11}}-\dfrac{\lambda^2}{D_{11}D_{12}}\end{bmatrix}$

$$\boldsymbol{h}_1=\begin{bmatrix}1\\1\\1\end{bmatrix},\ \boldsymbol{h}_2=\begin{bmatrix}1\\ 1-\dfrac{\lambda_2}{D_{11}}\\ 1-\dfrac{\lambda_2}{D_{11}}-\dfrac{\lambda_2^2}{D_{11}D_{12}}\end{bmatrix},\ \boldsymbol{h}_3=\begin{bmatrix}1\\ 1-\dfrac{\lambda_3}{D_{11}}\\ 1-\dfrac{\lambda_3}{D_{11}}-\dfrac{\lambda_3^2}{D_{11}D_{12}}\end{bmatrix}$$

常系数的确定：

微分方程组的解为 $\boldsymbol{t}=\sum a_i e^{\lambda_i A}\boldsymbol{h}_i$，即

$$\begin{bmatrix}t_{11}\\t_{12}\\t_2\end{bmatrix}=a_1\begin{bmatrix}1\\1\\1\end{bmatrix}+a_2e^{\lambda_2 A}\begin{bmatrix}1\\ 1-\dfrac{\lambda_2}{D_{11}}\\ 1-\dfrac{\lambda_2}{D_{11}}-\dfrac{\lambda_2^2}{D_{11}D_{12}}\end{bmatrix}+a_3e^{\lambda_3 A}\begin{bmatrix}1\\ 1-\dfrac{\lambda_3}{D_{11}}\\ 1-\dfrac{\lambda_3}{D_{11}}-\dfrac{\lambda_3^2}{D_{11}D_{12}}\end{bmatrix}$$

边界条件：

$$t_{11}(A_s)=t_{1i}=a_1+a_2e^{\lambda_2 A_s}+a_3e^{\lambda_3 A_s}\qquad(1)$$

$$t_2(0)=t_{2i}=a_1+a_2h_{2,3}+a_3h_{3,3}\qquad(2)$$

$$t_{11}(0)=t_{12}(0)\Rightarrow a_1+a_2+a_3=a_1+a_2\cdot h_{2,2}+a_3\cdot h_{3,2}\qquad(3)$$

$$\Rightarrow a_2\cdot(1-h_{2,2})=a_3\cdot(h_{3,2}-1)$$

$$\Rightarrow a_2=a_3\cdot\frac{h_{3,2}-1}{1-h_{2,2}}$$

最后解得常系数如下：

$$a_3 = (t_{1i} - t_{2i}) \frac{1 - h_{2,2}}{(e^{\lambda_3 A_s} - h_{3,3})(1 - h_{2,2}) - (e^{\lambda_2 A_s} - h_{2,3})(1 - h_{3,2})}$$

$$a_2 = (t_{1i} - t_{2i}) \frac{h_{3,2} - 1}{(e^{\lambda_3 A_s} - h_{3,3})(1 - h_{2,2}) - (e^{\lambda_2 A_s} - h_{2,3})(1 - h_{3,2})}$$

$$a_1 = t_{2i} - (t_{1i} - t_{2i}) \frac{h_{2,3}(h_{3,2} - 1) + h_{3,3}(1 - h_{2,2})}{(e^{\lambda_3 A_s} - h_{3,3})(1 - h_{2,2}) - (e^{\lambda_2 A_s} - h_{2,3})(1 - h_{3,2})}$$

三个流道的温度分布

$$t_{11}(A) = a_1 + a_2 \cdot e^{\lambda_2 A} + a_3 \cdot e^{\lambda_3 A}$$

$$t_{12}(A) = a_1 + a_2 \cdot h_{2,2} \cdot e^{\lambda_2 A} + a_3 \cdot h_{3,2} \cdot e^{\lambda_3 A}$$

$$t_2(A) = a_1 + a_2 \cdot h_{2,3} \cdot e^{\lambda_2 A} + a_3 \cdot h_{3,3} \cdot e^{\lambda_3 A}$$

三个特殊温度：

流体 1 转折处温度：$t_{1m} = t_{11}(0) = a_1 + a_2 + a_3$

流体 1 的出口温度：$t_{1o} = t_{12}(A_s) = a_1 + a_2 \cdot h_{2,2} \cdot e^{\lambda_2 A_s} + a_3 \cdot h_{3,2} \cdot e^{\lambda_3 A_s}$

流体 2 的出口温度：$t_{2o} = t_2(A_s) = a_1 + a_2 \cdot h_{2,3} \cdot e^{\lambda_2 A_s} + a_3 \cdot h_{3,3} \cdot e^{\lambda_3 A_s}$

5.3.2 同向进式防结露换热器特性分析

同向进气防结露换热器结构如图 5-9 所示。

如图 5-9 所示的换热器结构与流动形式。设单个烟气流道内的流量为 V_2（m^3/s），单个空气进口流道的流量为 V_1（m^3/s）。每两个流道之间的（单片）金属板的换热面积为 A_s。总传热系数为 K。烟气的进口温度为 t_{2i}，出口温度为 t_{2o}。空气的进口温度为 t_{1i}，出口温度为 t_{1o}。t_{1m} 为空气经过半个流程后的温度，即空气到达单流道末端的温度，热空气与烟气逆流换热温度分布如图 5-10 所示。

一般情况下的换热微分方程组如下：

$$\begin{cases} \dfrac{dt_{11}}{dA} = \dfrac{K_1}{C_1}(t_{12} - t_{11}) \\[2mm] \dfrac{dt_{12}}{dA} = \dfrac{K_2}{c_1}(t_{12} - t_2) + \dfrac{K_1}{c_1}(t_{12} - t_{11}) \\[2mm] \dfrac{dt_2}{dA} = \dfrac{K_2}{c_2}(t_{12} - t_2) \end{cases}$$

令：$\dfrac{K_1}{C_1} = D_{11}$，$\dfrac{K_2}{C_1} = D_{12}$，$\dfrac{K_2}{C_2} = D_2$，上式可化为

$$\begin{cases} t'_{11} = -D_{11}t_{11} + D_{11}t_{12} + 0 \\ t'_{12} = -D_{11}t_{11} + (D_{11} + D_{12})t_{12} - D_{12}t_2 \\ t'_2 = 0 + D_2 t_{12} - D_2 t_2 \end{cases}$$

矩阵形式为

$$\begin{bmatrix} t'_{11} \\ t'_{12} \\ t'_2 \end{bmatrix} = \begin{bmatrix} -D_{11} & D_{11} & 0 \\ -D_{11} & D_{11} + D_{12} & -D_{12} \\ 0 & D_2 & -D_2 \end{bmatrix} \begin{bmatrix} t_{11} \\ t_{12} \\ t_2 \end{bmatrix}$$

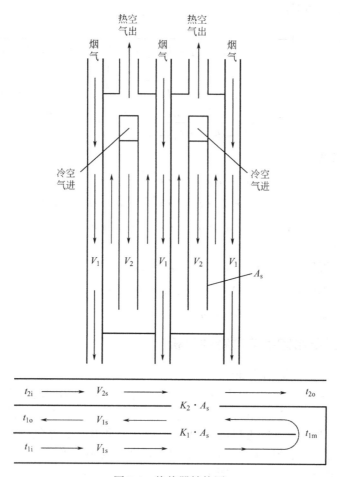

图 5-9　换热器结构图

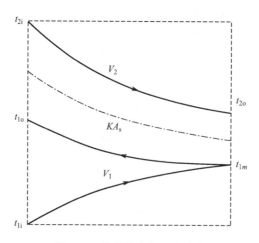

图 5-10　换热器内部温度分布

最一般的情况，$K_1 \neq K_2$，因而 $D_{11} \neq D_{12}$，方程系数矩阵

$$\boldsymbol{H} = \begin{bmatrix} -D_{11} & D_{11} & 0 \\ -D_{11} & D_{11}+D_{12} & -D_{12} \\ 0 & D_2 & -D_2 \end{bmatrix}$$

求取方程的特征值：

$$|\lambda \boldsymbol{E} - \boldsymbol{H}| = \begin{vmatrix} \lambda+D_{11} & -D_{11} & 0 \\ D_{11} & \lambda-D_{11}-D_{12} & D_{12} \\ 0 & -D_2 & \lambda+D_2 \end{vmatrix} = 0$$

$$\Rightarrow \lambda \left[\lambda^2 + D_2\lambda - D_{12}\lambda - D_{11}D_{12} \right] = 0$$

$$\Rightarrow \lambda_1 = 0, \ \lambda_{2,3} = \frac{-(D_2 - D_{12}) \pm \sqrt{(D_2 - D_{12})^2 + 4D_{11}D_{12}}}{2}$$

求取方程的特征向量：$(\lambda \boldsymbol{E} - \boldsymbol{H})\boldsymbol{h} = 0$

$$\Rightarrow \begin{cases} (\lambda + D_{11})x_1 - D_{11}x_2 = 0 & (1) \\ D_{11}x_1 + (\lambda - (D_{11}+D_{12}))x_2 + D_{12}x_3 = 0 & (2) \\ 0 - D_2 x_2 + (\lambda + D_2)x_3 = 0 & (3) \end{cases}$$

由（1）得：$x_2 = \dfrac{\lambda + D_{11}}{D_{11}} x_1$，

由（2）得：$x_3 = -\dfrac{D_{11}}{D_{12}}x_1 - \left[\dfrac{\lambda - (D_{11}+D_{12})}{D_{12}} \right] \dfrac{\lambda + D_{11}}{D_{11}} x_1 = \left(1 + \dfrac{\lambda}{D_{11}} - \dfrac{\lambda^2}{D_{11}D_{12}} \right) x_1$

因而特征向量：$\boldsymbol{h} = \begin{bmatrix} 1 \\ 1 + \dfrac{\lambda}{D_{11}} \\ 1 + \dfrac{\lambda}{D_{11}} - \dfrac{\lambda^2}{D_{11}D_{12}} \end{bmatrix}$

$$\boldsymbol{h}_1 = \begin{bmatrix} 1 \\ 1 \\ 1 \end{bmatrix}, \ \boldsymbol{h}_2 = \begin{bmatrix} 1 \\ 1 + \dfrac{\lambda_2}{D_{11}} \\ 1 + \dfrac{\lambda_2}{D_{11}} - \dfrac{\lambda_2^2}{D_{11}D_{12}} \end{bmatrix}, \ \boldsymbol{h}_3 = \begin{bmatrix} 1 \\ 1 + \dfrac{\lambda_3}{D_{11}} \\ 1 + \dfrac{\lambda_3}{D_{11}} - \dfrac{\lambda_3^2}{D_{11}D_{12}} \end{bmatrix}$$

验证：如果 $D_{11} = D_{12}$，则 $x_3 = \left(1 + \dfrac{\lambda}{D_1} - \dfrac{\lambda^2}{D_1^2} \right) x_1$，正确。

常系数的确定：微分方程组的解为 $\boldsymbol{t} = \sum a_i e^{\lambda_i A} \boldsymbol{h}_i$，即：

$$\begin{bmatrix} t_{11} \\ t_{12} \\ t_2 \end{bmatrix} = a_1 \begin{bmatrix} 1 \\ 1 \\ 1 \end{bmatrix} + a_2 e^{\lambda_2 A} \begin{bmatrix} 1 \\ 1 + \dfrac{\lambda_2}{D_{11}} \\ 1 + \dfrac{\lambda_2}{D_{11}} - \dfrac{\lambda_2^2}{D_{11}D_{12}} \end{bmatrix} + a_3 e^{\lambda_3 A} \begin{bmatrix} 1 \\ 1 + \dfrac{\lambda_3}{D_{11}} \\ 1 + \dfrac{\lambda_3}{D_{11}} - \dfrac{\lambda_3^2}{D_{11}D_{12}} \end{bmatrix}$$

边界条件：

（1）$t_{11}(0) = t_{1i} = a_1 + a_2 + a_3$

(2) $t_2(0) = t_{2i} = a_1 + a_2 h_{2,3} + a_3 h_{3,3}$

(3) $t_{11}(A_s) = t_{12}(A_s) \Rightarrow a_1 + a_2 \cdot e^{\lambda_2 A_s} + a_3 \cdot e^{\lambda_3 A_s} = a_1 + a_2 \cdot e^{\lambda_2 A_s} \cdot h_{2,2} + a_3 \cdot e^{\lambda_3 A_s} \cdot h_{3,2}$

$\Rightarrow a_2 \cdot e^{\lambda_2 A_s}(1 - h_{2,2}) = a_3 \cdot e^{\lambda_3 A_s}(h_{3,2} - 1)$

$\Rightarrow a_2 = a_3 \cdot e^{(\lambda_3 - \lambda_2)A_s} \cdot \dfrac{(h_{3,2} - 1)}{(1 - h_{2,2})}$

最后解得常系数如下：

$$a_3 = (t_{1i} - t_{2i})\frac{(1 - h_{2,2})}{(1 - h_{3,3})(1 - h_{2,2}) + (1 - h_{2,3})(h_{3,2} - 1) \cdot e^{(\lambda_3 - \lambda_2)A_s}}$$

$$a_2 = (t_{1i} - t_{2i})\frac{(h_{3,2} - 1) \cdot e^{(\lambda_3 - \lambda_2)A_s}}{(1 - h_{3,3})(1 - h_{2,2}) + (1 - h_{2,3})(h_{3,2} - 1) \cdot e^{(\lambda_3 - \lambda_2)A_s}}$$

$$a_1 = t_{1i} - (t_{1i} - t_{2i})\frac{(1 - h_{2,2}) + (h_{3,2} - 1) \cdot e^{(\lambda_3 - \lambda_2)A_s}}{(1 - h_{3,3})(1 - h_{2,2}) + (1 - h_{2,3})(h_{3,2} - 1) \cdot e^{(\lambda_3 - \lambda_2)A_s}}$$

三个流道的温度分布

$$t_{11}(A) = a_1 + a_2 \cdot e^{\lambda_2 A} + a_3 \cdot e^{\lambda_3 A}$$

$$t_{12}(A) = a_1 + a_2 \cdot h_{2,2} \cdot e^{\lambda_2 A} + a_3 \cdot h_{3,2} \cdot e^{\lambda_3 A}$$

$$t_2(A) = a_1 + a_2 \cdot h_{2,3} \cdot e^{\lambda_2 A} + a_3 \cdot h_{3,3} \cdot e^{\lambda_3 A}$$

三个特殊温度：

流体 1 转折处温度：$t_{1m} = t_{11}(A_s) = a_1 + a_2 \cdot e^{\lambda_2 A_s} + a_3 \cdot e^{\lambda_3 A_s}$

流体 1 的出口温度：$t_{1o} = t_{12}(0) = a_1 + a_2 \cdot h_{2,2} + a_3 \cdot h_{3,2}$

流体 2 的出口温度：$t_{2o} = t_2(A_s) = a_1 + a_2 \cdot h_{2,3} \cdot e^{\lambda_2 A_s} + a_3 \cdot h_{3,3} \cdot e^{\lambda_3 A_s}$

（1）传热系数相等条件下的换热特性

假设 $K_1 = K_2$，可以得到 $D_{11} = D_{12} = D_1 = \dfrac{K_1}{C_1}$，上式化为

$$\begin{bmatrix} t'_{11} \\ t'_{12} \\ t'_2 \end{bmatrix} = \begin{bmatrix} -D_1 & D_1 & 0 \\ -D_1 & 2D_1 & -D_1 \\ 0 & D_2 & -D_2 \end{bmatrix} \begin{bmatrix} t_{11} \\ t_{12} \\ t_2 \end{bmatrix}, \quad 系数矩阵\ \boldsymbol{H} = \begin{bmatrix} -D_1 & D_1 & 0 \\ -D_1 & 2D_1 & -D_1 \\ 0 & D_2 & -D_2 \end{bmatrix}$$

求取方程的特征值：

$$|\lambda \boldsymbol{E} - \boldsymbol{H}| = \begin{vmatrix} \lambda + D_1 & -D_1 & 0 \\ D_1 & \lambda - 2D_1 & D_1 \\ 0 & -D_2 & \lambda + D_2 \end{vmatrix} = 0$$

$$\Rightarrow \lambda\left[\lambda^2 + (D_2 - D_1)\lambda - D_1^2\right] = 0$$

$$\Rightarrow \lambda_1 = 0, \quad \lambda_{2,3} = \frac{D_1 - D_2 \pm \sqrt{(D_1 - D_2)^2 + 4D_1^2}}{2}$$

求取方程的特征向量：

$$(\lambda \boldsymbol{E} - \boldsymbol{H})\boldsymbol{x} = 0$$

$$\Rightarrow\begin{cases}\lambda x_1+D_1x_1-D_1x_2=0 & (1)\\ D_1x_1+(\lambda-2D_1)x_2+D_1x_3=0 & (2)\\ 0-D_2x_2+(\lambda+D_2)x_3=0 & (3)\end{cases}$$

由（1）得 $x_2=\dfrac{\lambda+D_1}{D_1}x_1$，

由（2）得 $x_3=\dfrac{D_2}{\lambda+D_2}x_2=\dfrac{D_2}{\lambda+D_2}\cdot\dfrac{\lambda+D_1}{D_1}x_1=\left(1+\dfrac{\lambda}{D_1}-\dfrac{\lambda^2}{D_1^2}\right)x_1$

经验证以上两式满足方程（3），因而特征向量 $\boldsymbol{h}=\begin{bmatrix}1\\ \dfrac{\lambda+D_1}{D_1}\\ 1+\dfrac{\lambda}{D_1}-\dfrac{\lambda^2}{D_1^2}\end{bmatrix}$

由 $\boldsymbol{t}=\sum a_ie^{\lambda_iA}\boldsymbol{h}_i$ 得

$$\begin{bmatrix}t_{11}\\ t_{12}\\ t_2\end{bmatrix}=a_1\begin{bmatrix}1\\ 1\\ 1\end{bmatrix}+a_2e^{\lambda_2A}\begin{bmatrix}1\\ 1+\dfrac{\lambda_2}{D_1}\\ 1+\dfrac{\lambda_2}{D_1}-\dfrac{\lambda_2^2}{D_1^2}\end{bmatrix}+a_3e^{\lambda_3A}\begin{bmatrix}1\\ 1+\dfrac{\lambda_3}{D_1}\\ 1+\dfrac{\lambda_3}{D_1}-\dfrac{\lambda_3^2}{D_1^2}\end{bmatrix}$$

假设 $\dfrac{D_2}{D_1}=\dfrac{c_1}{c_2}=x$，则由 $\lambda_{2,3}=\dfrac{D_1-D_2\pm\sqrt{(D_1-D_2)^2+4D_1^2}}{2}$ 可得

$$\frac{\lambda_2}{D_1}=\frac{1}{2}\left(1-x+\sqrt{(1-x)^2+4}\right)$$

$$\frac{\lambda_3}{D_1}=\frac{1}{2}\left(1-x-\sqrt{(1-x)^2+4}\right)$$

（2）传热系数和热容均相等条件下的换热特性

假设 $c_1=c_2$，$K_1=K_2$，则 $D_1=D_2$，$x=1$，因而

$$\lambda_1=0\quad\boldsymbol{h}_1=\begin{bmatrix}1\\ 1\\ 1\end{bmatrix},\quad\lambda_2=D_1\quad\boldsymbol{h}_2=\begin{bmatrix}1\\ 2\\ 1\end{bmatrix},\quad\lambda_3=-D_1\quad\boldsymbol{h}_3=\begin{bmatrix}1\\ 0\\ -1\end{bmatrix}$$

因而

$$\begin{bmatrix}t_{11}\\ t_{12}\\ t_2\end{bmatrix}=a_1\begin{bmatrix}1\\ 1\\ 1\end{bmatrix}+a_2e^{D_1A}\begin{bmatrix}1\\ 2\\ 1\end{bmatrix}+a_3e^{-D_1A}\begin{bmatrix}1\\ 0\\ -1\end{bmatrix}$$

带入边界条件，当 $A=0$，则

$$\begin{cases}t_{11}=t_{1i}=a_1+a_2+a_3 & (1)\\ t_{12}=a_1+2a_2 & (2)\\ t_2=t_{2i}=a_1+a_2-a_3 & (3)\end{cases}$$

由（1）和（3）得 $t_{1i}-t_{2i}=2a_3\Rightarrow a_3=\dfrac{1}{2}(t_{1i}-t_{2i})$

由（1）和（2）得 $t_{12}=t_{1i}+a_2-a_3$

当 $A=A_s$，则 $t_{11}=t_{12}$，即

$$a_1+a_2e^{D_1A_s}+a_3e^{-D_1A_s}=a_1+2a_2e^{D_1A_s}+0$$

$$\Rightarrow a_2=a_3e^{-2D_1A_s}=\frac{1}{2}(t_{1i}-t_{2i})\cdot e^{-2D_1A_s}$$

因而 $a_1=t_{1i}-a_2-a_3=t_{1i}-\frac{1}{2}(t_{1i}-t_{2i})(1+e^{-2D_1A_s})$

$$t_{1o}=t_{12}(0)=t_{1i}+a_2-a_3=t_{1i}+\frac{1}{2}(t_{1i}-t_{2i})(e^{-2D_1A_s}-1)$$

$$t_{2o}=t_2(A_s)=a_1+a_2e^{D_1A_s}-a_3e^{-D_1A_s}$$

$$=a_1+\frac{1}{2}(t_{1i}-t_{2i})e^{-D_1A_s}-\frac{1}{2}(t_{1i}-t_{2i})e^{-D_1A_s}$$

$$=a_1$$

$$=t_{1i}+\frac{1}{2}(t_{1i}-t_{2i})(-e^{-2D_1A_s}-1)$$

$$=t_{2i}+\frac{1}{2}(t_{1i}-t_{2i})(1-e^{-2D_1A_s})$$

验证

$$t_{12}(0)-t_{1i}=\frac{1}{2}(t_{1i}-t_{2i})(e^{-2D_1A_s}-1)$$

$$t_{2i}-t_2(A_s)=t_{2i}-t_{1i}+\frac{1}{2}(t_{1i}-t_{2i})(1+e^{-2D_1A_s})=\frac{1}{2}(t_{1i}-t_{2i})(e^{-2D_1A_s}-1)$$

因而可确定

$$t_{1m}=t_2(A_s)$$

$$=a_1+2a_2e^{D_1A_s}$$

$$=t_{1i}-\frac{1}{2}(t_{1i}-t_{2i})(1+e^{-2D_1A_s})+(t_{1i}-t_{2i})e^{-2D_1A_s}\cdot e^{D_1A_s}$$

$$=t_{1i}-\frac{1}{2}(t_{1i}-t_{2i})(1-2e^{-D_1A_s}+e^{-2D_1A_s})$$

$$=t_{1i}-\frac{1}{2}(t_{1i}-t_{2i})(1+e^{-D_1A_s})^2$$

$$t_{1m}=t_{1i}-\frac{1}{2}(t_{1i}-t_{2i})(1-e^{-\frac{KA_s}{c_1}})^2$$

$$t_{1o}=t_{1i}-\frac{1}{2}(t_{1i}-t_{2i})(1-e^{-\frac{2KA_s}{c_1}})$$

$$t_{2o}=t_{2i}+\frac{1}{2}(t_{1i}-t_{2i})(1-e^{-\frac{2KA_s}{c_1}})$$

5.3.3　三程分流式防结露烟气换热器特性分析

三流程有分流防结露换热器结构如图 5-11、图 5-12 所示：

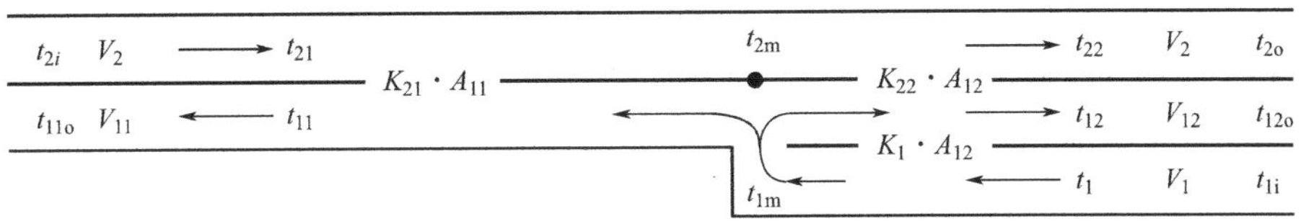

图 5-11　结构一

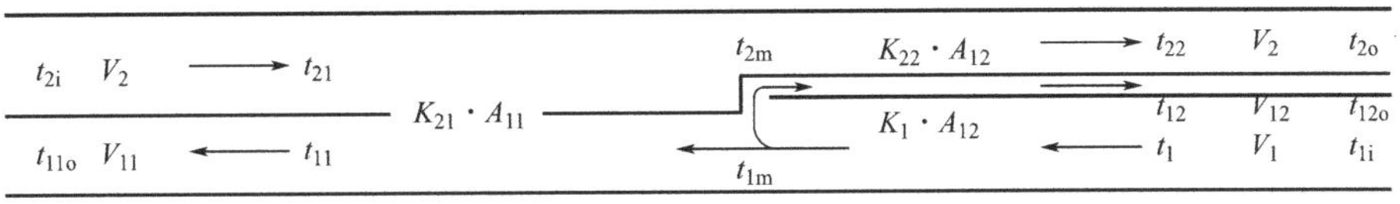

图 5-12　结构二

1. 后半部分的解析解

换热面积分界点：$\beta = \dfrac{A_{11}}{A_s}$（$A_s = A_{11} + A_{12}$），流量分配比例：$\varphi = \dfrac{V_{11}}{V_1}$

导热微分方程组如下：

$$\frac{\mathrm{d}t_{21}}{\mathrm{d}A} = \frac{K_{21}}{C_2}(t_{11} - t_{21}) \quad (0 < A < \beta A_s) \tag{1}$$

$$\frac{\mathrm{d}t_{11}}{\mathrm{d}A} = \frac{K_{21}}{C_{11}}(t_{11} - t_{21}) \quad (0 < A < \beta A_s) \tag{2}$$

$$\frac{\mathrm{d}t_{22}}{\mathrm{d}A} = \frac{K_{22}}{C_2}(t_{12} - t_{22}) \quad (\beta A_s < A < A_s) \tag{3}$$

$$\frac{\mathrm{d}t_1}{\mathrm{d}A} = \frac{K_1}{C_1}(t_1 - t_{12}) \quad (\beta A_s < A < A_s) \tag{4}$$

$$\frac{\mathrm{d}t_{12}}{\mathrm{d}A} = \frac{K_{22}}{C_{12}}(t_{22} - t_{12}) - \frac{K_1}{C_{12}}(t_{12} - t_1) \quad (\beta A_s < A < A_s) \tag{5}$$

后半部分的微分方程组。令：$\dfrac{K_1}{C_1} = D_1$，$\dfrac{K_{22}}{C_2} = D_2$，$\dfrac{K_{22}}{C_{12}} = D_3$，$\dfrac{K_1}{C_{12}} = D_4$，对方程（3）、

（4）、（5）以 βA_s 为坐标原点，则有

$$\begin{bmatrix} t'_1 \\ t'_{12} \\ t'_{22} \end{bmatrix} = \begin{bmatrix} D_1 & -D_1 & 0 \\ D_4 & -(D_3 + D_4) & D_3 \\ 0 & -D_2 & D_2 \end{bmatrix} \begin{bmatrix} t_1 \\ t_{12} \\ t_{22} \end{bmatrix}$$

$$\begin{bmatrix} t'_1 \\ t'_{12} \\ t'_{22} \end{bmatrix} = \begin{bmatrix} D_1 & -D_1 & 0 \\ D_4 & -(D_3 + D_4) & D_3 \\ 0 & D_2 & -D_2 \end{bmatrix} \begin{bmatrix} t_1 \\ t_{12} \\ t_{22} \end{bmatrix}$$

方程系数矩阵

$$\boldsymbol{H} = \begin{bmatrix} D_1 & -D_1 & 0 \\ D_4 & -(D_3 + D_4) & D_3 \\ 0 & -D_2 & D_2 \end{bmatrix}$$

$$\boldsymbol{H} = \begin{bmatrix} D_1 & -D_1 & 0 \\ D_4 & -(D_3 + D_4) & D_3 \\ 0 & D_2 & -D_2 \end{bmatrix}$$

求取方程的特征值：

$$|\lambda \boldsymbol{E} - \boldsymbol{H}| = \begin{vmatrix} \lambda - D_1 & D_1 & 0 \\ -D_4 & \lambda + D_3 + D_4 & -D_3 \\ 0 & D_2 & \lambda - D_2 \end{vmatrix} = 0$$

$$|\lambda \boldsymbol{E} - \boldsymbol{H}| = \begin{vmatrix} \lambda - D_1 & D_1 & 0 \\ -D_4 & \lambda + D_3 + D_4 & -D_3 \\ 0 & -D_2 & \lambda + D_2 \end{vmatrix} = 0$$

$$\Rightarrow \lambda [\lambda^2 - (D_1 + D_2 - D_3 - D_4)\lambda - (D_1 D_3 + D_2 D_4 - D_1 D_2)] = 0$$

$$\Rightarrow \lambda_1 = 0,$$

$$\lambda_{2,3} = \frac{(D_1 + D_2 - D_3 - D_4) \pm \sqrt{(D_1 + D_2 - D_3 - D_4)^2 + 4(D_1 D_3 + D_2 D_4 - D_1 D_2)}}{2}$$

$$\Rightarrow \lambda [\lambda^2 - (D_1 - D_2 - D_3 - D_4)\lambda - (D_1 D_2 + D_1 D_3 - D_2 D_4)] = 0$$

$$\Rightarrow \lambda_1 = 0,$$

$$\lambda_{2,3} = \frac{(D_1 - D_2 - D_3 - D_4) \pm \sqrt{(D_1 - D_2 - D_3 - D_4)^2 + 4(D_1 D_2 + D_1 D_3 - D_2 D_4)}}{2}$$

求取方程的特征向量：$(\lambda \boldsymbol{E} - \boldsymbol{H})\boldsymbol{h} = 0$

$$\Rightarrow \begin{cases} (\lambda - D_1) x_1 + D_1 x_2 + 0 = 0 & (1) \\ -D_4 x_1 + (\lambda + D_3 + D_4) x_2 - D_3 x_3 = 0 & (2) \\ 0 - D_2 x_2 + (\lambda + D_2) x_3 = 0 & (3) \end{cases}$$

由 (1) 得 $x_2 = \dfrac{D_1 - \lambda}{D_1} x_1$，

由 (2) 得 $x_3 = -\dfrac{D_4}{D_3} x_1 + \left[\dfrac{\lambda + D_3 + D_4}{D_3}\right] \dfrac{D_1 - \lambda}{D_1} x_1 = \left(1 + \dfrac{\lambda}{D_3} - \dfrac{\lambda}{D_1} - \dfrac{D_4 \lambda}{D_1 D_3} - \dfrac{\lambda^2}{D_1 D_3}\right) x_1$

因而特征向量 $\boldsymbol{h} = \begin{bmatrix} 1 \\ 1 - \dfrac{\lambda}{D_1} \\ 1 + \dfrac{\lambda}{D_3} - \dfrac{\lambda}{D_1} - \dfrac{D_4 \lambda}{D_1 D_3} - \dfrac{\lambda^2}{D_1 D_3} \end{bmatrix}$

$$\boldsymbol{h}_1 = \begin{bmatrix} 1 \\ 1 \\ 1 \end{bmatrix}, \quad \boldsymbol{h}_2 = \begin{bmatrix} 1 \\ 1 - \dfrac{\lambda_2}{D_1} \\ 1 + \left(\dfrac{1}{D_3} - \dfrac{1}{D_1} - \dfrac{D_4}{D_1 D_3}\right)\lambda_2 - \dfrac{\lambda_2^2}{D_1 D_3} \end{bmatrix}, \quad \boldsymbol{h}_3 = \begin{bmatrix} 1 \\ 1 - \dfrac{\lambda_3}{D_1} \\ 1 + \left(\dfrac{1}{D_3} - \dfrac{1}{D_1} - \dfrac{D_4}{D_1 D_3}\right)\lambda_3 - \dfrac{\lambda_3^2}{D_1 D_3} \end{bmatrix},$$

常系数的确定

$$\begin{bmatrix} t'_1 \\ t'_{12} \\ t'_{22} \end{bmatrix} = \begin{bmatrix} D_1 & -D_1 & 0 \\ D_4 & -(D_3+D_4) & D_3 \\ 0 & -D_2 & D_2 \end{bmatrix} \begin{bmatrix} t_1 \\ t_{12} \\ t_{22} \end{bmatrix}$$

微分方程组的解为：$\mathbf{t} = \sum a_i e^{\lambda_i A} \mathbf{h}_i$，即

$$\begin{bmatrix} t_1 \\ t_{12} \\ t_{22} \end{bmatrix} = a_1 \begin{bmatrix} 1 \\ 1 \\ 1 \end{bmatrix} + a_2 \cdot e^{\lambda_2 A} \begin{bmatrix} 1 \\ h_{2,2} \\ h_{2,3} \end{bmatrix} + a_3 \cdot e^{\lambda_3 A} \begin{bmatrix} 1 \\ h_{3,2} \\ h_{3,3} \end{bmatrix}$$

边界条件：

$$t_1(A_{12}) = t_{1i} = a_1 + a_2 e^{\lambda_2 A_{12}} + a_3 e^{\lambda_3 A_{12}} \tag{1}$$

$$t_{22}(0) = t_{2m} = a_1 + a_2 h_{2,3} + a_3 h_{3,3} \tag{2}$$

$$t_1(0) = t_{12}(0) \Rightarrow a_1 + a_2 + a_3 = a_1 + a_2 \cdot h_{2,2} + a_3 \cdot h_{3,2} \tag{3}$$

$$\Rightarrow a_2 \cdot (1 - h_{2,2}) = a_3 \cdot (h_{3,2} - 1)$$

$$\Rightarrow a_2 = a_3 \cdot \frac{h_{3,2} - 1}{1 - h_{2,2}}$$

最后解得常系数如下：

$$a_3 = (t_{1i} - t_{2m}) \frac{1 - h_{2,2}}{(e^{\lambda_3 A_{12}} - h_{3,3})(1 - h_{2,2}) - (e^{\lambda_2 A_{12}} - h_{2,3})(1 - h_{3,2})}$$

$$a_2 = (t_{1i} - t_{2m}) \frac{h_{3,2} - 1}{(e^{\lambda_3 A_{12}} - h_{3,3})(1 - h_{2,2}) - (e^{\lambda_2 A_{12}} - h_{2,3})(1 - h_{3,2})}$$

$$a_1 = t_{2m} - (t_{1i} - t_{2m}) \frac{h_{2,3}(h_{3,2} - 1) + h_{3,3}(1 - h_{2,2})}{(e^{\lambda_3 A_{12}} - h_{3,3})(1 - h_{2,2}) - (e^{\lambda_2 A_{12}} - h_{2,3})(1 - h_{3,2})}$$

三个流道的温度分布

$$t_1(A) = a_1 + a_2 \cdot e^{\lambda_2 A} + a_3 \cdot e^{\lambda_3 A}$$

$$t_{12}(A) = a_1 + a_2 \cdot h_{2,2} \cdot e^{\lambda_2 A} + a_3 \cdot h_{3,2} \cdot e^{\lambda_3 A}$$

$$t_{22}(A) = a_1 + a_2 \cdot h_{2,3} \cdot e^{\lambda_2 A} + a_3 \cdot h_{3,3} \cdot e^{\lambda_3 A}$$

三个特殊温度如下：

流体 1 转折处温度：$t_{1m} = t_1(0) = a_1 + a_2 + a_3$

流体 1 的出口温度：$t_{12o} = t_{12}(A_{12}) = a_1 + a_2 \cdot h_{2,2} \cdot e^{\lambda_2 A_{12}} + a_3 \cdot h_{3,2} \cdot e^{\lambda_3 A_{12}}$

流体 2 的出口温度：$t_{2o} = t_{22}(A_{12}) = a_1 + a_2 \cdot h_{2,3} \cdot e^{\lambda_2 A_{12}} + a_3 \cdot h_{3,3} \cdot e^{\lambda_3 A_{12}}$

后半部分的温度场也可以采用如下过程求解：

后半部分的微分方程组

令：$\dfrac{K_1}{C_1} = D_1$，$\dfrac{K_{22}}{C_2} = D_2$，$\dfrac{K_{22}}{C_{12}} = D_3$，$\dfrac{K_1}{C_{12}} = D_4$，

对方程（3）、（4）、（5）以 βA_s 为坐标原点，也可以写成

$$\begin{bmatrix} t'_{22} \\ t'_{12} \\ t'_1 \end{bmatrix} = \begin{bmatrix} D_2 & -D_2 & 0 \\ D_3 & -(D_3+D_4) & D_4 \\ 0 & -D_1 & D_1 \end{bmatrix} \begin{bmatrix} t_{22} \\ t_{12} \\ t_1 \end{bmatrix},$$

系数矩阵为 $\qquad \boldsymbol{H}=\begin{bmatrix} D_2 & -D_2 & 0 \\ D_3 & -(D_3+D_4) & D_4 \\ 0 & -D_1 & D_1 \end{bmatrix}$

特征值 $\qquad |\lambda \boldsymbol{E}-\boldsymbol{H}|=\begin{vmatrix} \lambda-D_2 & D_2 & 0 \\ -D_3 & \lambda+D_3+D_4 & -D_4 \\ 0 & D_1 & \lambda-D_1 \end{vmatrix}=0$

$\Rightarrow \lambda\left[\lambda^2-(D_1+D_2-D_3-D_4)\lambda-(D_1D_3+D_2D_4-D_1D_2)\right]=0$

$\Rightarrow \lambda_1=0,$

$$\lambda_{2,3}=\frac{(D_1+D_2-D_3-D_4)\pm\sqrt{(D_1+D_2-D_3-D_4)^2+4(D_1D_3+D_2D_4-D_1D_2)}}{2}$$

求取方程的特征向量：$(\lambda\boldsymbol{E}-\boldsymbol{H})\boldsymbol{h}=0$

$$\Rightarrow \begin{cases} (\lambda-D_2)x_1+D_2x_2+0=0 & (1) \\ -D_3x_1+(\lambda+D_3+D_4)x_2-D_4x_3=0 & (2) \\ 0+D_1x_2+(\lambda-D_1)x_3=0 & (3) \end{cases}$$

由 (1) 得：$x_2=\dfrac{D_2-\lambda}{D_2}x_1,$

由 (2) 得：$x_3=-\dfrac{D_3}{D_4}x_1+\left[\dfrac{\lambda+D_3+D_4}{D_4}\right]\dfrac{D_2-\lambda}{D_2}x_1=\left(1+\dfrac{\lambda}{D_4}-\dfrac{\lambda}{D_2}-\dfrac{D_3\lambda}{D_2D_4}-\dfrac{\lambda^2}{D_2D_4}\right)x_1$

因而特征向量：$\boldsymbol{h}=\begin{bmatrix} 1 \\ 1-\dfrac{\lambda}{D_2} \\ 1+\dfrac{\lambda}{D_4}-\dfrac{\lambda}{D_2}-\dfrac{D_3\lambda}{D_2D_4}-\dfrac{\lambda^2}{D_2D_4} \end{bmatrix}$

$\boldsymbol{h}_1=\begin{bmatrix} 1 \\ 1 \\ 1 \end{bmatrix}$, $\boldsymbol{h}_2=\begin{bmatrix} 1 \\ 1-\dfrac{\lambda_2}{D_2} \\ 1+\left(\dfrac{1}{D_4}-\dfrac{1}{D_2}-\dfrac{D_3}{D_2D_4}\right)\lambda_2-\dfrac{\lambda_2^2}{D_2D_4} \end{bmatrix}$,

$\boldsymbol{h}_3=\begin{bmatrix} 1 \\ 1-\dfrac{\lambda_3}{D_2} \\ 1+\left(\dfrac{1}{D_4}-\dfrac{1}{D_2}-\dfrac{D_3}{D_2D_4}\right)\lambda_3-\dfrac{\lambda_3^2}{D_2D_4} \end{bmatrix}$

常系数的确定

$$\begin{bmatrix} t'_{22} \\ t'_{12} \\ t'_1 \end{bmatrix}=\begin{bmatrix} D_2 & -D_2 & 0 \\ D_3 & -(D_3+D_4) & D_4 \\ 0 & -D_1 & D_1 \end{bmatrix}\begin{bmatrix} t_{22} \\ t_{12} \\ t_1 \end{bmatrix}$$

微分方程组的解为 $t = \sum a_i e^{\lambda_i A} h_i$，即：

$$\begin{bmatrix} t_{22} \\ t_{12} \\ t_1 \end{bmatrix} = a_1 \begin{bmatrix} 1 \\ 1 \\ 1 \end{bmatrix} + a_2 \cdot e^{\lambda_2 A} \begin{bmatrix} 1 \\ h_{2,2} \\ h_{2,3} \end{bmatrix} + a_3 \cdot e^{\lambda_3 A} \begin{bmatrix} 1 \\ h_{3,2} \\ h_{3,3} \end{bmatrix}$$

边界条件：

$$t_1(A_{12}) = t_{1i} = a_1 + a_2 \cdot h_{2,3} \cdot e^{\lambda_2 A_{12}} + a_3 \cdot h_{3,3} \cdot e^{\lambda_3 A_{12}} \tag{1}$$

$$t_{22}(0) = t_{2m} = a_1 + a_2 + a_3 \tag{2}$$

$$t_1(0) = t_{12}(0) \Rightarrow a_1 + a_2 \cdot h_{2,3} + a_3 \cdot h_{3,3} = a_1 + a_2 \cdot h_{2,2} + a_3 \cdot h_{3,2} \tag{3}$$

$$\Rightarrow a_2 \cdot (h_{2,3} - h_{2,2}) = a_3 \cdot (h_{3,2} - h_{3,3})$$

$$\Rightarrow a_2 = a_3 \cdot \frac{h_{3,2} - h_{3,3}}{h_{2,3} - h_{2,2}}$$

最后解得常系数如下：

$$a_3 = (t_{1i} - t_{2m}) \frac{h_{2,3} - h_{2,2}}{(h_{2,3} \cdot e^{\lambda_2 A_{12}} - 1)(h_{3,2} - h_{3,3}) + (h_{3,3} \cdot e^{\lambda_3 A_{12}} - 1)(h_{2,3} - h_{2,2})}$$

$$a_2 = (t_{1i} - t_{2m}) \frac{h_{3,2} - h_{3,3}}{(h_{2,3} \cdot e^{\lambda_2 A_{12}} - 1)(h_{3,2} - h_{3,3}) + (h_{3,3} \cdot e^{\lambda_3 A_{12}} - 1)(h_{2,3} - h_{2,2})}$$

$$a_1 = t_{2m} - (t_{1i} - t_{2m}) \frac{(h_{3,2} - h_{3,3}) + (h_{2,3} - h_{2,2})}{(e^{\lambda_3 A_{12}} - h_{3,3})(1 - h_{2,2}) - (e^{\lambda_2 A_{12}} - h_{2,3})(1 - h_{3,2})}$$

三个流道的温度分布

$$\begin{bmatrix} t_{22} \\ t_{12} \\ t_1 \end{bmatrix} = a_1 \begin{bmatrix} 1 \\ 1 \\ 1 \end{bmatrix} + a_2 \cdot e^{\lambda_2 A} \begin{bmatrix} 1 \\ h_{2,2} \\ h_{2,3} \end{bmatrix} + a_3 \cdot e^{\lambda_3 A} \begin{bmatrix} 1 \\ h_{3,2} \\ h_{3,3} \end{bmatrix}$$

$$t_{22}(A) = a_1 + a_2 \cdot e^{\lambda_2 A} + a_3 \cdot e^{\lambda_3 A}$$

$$t_{12}(A) = a_1 + a_2 \cdot h_{2,2} \cdot e^{\lambda_2 A} + a_3 \cdot h_{3,2} \cdot e^{\lambda_3 A}$$

$$t_1(A) = a_1 + a_2 \cdot h_{2,3} \cdot e^{\lambda_2 A} + a_3 \cdot h_{3,3} \cdot e^{\lambda_3 A}$$

三个特殊温度如下：

流体 1 转折处温度：$t_{1m} = t_1(0) = a_1 + a_2 \cdot h_{2,3} + a_3 \cdot h_{3,3}$

流体 1 的出口温度：$t_{12o} = t_{12}(A_{12}) = a_1 + a_2 \cdot h_{2,2} \cdot e^{\lambda_2 A_{12}} + a_3 \cdot h_{3,2} \cdot e^{\lambda_3 A_{12}}$

流体 2 的出口温度：$t_{2o} = t_{22}(A_{12}) = a_1 + a_2 \cdot e^{\lambda_2 A_{12}} + a_3 \cdot e^{\lambda_3 A_{12}}$

2. 前半部分的解析解

$$\frac{dt_{21}}{dA} = \frac{K_{21}}{C_2}(t_{11} - t_{21}) \quad (0 < A < \beta A_s) \tag{1}$$

$$\frac{dt_{11}}{dA} = \frac{K_{21}}{C_{11}}(t_{11} - t_{21}) \quad (0 < A < \beta A_s) \tag{2}$$

令：$\dfrac{K_{21}}{C_2} = D_5$，$\dfrac{K_{21}}{C_{11}} = D_6$，则对方程（1）、（2）有

$$\begin{bmatrix} t'_{21} \\ t'_{11} \end{bmatrix} = \begin{bmatrix} -D_5 & D_5 \\ -D_6 & D_6 \end{bmatrix} \begin{bmatrix} t_{21} \\ t_{11} \end{bmatrix}$$

$$| \lambda \boldsymbol{E} - \boldsymbol{H} | = \begin{vmatrix} \lambda + D_5 & -D_5 \\ D_6 & \lambda - D_6 \end{vmatrix} = 0$$

$$\Rightarrow \lambda_1 = 0, \ \lambda_2 = D_6 - D_5$$

求取方程的特征向量：$(\lambda \boldsymbol{E} - \boldsymbol{H}) \boldsymbol{h} = 0$

$$\Rightarrow \begin{cases} (\lambda + D_5) x_1 - D_5 x_2 = 0 & (1) \\ D_6 x_1 + (\lambda - D_6) x_2 = 0 & (2) \end{cases}$$

由（1）得：$x_2 = \dfrac{D_5 + \lambda}{D_5} x_1$

因而特征向量：$\boldsymbol{h} = \begin{bmatrix} 1 \\ 1 + \dfrac{\lambda}{D_5} \end{bmatrix}$，即 $\boldsymbol{h}_1 = \begin{bmatrix} 1 \\ 1 \end{bmatrix}$，$\boldsymbol{h}_2 = \begin{bmatrix} 1 \\ \dfrac{D_6}{D_5} \end{bmatrix}$

微分方程组的解为 $\boldsymbol{t} = \sum d_i e^{\lambda_i A} \boldsymbol{h}_i$，即：

$$\begin{bmatrix} t_{21} \\ t_{11} \end{bmatrix} = d_1 \begin{bmatrix} 1 \\ 1 \end{bmatrix} + d_2 \cdot e^{(D_6 - D_5) A} \cdot \begin{bmatrix} 1 \\ \dfrac{D_6}{D_5} \end{bmatrix}$$

边界条件：

（1）$t_{21}(0) = t_{2i} = d_1 + d_2$

（2）$t_{11}(A_{11}) = t_{1m} = d_1 + d_2 \cdot \dfrac{D_6}{D_5} \cdot e^{(D_6 - D_5) A_{11}}$

最后解得常系数如下：

$$d_2 = \frac{(t_{2i} - t_{1m})}{1 - \dfrac{D_6}{D_5} \cdot e^{(D_6 - D_5) A_{11}}}, \ d_1 = t_{2i} - \frac{(t_{2i} - t_{1m})}{1 - \dfrac{D_6}{D_5} \cdot e^{(D_6 - D_5) A_{11}}}$$

三个流道的温度分布：

$$t_{11}(A) = d_1 + d_2 \cdot \frac{D_6}{D_5} \cdot e^{(D_6 - D_5) A}$$

$$t_{21}(A) = d_1 + d_2 \cdot e^{(D_6 - D_5) A}$$

$$\frac{t_1' - t_{1x}}{t_1' - t_2''} = \frac{1 - \exp\left[-KA_x \left(\dfrac{1}{M_1 c_1} - \dfrac{1}{M_2 c_2} \right) \right]}{1 - \dfrac{M_1 c_1}{M_2 c_2}},$$

$$\frac{t_2'' - t_{2x}}{t_1' - t_2''} = \frac{1 - \exp\left[-KA_x \left(\dfrac{1}{M_1 c_1} - \dfrac{1}{M_2 c_2} \right) \right]}{\dfrac{M_2 c_2}{M_1 c_1} - 1},$$

可用于验证正确性。

两个特殊温度：

流体 2 转折处温度 $t_{2m} = t_{21}(A_{11}) = d_1 + d_2 \cdot e^{(D_6 - D_5) A_{11}}$

流体 1 的出口温度 $t_{1o} = t_{11}(0) = d_1 + d_2 \cdot \dfrac{D_6}{D_5}$

3. 前后联立求解

流体 1 转折处温度：$t_{1m} = t_1(0) = a_1 + a_2 + a_3$（除 t_{1i} 外，只含 t_{2m}）

流体 2 转折处温度：$t_{2m} = t_{21}(A_{11}) = d_1 + d_2 \cdot e^{(D_6 - D_5)A_{11}}$（除 t_{2i} 外，只含 t_{1m}）

联立求解出 t_{1m}，t_{2m} 即可。

$$a_3 = (t_{1i} - t_{2m}) \frac{1 - h_{2,2}}{(e^{\lambda_3 A_{12}} - h_{3,3})(1 - h_{2,2}) - (e^{\lambda_2 A_{12}} - h_{2,3})(1 - h_{3,2})}$$

$$= A_3 \cdot t_{1i} - A_3 \cdot t_{2m}$$

$$a_2 = (t_{1i} - t_{2m}) \frac{h_{3,2} - 1}{(e^{\lambda_3 A_{12}} - h_{3,3})(1 - h_{2,2}) - (e^{\lambda_2 A_{12}} - h_{2,3})(1 - h_{3,2})}$$

$$= A_2 \cdot t_{1i} - A_2 \cdot t_{2m}$$

$$a_1 = t_{2m} - (t_{1i} - t_{2m}) \frac{h_{2,3}(h_{3,2} - 1) + h_{3,3}(1 - h_{2,2})}{(e^{\lambda_3 A_{12}} - h_{3,3})(1 - h_{2,2}) - (e^{\lambda_2 A_{12}} - h_{2,3})(1 - h_{3,2})}$$

$$= (1 + A_1)t_{2m} - A_1 \cdot t_{1i}$$

$$d_2 = \frac{(t_{2i} - t_{1m})}{1 - \dfrac{D_6}{D_5} \cdot e^{(D_6 - D_5)A_{11}}} = B \cdot t_{2i} - B \cdot t_{1m}$$

$$d_1 = t_{2i} - \frac{(t_{2i} - t_{1m})}{1 - \dfrac{D_6}{D_5} \cdot e^{(D_6 - D_5)A_{11}}} = (1 - B)t_{2i} + B \cdot t_{1m}$$

令 $\varepsilon_2 = \dfrac{1 - e^{(D_6 - D_5)A_{11}}}{1 - \dfrac{D_6}{D_5} \cdot e^{(D_6 - D_5)A_{11}}}$

即

$$t_{1m} + (A_3 + A_2 - A_1 - 1)t_{2m} = (A_3 + A_2 - A_1)t_{1i} - \varepsilon_2 \cdot t_{1m} + t_{2m} = (1 - \varepsilon_2)t_{2i}$$

令：$P = A_3 + A_2 - A_1 - 1$，$Q = -\varepsilon_2$，$M = (A_3 + A_2 - A_1)t_{1i}$，$N = (1 - \varepsilon_2)t_{2i}$

$t_{1m} + P \cdot t_{2m} = M \quad Q \cdot t_{1m} + t_{2m} = N$

解得 $t_{2m} = \dfrac{N - M \cdot Q}{1 - P \cdot Q}$，$t_{1m} = \dfrac{M - P \cdot N}{1 - P \cdot Q}$

5.3.4 三程无分流式防结露烟气换热器特性分析

首先给出三流程无分流防结露换热器的 4 种常见结构，如图 5-13～图 5-16 所示：

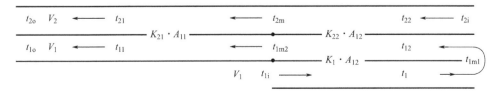

图 5-13 三流程无分流防结露换热器形式 A

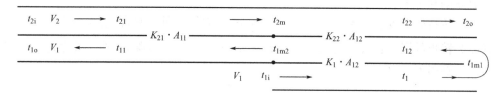

图 5-14　三流程无分流防结露换热器形式 B

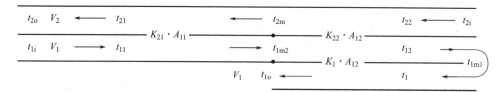

图 5-15　三流程无分流防结露换热器形式 C

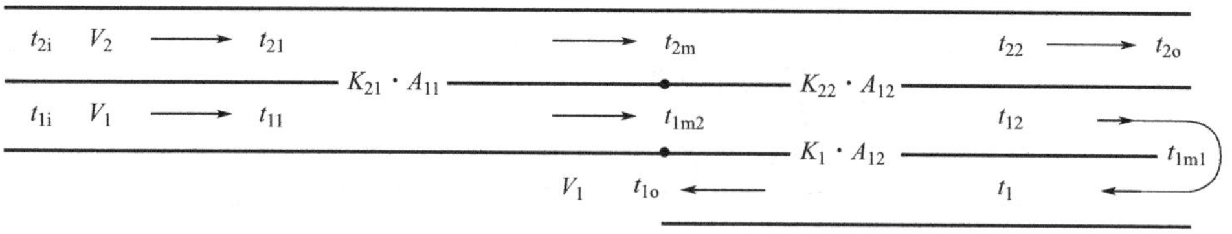

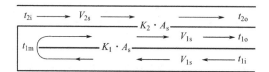

图 5-16　三流程无分流防结露换热器形式 D

换热面积分界点：$\beta = \dfrac{A_{11}}{A_s}$（$A_s = A_{11} + A_{12}$），流量分配比例：$\varphi = \dfrac{V_{11}}{V_1}$

导热微分方程组如下：

$$\frac{\mathrm{d}t_{21}}{\mathrm{d}A} = \frac{K_{21}}{C_2}(t_{11} - t_{21})\ (0 < A < \beta A_s) \tag{1}$$

$$\frac{\mathrm{d}t_{11}}{\mathrm{d}A} = \frac{K_{21}}{C_{11}}(t_{11} - t_{21})\ (0 < A < \beta A_s) \tag{2}$$

$$\frac{\mathrm{d}t_{22}}{\mathrm{d}A} = \frac{K_{22}}{C_2}(t_{12} - t_{22})\ (\beta A_s < A < A_s) \tag{3}$$

$$\frac{\mathrm{d}t_1}{\mathrm{d}A} = \frac{K_1}{C_1}(t_1 - t_{12})\ (\beta A_s < A < A_s) \tag{4}$$

$$\frac{\mathrm{d}t_{12}}{\mathrm{d}A} = \frac{K_{22}}{C_{12}}(t_{22} - t_{12}) - \frac{K_1}{C_{12}}(t_{12} - t_1)\ (\beta A_s < A < A_s) \tag{5}$$

1. 后半部分（逆向进气）的解析解（图 5-17）

图 5-17　三流程无分流防结露换热器后半部分（逆向进气）解析图

微分方程组：导热微分方程组如下。

$$\begin{cases} \dfrac{\mathrm{d}t_{11}}{\mathrm{d}A} = \dfrac{K_1}{C_1}(t_{11}-t_{12}) \\[2mm] \dfrac{\mathrm{d}t_{12}}{\mathrm{d}A} = \dfrac{K_2}{C_1}(t_2-t_{12}) - \dfrac{K_1}{C_1}(t_{12}-t_{11}) \\[2mm] \dfrac{\mathrm{d}t_2}{\mathrm{d}A} = \dfrac{K_2}{C_2}(t_{12}-t_2) \end{cases}$$

令：$\dfrac{K_1}{C_1}=D_{11}$，$\dfrac{K_2}{C_1}=D_{12}$，$\dfrac{K_2}{C_2}=D_2$，上式可化为

$$\begin{cases} t'_{11} = D_{11}t_{11} - D_{11}t_{12} + 0 \\ t'_{12} = D_{11}t_{11} - (D_{11}+D_{12})t_{12} + D_{12}t_2 \\ t'_2 = 0 + D_2 t_{12} - D_2 t_2 \end{cases}$$

矩阵形式为

$$\begin{bmatrix} t'_{11} \\ t'_{12} \\ t'_2 \end{bmatrix} = \begin{bmatrix} D_{11} & -D_{11} & 0 \\ D_{11} & -D_{11}-D_{12} & D_{12} \\ 0 & D_2 & -D_2 \end{bmatrix} \begin{bmatrix} t_{11} \\ t_{12} \\ t_2 \end{bmatrix}$$

最一般的情况，$K_1 \neq K_2$，因而 $D_{11} \neq D_{12}$，方程系数矩阵

$$\boldsymbol{H} = \begin{bmatrix} D_{11} & -D_{11} & 0 \\ D_{11} & -D_{11}-D_{12} & D_{12} \\ 0 & D_2 & -D_2 \end{bmatrix}$$

求取方程的特征值

$$|\lambda\boldsymbol{E}-\boldsymbol{H}| = \begin{vmatrix} \lambda-D_{11} & D_{11} & 0 \\ -D_{11} & \lambda+D_{11}+D_{12} & -D_{12} \\ 0 & -D_2 & \lambda+D_2 \end{vmatrix} = 0$$

$$\Rightarrow \lambda[\lambda^2 + (D_{12}+D_2)\lambda - D_{11}D_{12}] = 0$$

$$\Rightarrow \lambda_1 = 0,\ \lambda_{2,3} = \frac{-(D_2+D_{12}) \pm \sqrt{(D_2+D_{12})^2 + 4D_{11}D_{12}}}{2}$$

求取方程的特征向量：$(\lambda\boldsymbol{E}-\boldsymbol{H})\boldsymbol{h}=0$

$$\Rightarrow \begin{cases} (\lambda-D_{11})x_1 + D_{11}x_2 = 0 & (1) \\ -D_{11}x_1 + (\lambda+D_{11}+D_{12})x_2 - D_{12}x_3 = 0 & (2) \\ 0 - D_2 x_2 + (\lambda+D_2)x_3 = 0 & (3) \end{cases}$$

由（1）得：$x_2 = \dfrac{D_{11}-\lambda}{D_{11}}x_1$，

由（2）得：$x_3 = -\dfrac{D_{11}}{D_{12}}x_1 + \left[\dfrac{\lambda+D_{11}+D_{12}}{D_{12}}\right]\dfrac{D_{11}-\lambda}{D_{11}}x_1$

$$= \left(1 - \frac{\lambda}{D_{11}} - \frac{\lambda^2}{D_{11}D_{12}}\right)x_1$$

因而特征向量：$\boldsymbol{h}=\begin{bmatrix} 1 \\ 1-\dfrac{\lambda}{D_{11}} \\ 1-\dfrac{\lambda}{D_{11}}-\dfrac{\lambda^2}{D_{11}D_{12}} \end{bmatrix}$

$$\boldsymbol{h}_1=\begin{bmatrix} 1 \\ 1 \\ 1 \end{bmatrix}, \quad \boldsymbol{h}_2=\begin{bmatrix} 1 \\ 1-\dfrac{\lambda_2}{D_{11}} \\ 1-\dfrac{\lambda_2}{D_{11}}-\dfrac{\lambda_2^2}{D_{11}D_{12}} \end{bmatrix}, \quad \boldsymbol{h}_3=\begin{bmatrix} 1 \\ 1-\dfrac{\lambda_3}{D_{11}} \\ 1-\dfrac{\lambda_3}{D_{11}}-\dfrac{\lambda_3^2}{D_{11}D_{12}} \end{bmatrix}$$

常系数的确定

微分方程组的解为：$\boldsymbol{t}=\sum a_i e^{\lambda_i A}\boldsymbol{h}_i$，即

$$\begin{bmatrix} t_{11} \\ t_{12} \\ t_2 \end{bmatrix}=a_1\begin{bmatrix} 1 \\ 1 \\ 1 \end{bmatrix}+a_2 e^{\lambda_2 A}\begin{bmatrix} 1 \\ 1-\dfrac{\lambda_2}{D_{11}} \\ 1-\dfrac{\lambda_2}{D_{11}}-\dfrac{\lambda_2^2}{D_{11}D_{12}} \end{bmatrix}+a_3 e^{\lambda_3\cdot A}\begin{bmatrix} 1 \\ 1-\dfrac{\lambda_3}{D_{11}} \\ 1-\dfrac{\lambda_3}{D_{11}}-\dfrac{\lambda_3^2}{D_{11}D_{12}} \end{bmatrix}$$

边界条件：

(1)　$t_{11}(A_S)=t_{1i}=a_1+a_2 e^{\lambda_2 A_s}+a_3 e^{\lambda_3 A_s}$

(2)　$t_2(0)=t_{2i}=a_1+a_2 h_{2,3}+a_3 h_{3,3}$

(3)　$t_{11}(0)=t_{12}(0)\Rightarrow a_1+a_2+a_3=a_1+a_2\cdot h_{2,2}+a_3\cdot h_{3,2}$

$\Rightarrow a_2\cdot(1-h_{2,2})=a_3\cdot(h_{3,2}-1)$

$\Rightarrow a_2=a_3\cdot\dfrac{h_{3,2}-1}{1-h_{2,2}}$

最后解得常系数如下：

$$a_3=(t_{1i}-t_{2i})\frac{1-h_{2,2}}{(e^{\lambda_3 A_s}-h_{3,3})(1-h_{2,2})-(e^{\lambda_2 A_s}-h_{2,3})(1-h_{3,2})}$$

$$a_2=(t_{1i}-t_{2i})\frac{h_{3,2}-1}{(e^{\lambda_3 A_s}-h_{3,3})(1-h_{2,2})-(e^{\lambda_2 A_s}-h_{2,3})(1-h_{3,2})}$$

$$a_1=t_{2i}-(t_{1i}-t_{2i})\frac{h_{2,3}(h_{3,2}-1)+h_{3,3}(1-h_{2,2})}{(e^{\lambda_3 A_s}-h_{3,3})(1-h_{2,2})-(e^{\lambda_2 A_s}-h_{2,3})(1-h_{3,2})}$$

三个流道的温度分布：

$$t_{11}(A)=a_1+a_2\cdot e^{\lambda_2 A}+a_3\cdot e^{\lambda_3 A}$$

$$t_{12}(A)=a_1+a_2\cdot h_{2,2}\cdot e^{\lambda_2 A}+a_3\cdot h_{3,2}\cdot e^{\lambda_3 A}$$

$$t_2(A)=a_1+a_2\cdot h_{2,3}\cdot e^{\lambda_2 A}+a_3\cdot h_{3,3}\cdot e^{\lambda_3 A}$$

出口温度：三个特殊温度如下。

流体 1 转折处温度：$t_{1m}=t_{11}(0)=a_1+a_2+a_3$

流体 1 的出口温度：$t_{1o}=t_{12}(A_s)=a_1+a_2\cdot h_{2,2}\cdot e^{\lambda_2 A_s}+a_3\cdot h_{3,2}\cdot e^{\lambda_3 A_s}$

流体 2 的出口温度：$t_{2o} = t_2(A_s) = a_1 + a_2 \cdot h_{2,3} \cdot e^{\lambda_2 A_s} + a_3 \cdot h_{3,3} \cdot e^{\lambda_3 A_s}$

2. 后半部分（同向进气）的解析解（图 5-18）

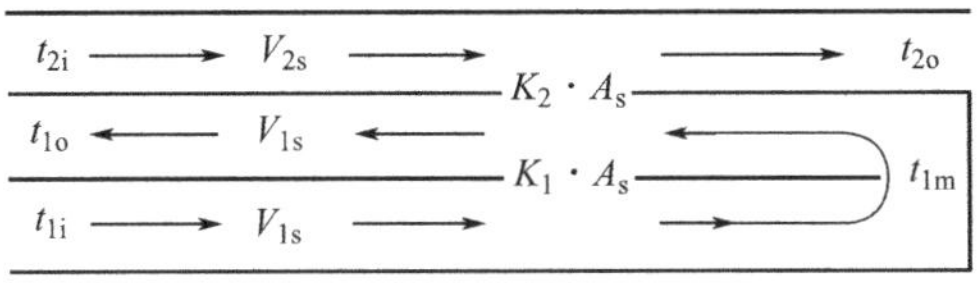

图 5-18 三流程无分流防结露换热器后半部分（同向进气）解析图

微分方程组（导热微分方程组）如下：

$$\begin{cases} \dfrac{dt_{11}}{dA} = \dfrac{K_1}{c_1}(t_{12} - t_{11}) \\[2mm] \dfrac{dt_{12}}{dA} = \dfrac{K_2}{c_1}(t_{12} - t_2) + \dfrac{K_1}{C_1}(t_{12} - t_{11}) \\[2mm] \dfrac{dt_2}{dA} = \dfrac{K_2}{c_2}(t_{12} - t_2) \end{cases}$$

令：$\dfrac{K_1}{C_1} = D_{11}$，$\dfrac{K_2}{C_1} = D_{12}$，$\dfrac{K_2}{C_2} = D_2$，上式可化为

$$\begin{cases} t'_{11} = -D_{11}t_{11} + D_{11}t_{12} + 0 \\ t'_{12} = -D_{11}t_{11} + (D_{11} + D_{12})t_{12} - D_{12}t_2 \\ t'_2 = 0 + D_2 t_{12} - D_2 t_2 \end{cases}$$

矩阵形式为

$$\begin{bmatrix} t'_{11} \\ t'_{12} \\ t'_2 \end{bmatrix} = \begin{bmatrix} -D_{11} & D_{11} & 0 \\ -D_{11} & D_{11}+D_{12} & -D_{12} \\ 0 & D_2 & -D_2 \end{bmatrix} \begin{bmatrix} t_{11} \\ t_{12} \\ t_2 \end{bmatrix}$$

最一般的情况，$K_1 \neq K_2$，因而 $D_{11} \neq D_{12}$，方程系数矩阵

$$\boldsymbol{H} = \begin{bmatrix} -D_{11} & D_{11} & 0 \\ -D_{11} & D_{11}+D_{12} & -D_{12} \\ 0 & D_2 & -D_2 \end{bmatrix}$$

求取方程的特征值：

$$|\lambda \boldsymbol{E} - \boldsymbol{H}| = \begin{vmatrix} \lambda + D_{11} & -D_{11} & 0 \\ D_{11} & \lambda - D_{11} - D_{12} & D_{12} \\ 0 & -D_2 & \lambda + D_2 \end{vmatrix} = 0$$

$$\Rightarrow \lambda [\lambda^2 + D_2\lambda - D_{12}\lambda - D_{11}D_{12}] = 0$$

$$\Rightarrow \lambda_1 = 0, \quad \lambda_{2,3} = \frac{-(D_2 - D_{12}) \pm \sqrt{(D_2 - D_{12})^2 + 4D_{11}D_{12}}}{2}$$

求取方程的特征向量：$(\lambda \boldsymbol{E} - \boldsymbol{H})\boldsymbol{h} = 0$

$$\Rightarrow \begin{cases} (\lambda + D_{11})x_1 - D_{11}x_2 = 0 & (1) \\ D_{11}x_1 + (\lambda - (D_{11} + D_{12}))x_2 + D_{12}x_3 = 0 & (2) \\ 0 - D_2 x_2 + (\lambda + D_2)x_3 = 0 & (3) \end{cases}$$

由（1）得 $x_2 = \dfrac{\lambda + D_{11}}{D_{11}} x_1$,

由（2）得 $x_3 = -\dfrac{D_{11}}{D_{12}} x_1 - \left[\dfrac{\lambda - (D_{11} + D_{12})}{D_{12}}\right] \dfrac{\lambda + D_{11}}{D_{11}} x_1 = \left(1 + \dfrac{\lambda}{D_{11}} - \dfrac{\lambda^2}{D_{11} D_{12}}\right) x_1$

因而特征向量：$h = \begin{bmatrix} 1 \\ 1 + \dfrac{\lambda}{D_{11}} \\ 1 + \dfrac{\lambda}{D_{11}} - \dfrac{\lambda^2}{D_{11} D_{12}} \end{bmatrix}$

$$h_1 = \begin{bmatrix} 1 \\ 1 \\ 1 \end{bmatrix}, \quad h_2 = \begin{bmatrix} 1 \\ 1 + \dfrac{\lambda_2}{D_{11}} \\ 1 + \dfrac{\lambda_2}{D_{11}} - \dfrac{\lambda_2^2}{D_{11} D_{12}} \end{bmatrix}, \quad h_3 = \begin{bmatrix} 1 \\ 1 + \dfrac{\lambda_3}{D_{11}} \\ 1 + \dfrac{\lambda_3}{D_{11}} - \dfrac{\lambda_3^2}{D_{11} D_{12}} \end{bmatrix}$$

常系数的确定：微分方程组的解为 $t = \sum a_i e^{\lambda_i A} h_i$，即：

$$\begin{bmatrix} t_{11} \\ t_{12} \\ t_2 \end{bmatrix} = a_1 \begin{bmatrix} 1 \\ 1 \\ 1 \end{bmatrix} + a_2 e^{\lambda_2 A} \begin{bmatrix} 1 \\ 1 + \dfrac{\lambda_2}{D_{11}} \\ 1 + \dfrac{\lambda_2}{D_{11}} - \dfrac{\lambda_2^2}{D_{11} D_{12}} \end{bmatrix} + a_3 e^{\lambda_3 A} \begin{bmatrix} 1 \\ 1 + \dfrac{\lambda_3}{D_{11}} \\ 1 + \dfrac{\lambda_3}{D_{11}} - \dfrac{\lambda_3^2}{D_{11} D_{12}} \end{bmatrix}$$

边界条件：

（1）$t_{11}(0) = t_{1i} = a_1 + a_2 + a_3$

（2）$t_2(0) = t_{2i} = a_1 + a_2 h_{2,3} + a_3 h_{3,3}$

（3）$t_{11}(A_s) = t_{12}(A_s) \Rightarrow a_1 + a_2 \cdot e^{\lambda_2 A_s} + a_3 \cdot e^{\lambda_3 A_s} = a_1 + a_2 \cdot e^{\lambda_2 A_s} \cdot h_{2,2} + a_3 \cdot e^{\lambda_3 A_s} \cdot h_{3,2}$

$\Rightarrow a_2 \cdot e^{\lambda_2 A_s} (1 - h_{2,2}) = a_3 \cdot e^{\lambda_3 A_s} (h_{3,2} - 1)$

$\Rightarrow a_2 = a_3 \cdot e^{(\lambda_3 - \lambda_2) A_s} \cdot \dfrac{(h_{3,2} - 1)}{(1 - h_{2,2})}$

最后解得常系数如下：

$$a_3 = (t_{1i} - t_{2i}) \dfrac{(1 - h_{2,2})}{(1 - h_{3,3})(1 - h_{2,2}) + (1 - h_{2,3})(h_{3,2} - 1) \cdot e^{(\lambda_3 - \lambda_2) A_s}}$$

$$a_2 = (t_{1i} - t_{2i}) \dfrac{(h_{3,2} - 1) \cdot e^{(\lambda_3 - \lambda_2) A_s}}{(1 - h_{3,3})(1 - h_{2,2}) + (1 - h_{2,3})(h_{3,2} - 1) \cdot e^{(\lambda_3 - \lambda_2) A_s}}$$

$$a_1 = t_{1i} - (t_{1i} - t_{2i}) \dfrac{(1 - h_{2,2}) + (h_{3,2} - 1) \cdot e^{(\lambda_3 - \lambda_2) A_s}}{(1 - h_{3,3})(1 - h_{2,2}) + (1 - h_{2,3})(h_{3,2} - 1) \cdot e^{(\lambda_3 - \lambda_2) A_s}}$$

三个流道的温度分布：

$$t_{11}(A) = a_1 + a_2 \cdot e^{\lambda_2 A} + a_3 \cdot e^{\lambda_3 A}$$

$$t_{12}(A) = a_1 + a_2 \cdot h_{2,2} \cdot e^{\lambda_2 A} + a_3 \cdot h_{3,2} \cdot e^{\lambda_3 A}$$

$$t_2(A) = a_1 + a_2 \cdot h_{2,3} \cdot e^{\lambda_2 A} + a_3 \cdot h_{3,3} \cdot e^{\lambda_3 A}$$

出口温度：三个特殊温度如下。

流体 1 转折处温度 $t_{1m} = t_{11}(A_s) = a_1 + a_2 \cdot e^{\lambda_2 A_s} + a_3 \cdot e^{\lambda_3 A_s}$

流体 1 的出口温度 $t_{1o} = t_{12}(0) = a_1 + a_2 \cdot h_{2,2} + a_3 \cdot h_{3,2}$

流体 2 的出口温度 $t_{2o} = t_2(A_s) = a_1 + a_2 \cdot h_{2,3} \cdot e^{\lambda_2 A_s} + a_3 \cdot h_{3,3} \cdot e^{\lambda_3 A_s}$

3. 前半部分（逆流）的解析解（图 5-19）

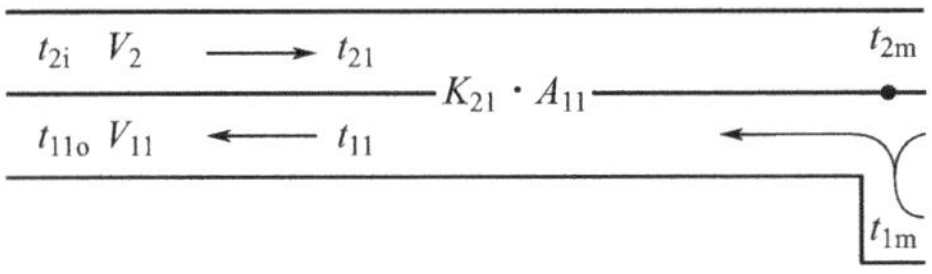

图 5-19　三流程无分流防结露换热器前半部分（逆流）解析图

$$\frac{\mathrm{d}t_{21}}{\mathrm{d}A} = \frac{K_{21}}{C_2}(t_{11} - t_{21})\ (0 < A < \beta A_s) \tag{1}$$

$$\frac{\mathrm{d}t_{11}}{\mathrm{d}A} = \frac{K_{21}}{C_{11}}(t_{11} - t_{21})\ (0 < A < \beta A_s) \tag{2}$$

令：$\dfrac{K_{21}}{C_2} = D_5$，$\dfrac{K_{21}}{C_{11}} = D_6$，则对方程（1）、（2）有：

$$\begin{bmatrix} t'_{21} \\ t'_{11} \end{bmatrix} = \begin{bmatrix} -D_5 & D_5 \\ -D_6 & D_6 \end{bmatrix} \begin{bmatrix} t_{21} \\ t_{11} \end{bmatrix}$$

$$|\lambda \boldsymbol{E} - \boldsymbol{H}| = \begin{vmatrix} \lambda + D_5 & -D_5 \\ D_6 & \lambda - D_6 \end{vmatrix} = 0$$

$$\Rightarrow \lambda_1 = 0,\ \lambda_2 = D_6 - D_5$$

求取方程的特征向量：$(\lambda \boldsymbol{E} - \boldsymbol{H})\boldsymbol{h} = 0$

$$\Rightarrow \begin{cases} (\lambda + D_5)x_1 - D_5 x_2 = 0 & (1) \\ D_6 x_1 + (\lambda - D_6)x_2 = 0 & (2) \end{cases}$$

由（1）得：$x_2 = \dfrac{D_5 + \lambda}{D_5}x_1$

因而特征向量：$\boldsymbol{h} = \begin{bmatrix} 1 \\ 1 + \dfrac{\lambda}{D_5} \end{bmatrix}$，即 $\boldsymbol{h}_1 = \begin{bmatrix} 1 \\ 1 \end{bmatrix}$，$\boldsymbol{h}_2 = \begin{bmatrix} 1 \\ \dfrac{D_6}{D_5} \end{bmatrix}$

微分方程组的解为：$\boldsymbol{t} = \sum d_i e^{\lambda_i A} \boldsymbol{h}_i$，即：

$$\begin{bmatrix} t_{21} \\ t_{11} \end{bmatrix} = d_1 \begin{bmatrix} 1 \\ 1 \end{bmatrix} + d_2 \cdot e^{(D_6 - D_5)A} \cdot \begin{bmatrix} 1 \\ \dfrac{D_6}{D_5} \end{bmatrix}$$

边界条件：

$$t_{21}(0) = t_{2i} = d_1 + d_2 \tag{1}$$

$$t_{11}(A_{11}) = t_{1m} = d_1 + d_2 \cdot \frac{D_6}{D_5} \cdot e^{(D_6 - D_5)A_{11}} \tag{2}$$

最后解得常系数如下：

$$d_2 = \frac{(t_{2i}-t_{1m})}{1-\dfrac{D_6}{D_5}\cdot e^{(D_6-D_5)A_{11}}}\ ,\ d_1 = t_{2i}-\frac{(t_{2i}-t_{1m})}{1-\dfrac{D_6}{D_5}\cdot e^{(D_6-D_5)A_{11}}}$$

两个流道的温度分布：

$$t_{11}(A)=d_1+d_2\cdot\frac{D_6}{D_5}\cdot e^{(D_6-D_5)A}$$

$$t_{21}(A)=d_1+d_2\cdot e^{(D_6-D_5)A}$$

两个特殊温度：

流体 2 转折处温度：$t_{2m}=t_{21}(A_{11})=d_1+d_2\cdot e^{(D_6-D_5)A_{11}}$

流体 1 的出口温度：$t_{1o}=t_{11}(0)=d_1+d_2\cdot\dfrac{D_6}{D_5}$

4. 前半部分（顺流）的解析解（图 5-20）

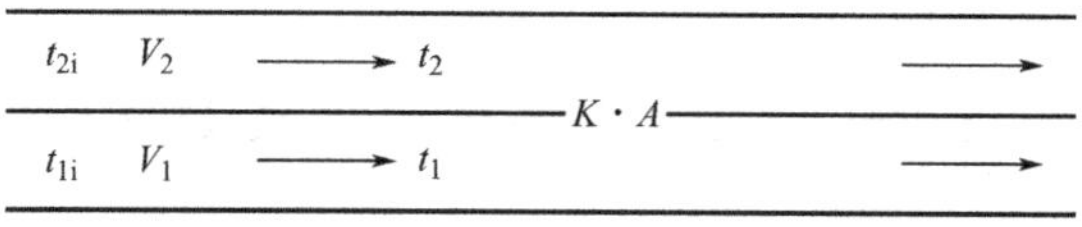

图 5-20　三流程无分流防结露换热器前半部分（顺流）解析图

$$D_1=\frac{K}{C_1}\ ,\ D_2=\frac{K}{C_2}$$

$$t_1(A)=t_{1i}-(t_{1i}-t_{2i})\frac{1-\exp[-A(D_1+D_2)]}{1+\dfrac{D_2}{D_1}}$$

$$t_2(A)=t_{2i}+(t_{1i}-t_{2i})\frac{1-\exp[-A(D_1+D_2)]}{1+\dfrac{D_1}{D_2}}$$

$$\varepsilon_2=\frac{1-\exp[-A_s(D_1+D_2)]}{1+\dfrac{D_1}{D_2}}$$

5. 联立求解

以情况 B 为例：

流体 1：$t_{1m2}=t_1(0)=a_1+a_2 h_{2,2}+a_3 h_{3,2}$（除 t_{1i} 外，只含 t_{2m}）

流体 2：$t_{2m}=t_{21}(A_{11})=(1-\varepsilon_2)t_{2i}+\varepsilon_2 t_{1m2}$（除 t_{2i} 外，只含 t_{1m2}）

$t_{1m2}+(A_3+A_2-A_1)t_{2m}=(A_3+A_2-A_1+1)t_{1i}-\varepsilon_2\cdot t_{1m2}+t_{2m}=(1-\varepsilon_2)t_{2i}$

令：$P=A_3+A_2-A_1$，$Q=-\varepsilon_2$，$M=(A_3+A_2-A_1+1)t_{1i}$，$N=(1-\varepsilon_2)t_{2i}$

$t_{1m2}+P\cdot t_{2m}=M$，$Q\cdot t_{1m2}+t_{2m}=N$

解得：$t_{2m}=\dfrac{N-M\cdot Q}{1-P\cdot Q}$。

5.3.5　顺流—逆流式防结露换热器特性分析

顺流—逆流防结露换热器的结构如图 5-21 所示。

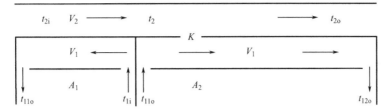

图 5-21 顺流—逆流结构示意图

逆流段的解析解

$$\frac{\mathrm{d}t_{21}}{\mathrm{d}A} = \frac{K_{21}}{C_2}(t_{11} - t_{21}) \quad (0 < A < \beta A_s) \tag{1}$$

$$\frac{\mathrm{d}t_{11}}{\mathrm{d}A} = \frac{K_{21}}{C_{11}}(t_{11} - t_{21}) \quad (0 < A < \beta A_s) \tag{2}$$

令：$\dfrac{K_{21}}{C_2} = D_5$，$\dfrac{K_{21}}{C_{11}} = D_6$，则对方程（1）、（2）有：

$$\begin{bmatrix} t'_{21} \\ t'_{11} \end{bmatrix} = \begin{bmatrix} -D_5 & D_5 \\ -D_6 & D_6 \end{bmatrix} \begin{bmatrix} t_{21} \\ t_{11} \end{bmatrix}$$

$$|\lambda \boldsymbol{E} - \boldsymbol{H}| = \begin{vmatrix} \lambda + D_5 & -D_5 \\ D_6 & \lambda - D_6 \end{vmatrix} = 0$$

$$\Rightarrow \lambda_1 = 0, \ \lambda_2 = D_6 - D_5$$

求取方程的特征向量：$(\lambda \boldsymbol{E} - \boldsymbol{H})\boldsymbol{h} = 0$

$$\Rightarrow \begin{cases} (\lambda + D_5)x_1 - D_5 x_2 = 0 & (1) \\ D_6 x_1 + (\lambda - D_6)x_2 = 0 & (2) \end{cases}$$

由①得：$x_2 = \dfrac{D_5 + \lambda}{D_5} x_1$

因而特征向量：$\boldsymbol{h} = \begin{bmatrix} 1 \\ 1 + \dfrac{\lambda}{D_5} \end{bmatrix}$，即 $\boldsymbol{h}_1 = \begin{bmatrix} 1 \\ 1 \end{bmatrix}$，$\boldsymbol{h}_2 = \begin{bmatrix} 1 \\ \dfrac{D_6}{D_5} \end{bmatrix}$

微分方程组的解为：$\boldsymbol{t} = \sum d_i e^{\lambda_i A} \boldsymbol{h}_i$，即：

$$\begin{bmatrix} t_{21} \\ t_{11} \end{bmatrix} = d_1 \begin{bmatrix} 1 \\ 1 \end{bmatrix} + d_2 \cdot e^{(D_6 - D_5)A} \cdot \begin{bmatrix} 1 \\ \dfrac{D_6}{D_5} \end{bmatrix}$$

边界条件：

$$t_{21}(0) = t_{2i} = d_1 + d_2 \tag{1}$$

$$t_{11}(A_{11}) = t_{1m} = d_1 + d_2 \cdot \frac{D_6}{D_5} \cdot e^{(D_6 - D_5)A_{11}} \tag{2}$$

最后解得常系数如下：

$$d_2 = \frac{(t_{2i} - t_{1m})}{1 - \dfrac{D_6}{D_5} \cdot e^{(D_6 - D_5)A_{11}}}, \quad d_1 = t_{2i} - \frac{(t_{2i} - t_{1m})}{1 - \dfrac{D_6}{D_5} \cdot e^{(D_6 - D_5)A_{11}}}$$

两个流道的温度分布：

$$t_{11}(A) = d_1 + d_2 \cdot \frac{D_6}{D_5} \cdot e^{(D_6 - D_5)A}$$

$$t_{21}(A) = d_1 + d_2 \cdot e^{(D_6 - D_5)A}$$

两个特殊温度：

流体 2 转折处温度：$t_{2m} = t_{21}(A_{11}) = d_1 + d_2 \cdot e^{(D_6 - D_5)A_{11}}$

流体 1 的出口温度：$t_{1o} = t_{11}(0) = d_1 + d_2 \cdot \frac{D_6}{D_5}$

最后，联立求解即可。

5.4 多流程换热器的状态空间法

如图所示多流程的逆流或顺流换热器。设共有 $2N+1$ 片平板，其中 $2N-1$ 片平板参与换热（第一片和最后一片不参与换热），并形成 $2N$ 个流道，流体 1 和流体 2 各行走 N 程。

那么当 N 为奇数时两种流体的进出口在异侧，当 N 为偶数时两种流体的进出口在同侧如图 5-22 所示。

设奇数流道流通流体 1，偶数流道流通流体 2。则 t_{2n-1} 为流体 1 在 $2n-1$ 流道内的温度，t_{2n} 为流体 2 在 $2n$ 流道内的温度，其中 $n=1,2,\cdots,N$。

设单片平板的总换热面积为 A_s，以左侧端点为换热面积横坐标的坐标原点。并且流体 1 从左侧进。

设流体 1 的热容量为 $C_1 = \rho_1 c_1 \dot{V}_1$，流体 2 的热容量为 $C_2 = \rho_2 c_2 \dot{V}_2$，换热器的传热系数为常数，即 $K = const$。令 $D_1 = \frac{K}{C_1}$，$D_2 = \frac{K}{C_2}$，$R = \frac{D_2}{D_1} = \frac{C_1}{C_2}$，$U = \frac{KA}{C_1} = D_1 A$。

下面对各流道内的流体温度场列微分方程组。

5.4.1 控制微分方程组

1. 逆向进出方式的微分方程组

流道 1：$\dfrac{dt_1}{dA} = -D_1(t_1 - t_2)$

流道 2：$\dfrac{dt_2}{dA} = D_2(-t_1 + 2t_2 - t_3)$

流道 3：$\dfrac{dt_3}{dA} = D_1(-t_2 + 2t_3 - t_4)$

流道 4：$\dfrac{dt_4}{dA} = -D_2(-t_3 + 2t_4 - t_5)$

流道 5：$\dfrac{dt_5}{dA} = -D_1(-t_4 + 2t_5 - t_6)$

流道 6：$\dfrac{dt_6}{dA} = D_2(-t_5 + 2t_6 - t_7)$

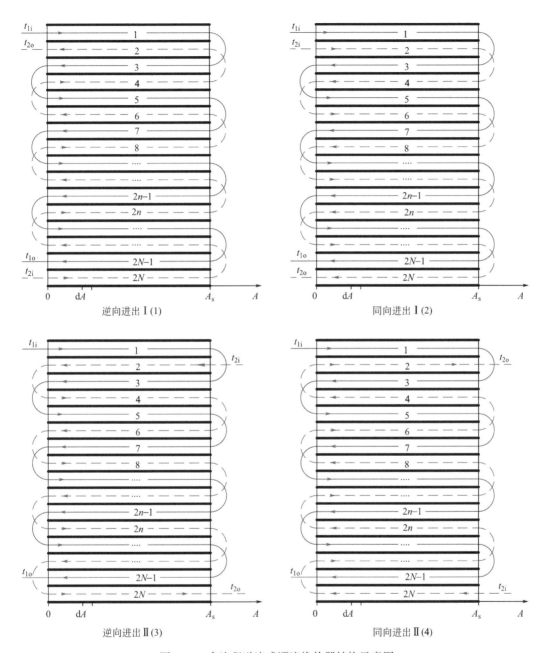

图 5-22 多流程逆流或顺流换热器结构示意图

...

流道 $2n-1$：$\dfrac{\mathrm{d}t_{2n-1}}{\mathrm{d}A} = (-1)^n D_1 (-t_{2n-1} + 2t_{2n-1} - t_{2n})$

流道 $2n$：$\dfrac{\mathrm{d}t_{2n}}{\mathrm{d}A} = (-1)^{n-1} D_2 (-t_{2n-1} + 2t_{2n} - t_{2n+1})$

...

流道 $2N$：$\dfrac{\mathrm{d}t_{2N}}{\mathrm{d}A} = (-1)^{N-1}D_2(-t_{2N-1}+t_{2N})$

记 $\dfrac{\mathrm{d}t_i}{\mathrm{d}A}=t_i'$，

$$
\begin{bmatrix} t_1' \\ t_2' \\ t_3' \\ \cdots \\ t_{2n-1}' \\ t_{2n}' \\ \cdots \\ t_{2N}' \end{bmatrix} = \begin{bmatrix} -D_1 & D_1 \\ -D_2 & 2D_2 & -D_2 \\ & -D_1 & 2D_1 & -D_1 \\ & \cdots & \cdots & \cdots \\ & & & (-1)^{n-1}D_1 & (-1)^n 2D_1 & (-1)^{n-1}D_1 \\ & & & & (-1)^n D_2 & (-1)^{n-1}2D_2 & (-1)^n D_2 \\ & & & & & \cdots & \cdots & \cdots \\ & & & & & & (-1)^N D_2 & (-1)^{N-1}D_2 \end{bmatrix} \cdot \begin{bmatrix} t_1 \\ t_2 \\ t_3 \\ \cdots \\ t_{2n-1} \\ t_{2n} \\ \cdots \\ t_{2N} \end{bmatrix}
$$

$$
\begin{bmatrix} t_1' \\ \cdots \\ t_{2n-1}' \\ t_{2n}' \\ \cdots \\ t_{2N}' \end{bmatrix} = \begin{bmatrix} -D_1 & D_1 \\ \cdots & \cdots & \cdots \\ & (-1)^{n-1}D_1 & (-1)^n 2D_1 & (-1)^{n-1}D_1 \\ & & (-1)^n D_2 & (-1)^{n+1}2D_2 & (-1)^n D_2 \\ & & & \cdots & \cdots & \cdots \\ & & & & (-1)^N D_2 & (-1)^{N+1}D_2 \end{bmatrix} \cdot \begin{bmatrix} t_1 \\ \cdots \\ t_{2n-1} \\ t_{2n} \\ \cdots \\ t_{2N} \end{bmatrix}
$$

$$
\begin{bmatrix} t_1' \\ \cdots \\ t_{2n-1}' \\ t_{2n}' \\ \cdots \\ t_{2N}' \end{bmatrix} = D_1 \cdot \begin{bmatrix} -1 & 1 \\ \cdots & \cdots & \cdots \\ & (-1)^{n-1} & (-1)^n \cdot 2 & (-1)^{n-1} \\ & & (-1)^n R & (-1)^{n+1}2R & (-1)^n R \\ & & & \cdots & \cdots & \cdots \\ & & & & (-1)^N R & (-1)^{N+1}R \end{bmatrix} \cdot \begin{bmatrix} t_1 \\ \cdots \\ t_{2n-1} \\ t_{2n} \\ \cdots \\ t_{2N} \end{bmatrix}
$$

2. 同向进出方式的微分方程组

同理可得

$$
\begin{bmatrix} t_1' \\ \cdots \\ t_{2n-1}' \\ t_{2n}' \\ \cdots \\ t_{2N}' \end{bmatrix} = \begin{bmatrix} -D_1 & D_1 \\ \cdots & \cdots & \cdots \\ & (-1)^{n-1}D_1 & (-1)^n 2D_1 & (-1)^{n-1}D_1 \\ & & (-1)^{n-1}D_2 & (-1)^n 2D_2 & (-1)^{n-1}D_2 \\ & & & \cdots & \cdots & \cdots \\ & & & & (-1)^{N-1}D_2 & (-1)^N D_2 \end{bmatrix} \cdot \begin{bmatrix} t_1 \\ \cdots \\ t_{2n-1} \\ t_{2n} \\ \cdots \\ t_{2N} \end{bmatrix}
$$

$$
\begin{bmatrix} t_1' \\ \cdots \\ t_{2n-1}' \\ t_{2n}' \\ \cdots \\ t_{2N}' \end{bmatrix} = D_1 \cdot \begin{bmatrix} -1 & 1 \\ \cdots & \cdots & \cdots \\ & (-1)^{n-1} & (-1)^n \cdot 2 & (-1)^{n-1} \\ & & (-1)^{n-1}R & (-1)^n 2R & (-1)^{n-1}R \\ & & & \cdots & \cdots & \cdots \\ & & & & (-1)^{N-1}R & (-1)^N R \end{bmatrix} \cdot \begin{bmatrix} t_1 \\ \cdots \\ t_{2n-1} \\ t_{2n} \\ \cdots \\ t_{2N} \end{bmatrix}
$$

5.4.2 温度场求解方法

1. 微分方程系数矩阵

令 $t=(t_1,t_2,t_3,\cdots,t_{2N})^T$，$t'=(t'_1,t'_2,t'_3,\cdots,t'_{2N})^T$，定义微分方程系数矩阵

$$H=\begin{bmatrix} -1 & 1 & & & & \\ \cdots & \cdots & \cdots & & & \\ & (-1)^{n-1} & (-1)^n\cdot 2 & (-1)^{n-1} & & \\ & & (-1)^n R & (-1)^{n+1}2R & (-1)^n R & \\ & & & \cdots & \cdots & \cdots \\ & & & & (-1)^N R & (-1)^{N+1}R \end{bmatrix}$$

$$S=\begin{bmatrix} -1 & 1 & & & & \\ \cdots & \cdots & \cdots & & & \\ & (-1)^{n-1} & (-1)^n\cdot 2 & (-1)^{n-1} & & \\ & & (-1)^{n-1}R & (-1)^n 2R & (-1)^{n-1}R & \\ & & & \cdots & \cdots & \cdots \\ & & & & (-1)^{N-1}R & (-1)^N R \end{bmatrix}$$

可以用数学归纳法证明：$\det H=0$，$\det S=0$。

对于逆向进出 I、II，有 $t'=D_1\cdot H\cdot t$。

对于同向进出 I、II，有 $t'=D_1\cdot S\cdot t$。

2. 特征值和特征向量

首先求出方阵 N 和 S 的特征值及对应的特征向量。即

$\det(\lambda I-H)=0$ 或 $\det(\lambda I-S)=0$

分别有 $2N$ 个特征值 λ_i 及对应的特征列向量 h_i（或 s_i）。

接下来可以用数学归纳法证明：

（1）逆向进出，且 $R=1$；$\lambda=0$ 是 H 的二重特征值。其对应的特征向量是单位列向量 ones $(2N,1)$（使用 matlab 计算时）。除 0 外，H 没有重特征值。且特征值成对的互为相反数。

（2）逆向进出，且 N 为偶数；$\lambda=0$ 是 H 的二重特征值，其对应的特征向量是单位列向量 ones $(2N,1)$。除 0 外，H 没有重特征值。

（3）逆向进出，N 为奇数且 $R\neq 1$；$\lambda=0$ 是 H 的非重特征值。其对应的特征向量是单位列向量 ones $(2N,1)$。

（4）同向进出，且 N 为奇数；$\lambda=0$ 是 S 的非重特征值，其对应的特征向量是单位列向量 ones $(2N,1)$。S 没有重特征值。

（5）同向进出，且 N 为偶数；$\lambda=0$ 是 S 的二重特征值，其对应的特征向量是单位列向量 ones $(2N,1)$。除 0 外，H 没有重特征值。且特征值成对的互为相反数。

3. 温度场系数矩阵与系数向量

（1）无重特征值

如果微分方程组：$t' = D_1 \cdot H \cdot t$ 的系数矩阵 H（或 S）没有重特征值，则解为

$$t = \sum_{i=1}^{2N} a_i e^{\lambda_i D_1 A} \cdot h_i = \sum_{i=1}^{2N} a_i e^{\lambda_i U} \cdot h_i \quad (U = D_1 \cdot A)$$

令温度场系数向量：$a = (a_1, \cdots, a_{2n-1}, a_{2n}, \cdots, a_{2N})^T$

温度场系数矩阵：$\Theta = (e^{\lambda_1 U} \cdot h_1, \cdots, e^{\lambda_{2n-1} U} \cdot h_{2n-1}, e^{\lambda_{2n} U} \cdot h_{2n}, \cdots, e^{\lambda_{2N} U} \cdot h_{2N})$

则：$t = \Theta \cdot a$，即

$$\begin{bmatrix} t_1 \\ \cdots \\ t_{2n-1} \\ t_{2n} \\ \cdots \\ t_{2N} \end{bmatrix} = (e^{\lambda_1 U} \cdot h_1, \cdots, e^{\lambda_{2n-1} U} \cdot h_{2n-1}, e^{\lambda_{2n} U} \cdot h_{2n}, \cdots, e^{\lambda_{2N} U} \cdot h_{2N}) \begin{bmatrix} a_1 \\ \cdots \\ a_{2n-1} \\ a_{2n} \\ \cdots \\ a_{2N} \end{bmatrix}$$

无重特征值时，$\lambda = 0$ 是 S（或 H）的非重特征值，对应特征向量为单位列向量：$Y = \text{ones}(2N, 1)$

令温度场系数向量：$a = (a_1, \cdots, a_{2n-1}, a_{2n}, \cdots, a_{2N})^T$

系数矩阵：$\Theta = (e^{\lambda_1 U} \cdot s_1, \cdots, e^{\lambda_{2n-1} U} \cdot s_{2n-1}, e^{\lambda_{2n} U} \cdot s_{2n}, \cdots, e^{\lambda_{2N} U} \cdot s_{2N})$

或者：$\Theta = (Y, e^{\lambda_1 U} \cdot s_1, \cdots, e^{\lambda_{2n-1} U} \cdot s_{2n-1}, e^{\lambda_{2n} U} \cdot s_{2n}, \cdots, e^{\lambda_{2N-1} U} \cdot s_{2N-1})$

则：$t = \Theta \cdot a$

（2）二重特征值为零

如果 $\lambda = 0$ 是 H（或 S）的二重特征值，那么二重特征值 $\lambda = 0$ 对应的解向量为

$$\begin{bmatrix} t_1 \\ \cdots \\ t_{2n-1} \\ t_{2n} \\ \cdots \\ t_{2N} \end{bmatrix} = \begin{bmatrix} c_1 \\ \cdots \\ c_{2n-1} \\ c_{2n} \\ \cdots \\ c_{2N} \end{bmatrix} + \begin{bmatrix} d_1 \\ \cdots \\ d_{2n-1} \\ d_{2n} \\ \cdots \\ d_{2N} \end{bmatrix} \cdot U$$

为了求出系数 $c_1, \cdots, c_{2N}, d_1, \cdots, d_{2N}$，将之代入微分方程组 $t'_U = H \cdot t$（$t' = D_1 \cdot H \cdot t$）可得到

$$\begin{bmatrix} t'_1 \\ \cdots \\ t'_{2n-1} \\ t'_{2n} \\ \cdots \\ t'_{2N} \end{bmatrix} = \begin{bmatrix} d_1 \\ \cdots \\ d_{2n-1} \\ d_{2n} \\ \cdots \\ d_{2N} \end{bmatrix} = H \cdot \left\{ \begin{bmatrix} c_1 \\ \cdots \\ c_{2n-1} \\ c_{2n} \\ \cdots \\ c_{2N} \end{bmatrix} + \begin{bmatrix} d_1 \\ \cdots \\ d_{2n-1} \\ d_{2n} \\ \cdots \\ d_{2N} \end{bmatrix} \cdot U \right\}，\text{于是有}$$

$$H \cdot \begin{bmatrix} d_1 \\ \cdots \\ d_{2n-1} \\ d_{2n} \\ \cdots \\ d_{2N} \end{bmatrix} = \begin{bmatrix} 0 \\ \cdots \\ 0 \\ 0 \\ \cdots \\ 0 \end{bmatrix} \quad 和 \quad H \cdot \begin{bmatrix} c_1 \\ \cdots \\ c_{2n-1} \\ c_{2n} \\ \cdots \\ c_{2N} \end{bmatrix} = \begin{bmatrix} d_1 \\ \cdots \\ d_{2n-1} \\ d_{2n} \\ \cdots \\ d_{2N} \end{bmatrix}$$

令单位列向量：$Y=\text{ones}(2N，1)$，对 H（或 S）均有：$H \cdot (d_1 \cdot Y)=0$（或 $S \cdot (d_1 \cdot Y)=0$）（d_1 为某数量）

所以可令 $\begin{bmatrix} d_1 \\ \cdots \\ d_{2n-1} \\ d_{2n} \\ \cdots \\ d_{2N} \end{bmatrix} = d_1 \cdot Y$，假设存在列向量 B，使得 $\begin{bmatrix} c_1 \\ \cdots \\ c_{2n-1} \\ c_{2n} \\ \cdots \\ c_{2N} \end{bmatrix} = d_1 \cdot B + c_1 \cdot Y$，则

$H \cdot (d_1 \cdot B + c_1 \cdot Y)=H \cdot d_1 \cdot B + 0 = d_1 \cdot Y$，也即 $H \cdot B = Y$

二重特征值 $\lambda=0$ 对应的解向量为

$t=d_1 \cdot B + c_1 \cdot Y + d_1 \cdot Y \cdot U = c_1 \cdot Y + d_1 \cdot (B + U \cdot Y)$

设前 $2N-2$ 个特征值 $\lambda_i \neq 0$（即为非重特征值），对应的特征向量为 h_i

令温度场系数向量：$a=(a_1，\cdots，a_{2n-1}，a_{2n}，\cdots，a_{2N})^T$

温度场系数矩阵：$\Theta=(Y，B+U \cdot Y，e^{\lambda_1 U} \cdot h_1，\cdots，e^{\lambda_{2n-1} U} \cdot h_{2n-1}，e^{\lambda_{2n} U} \cdot h_{2n}，\cdots，$ $e^{\lambda_{2N-2} U} \cdot h_{2N-2})$

则：$t=\Theta \cdot a$，即

$$\begin{bmatrix} t_1 \\ \cdots \\ t_{2n-1} \\ t_{2n} \\ \cdots \\ t_{2N} \end{bmatrix} = (Y,B+U \cdot Y,e^{\lambda_1 U} \cdot h_1,\cdots,e^{\lambda_{2n-1} U} \cdot h_{2n-1},e^{\lambda_{2n} U} \cdot h_{2n},\cdots,e^{\lambda_{2N-2} U} \cdot h_{2N-2}) \begin{bmatrix} a_1 \\ \cdots \\ a_{2n-1} \\ a_{2n} \\ \cdots \\ a_{2N} \end{bmatrix}$$

求出了系数向量 a，也就求解了温度场。

（3）逆向进出有二重特征值

逆向进出，$\lambda=0$ 是 H 的二重特征值，令单位列向量：$Y=\text{ones}(2N，1)$

令列向量 $B=\left[\left(n-1-\dfrac{n-1}{R}，n-\dfrac{n-1}{R}\bigg| n=2k-1\right)，\left(n-\dfrac{n-1}{R}，n-\dfrac{n}{R}\bigg| n=2k\right)\right]^T$，

$(k=1，2，\cdots，N)$ 也即

$$B = \begin{bmatrix} n-1-\dfrac{n-1}{R} \,\bigg|\, n \text{ 为奇数} \\[2mm] n-\dfrac{n-1}{R} \,\bigg|\, n \text{ 为奇数} \\[2mm] n-\dfrac{n-1}{R} \,\bigg|\, n \text{ 为偶数} \\[2mm] n-\dfrac{n}{R} \,\bigg|\, n \text{ 为偶数} \end{bmatrix} \quad (n=1,\ 2,\ \cdots,\ N)$$

可以证明：

(1) $H \cdot Y = 0$，或 $H \cdot (a_2 \cdot Y) = 0$

(2) $H \cdot B = Y$，或 $H \cdot (a_1 \cdot Y + a_2 \cdot B) = a_2 \cdot Y$（$a_1$、$a_2$ 为标量数值）

设前 $2N-2$ 个特征值 $\lambda_i \neq 0$（即为非重特征值），对应的特征向量为 h_i

令温度场系数向量：$a = (a_1,\ \cdots,\ a_{2n-1},\ a_{2n},\ \cdots,\ a_{2N})^T$

温度场系数矩阵：$\Theta = (Y,\ B+U \cdot Y,\ e^{\lambda_1 U} \cdot h_1,\ \cdots,\ e^{\lambda_{2n-1} U} \cdot h_{2n-1},\ e^{\lambda_{2n} U} \cdot h_{2n},\ \cdots,$ $e^{\lambda_{2N-2} U} \cdot h_{2N-2})$

则：$t = \Theta \cdot a$

（4）同向进出有二重特征值

同向进出且 N 为偶数，$\lambda = 0$ 是 S 的二重特征值，令单位列向量：$Y = \text{ones}(2N,\ 1)$

令列向量 $B = \left[\left(n-1+\dfrac{n-1}{R},\ n+\dfrac{n-1}{R} \,\bigg|\, n \text{ 为奇数}\right),\ \left(n+\dfrac{n-1}{R},\ n+\dfrac{n}{R} \,\bigg|\, n \text{ 为偶数}\right) \right]^T$，

也即

$$B = \begin{bmatrix} n-1+\dfrac{n-1}{R} \,\bigg|\, n \text{ 为奇数} \\[2mm] n+\dfrac{n-1}{R} \,\bigg|\, n \text{ 为奇数} \\[2mm] n+\dfrac{n-1}{R} \,\bigg|\, n \text{ 为偶数} \\[2mm] n+\dfrac{n}{R} \,\bigg|\, n \text{ 为偶数} \end{bmatrix} \quad (n=1,\ 2,\ \cdots,\ N)$$

可以证明：

(1) $S \cdot Y = 0$，或 $S \cdot (a_2 \cdot Y) = 0$

(2) $S \cdot B = Y$，或 $S \cdot (a_1 \cdot Y + a_2 \cdot B) = a_2 \cdot Y$（$a_1$、$a_2$ 为标量数值）

设前 $2N-2$ 个特征值 $\lambda_i \neq 0$（即为非重特征值），对应的特征向量为 h_i

令温度场系数向量：$a = (a_1,\ \cdots,\ a_{2n-1},\ a_{2n},\ \cdots,\ a_{2N})^T$

温度场系数矩阵：$\Theta = (Y,\ B+U \cdot Y,\ e^{\lambda_1 U} \cdot s_1,\ \cdots,\ e^{\lambda_{2n-1} U} \cdot s_{2n-1},\ e^{\lambda_{2n} U} \cdot s_{2n},\ \cdots,$ $e^{\lambda_{2N-2} U} \cdot s_{2N-2})$

则：$t = \Theta \cdot a$

4. 边界条件

逆向进出 I 边界条件：

$A=0$ 或 $U=0$：当 N 为奇数时，共 N 个条件，$t_1=t_{1i}$（流体 1 进口温度）；$t_{2n}=t_{2n+2}$（$n=2$，4，6，$\cdots$，$N-1$）；$t_{2n-1}=t_{2n+1}$（$n=2$，4，6，$\cdots$，$N-1$）。

当 N 为偶数时，共 N 个条件，$t_1=t_{1i}$（流体 1 进口温度）；$t_{2n}=t_{2n+2}$（$n=2$，4，6，$\cdots$，$N-2$）；$t_{2n-1}=t_{2n+1}$（$n=2$，4，6，$\cdots$，$N-2$）；$t_{2N}=t_{2i}$（流体 2 的进口温度）

$A=A_s$ 或 $U=U_s$：当 N 为奇数时，共 N 个条件，$t_{2n}=t_{2n+2}$（$n=1$，3，5，$\cdots$，$N-2$）；$t_{2n-1}=t_{2n+1}$（$n=1$，3，5，$\cdots$，$N-2$），$t_{2N}=t_{2i}$（流体 2 的进口温度）。

当 N 为偶数时，共 N 个条件，$t_{2n}=t_{2n+2}$（$n=1$，3，5，$\cdots$，$N-1$），$t_{2n-1}=t_{2n+1}$（$n=1$，3，5，$\cdots$，$N-1$）。

同理可以给出其他边界条件，边界条件汇总如表 5-3。

边界条件汇总表　　　表 5-3

	左侧（$A=0$ 或 $U=0$）		右侧（$A=A_s$ 或 $U=U_s$）	
	N 为奇数	N 为偶数	N 为奇数	N 为偶数
逆向进出 I	$t_1=t_{1i}$ $t_{2n}=t_{2n+2}$ （$n=$小于 N 的偶数） $t_{2n-1}=t_{2n+1}$ （$n=$小于 N 的偶数）	$t_1=t_{1i}$ $t_{2n}=t_{2n+2}$ （$n=$小于 N 的偶数） $t_{2n-1}=t_{2n+1}$ （$n=$小于 N 的偶数） $t_{2N}=t_{2i}$	$t_{2n}=t_{2n+2}$ （$n=$小于 N 的奇数） $t_{2n-1}=t_{2n+1}$ （$n=$小于 N 的奇数） $t_{2N}=t_{2i}$	$t_{2n}=t_{2n+2}$ （$n=$小于 N 的奇数） $t_{2n-1}=t_{2n+1}$ （$n=$小于 N 的奇数）
同向进出 I	$t_1=t_{1i}$ $t_2=t_{2i}$ $t_{2n}=t_{2n+2}$ （$n=$小于 N 的偶数） $t_{2n-1}=t_{2n+1}$ （$n=$小于 N 的偶数）	$t_1=t_{1i}$ $t_2=t_{2i}$ $t_{2n}=t_{2n+2}$ （$n=$小于 N 的偶数） $t_{2n-1}=t_{2n+1}$ （$n=$小于 N 的偶数）	$t_{2n}=t_{2n+2}$ （$n=$小于 N 的奇数） $t_{2n-1}=t_{2n+1}$ （$n=$小于 N 的奇数）	$t_{2n}=t_{2n+2}$ （$n=$小于 N 的奇数） $t_{2n-1}=t_{2n+1}$ （$n=$小于 N 的奇数）
逆向进出 II	$t_1=t_{1i}$ $t_{2n}=t_{2n+2}$ （$n=$小于 N 的奇数） $t_{2n-1}=t_{2n+1}$ （$n=$小于 N 的偶数）	$t_1=t_{1i}$ $t_{2n}=t_{2n+2}$ （$n=$小于 N 的奇数） $t_{2n-1}=t_{2n+1}$ （$n=$小于 N 的奇数）	$t_2=t_{2i}$ $t_{2n}=t_{2n+2}$ （$n=$小于 N 的偶数） $t_{2n-1}=t_{2n+1}$ （$n=$小于 N 的奇数）	$t_2=t_{2i}$ $t_{2n}=t_{2n+2}$ （$n=$小于 N 的偶数） $t_{2n-1}=t_{2n+1}$ （$n=$小于 N 的奇数）
同向进出 II	$t_1=t_{1i}$ $t_{2n}=t_{2n+2}$ （$n=$小于 N 的奇数） $t_{2n-1}=t_{2n+1}$ （$n=$小于 N 的偶数） $t_{2N}=t_{2i}$	$t_1=t_{1i}$ $t_{2n}=t_{2n+2}$ （$n=$小于 N 的奇数） $t_{2n-1}=t_{2n+1}$ （$n=$小于 N 的偶数）	$t_{2n}=t_{2n+2}$ （$n=$小于 N 的偶数） $t_{2n-1}=t_{2n+1}$ （$n=$小于 N 的奇数）	$t_{2n}=t_{2n+2}$ （$n=$小于 N 的偶数） $t_{2n-1}=t_{2n+1}$ （$n=$小于 N 的奇数） $t_{2N}=t_{2i}$

5. 求解温度场系数向量

根据边界条件，求 $2N$ 个系数 a_i。设 $\Theta_i(U_s)$ 表示温度场系数矩阵 Θ 的第 i 行的行向量，且变量 $U=U_s$。则第 i 流道的流体温度分布为：$t_i=\Theta_i(U)\cdot a$、$\Theta_i(0)\cdot a$ 即为第 i 流道左侧流体温度，$\Theta_i(U_s)\cdot a$ 即为第 i 流道右侧流体温度。

根据上述 $2N$ 个边界条件，可以求出 $2N$ 个系数 a_i。

（1）逆向进出 *I-N* 为奇数

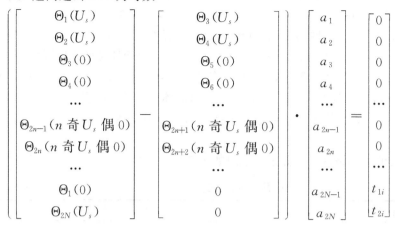

矩阵 1、2 中 $n \leqslant N-1$。

（2）逆向进出 *I-N* 为偶数

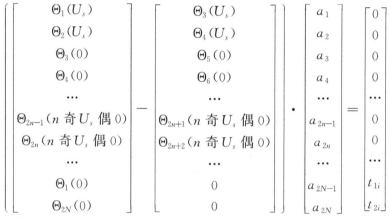

矩阵 1、2 中 $n \leqslant N-1$。

（3）同向进出 *I*

$$\left\{\begin{bmatrix} \Theta_1(U_s) \\ \Theta_2(U_s) \\ \Theta_3(0) \\ \Theta_4(0) \\ \cdots \\ \Theta_{2n-1}(n\,\text{奇}\,U_s\,\text{偶}\,0) \\ \Theta_{2n}(n\,\text{奇}\,U_s\,\text{偶}\,0) \\ \cdots \\ \Theta_1(0) \\ \Theta_2(0) \end{bmatrix} - \begin{bmatrix} \Theta_3(U_s) \\ \Theta_4(U_s) \\ \Theta_5(0) \\ \Theta_6(0) \\ \cdots \\ \Theta_{2n+1}(n\,\text{奇}\,U_s\,\text{偶}\,0) \\ \Theta_{2n+2}(n\,\text{奇}\,U_s\,\text{偶}\,0) \\ \cdots \\ 0 \\ 0 \end{bmatrix} \right\} \cdot \begin{bmatrix} a_1 \\ a_2 \\ a_3 \\ a_4 \\ \cdots \\ a_{2n-1} \\ a_{2n} \\ \cdots \\ a_{2N-1} \\ a_{2N} \end{bmatrix} = \begin{bmatrix} 0 \\ 0 \\ 0 \\ 0 \\ \cdots \\ 0 \\ 0 \\ \cdots \\ t_{1i} \\ t_{2i} \end{bmatrix}$$

矩阵 1、2 中 $n \leqslant N-1$。

（4）逆向进出 *II*

$$
\left\{
\begin{bmatrix}
\Theta_1(U_s) \\
\Theta_2(0) \\
\Theta_3(0) \\
\Theta_4(U_s) \\
\cdots \\
\Theta_{2n-1}(n\ \text{奇}\ U_s\ \text{偶}\ 0) \\
\Theta_{2n}(n\ \text{奇}\ 0\ \text{偶}\ U_s) \\
\cdots \\
\Theta_1(0) \\
\Theta_2(U_s)
\end{bmatrix}
-
\begin{bmatrix}
\Theta_3(U_s) \\
\Theta_4(0) \\
\Theta_5(0) \\
\Theta_6(U_s) \\
\cdots \\
\Theta_{2n+1}(n\ \text{奇}\ U_s\ \text{偶}\ 0) \\
\Theta_{2n+2}(n\ \text{奇}\ 0\ \text{偶}\ U_s) \\
\cdots \\
0 \\
0
\end{bmatrix}
\right\}
\cdot
\begin{bmatrix}
a_1 \\
a_2 \\
a_3 \\
a_4 \\
\cdots \\
a_{2n-1} \\
a_{2n} \\
\cdots \\
a_{2N-1} \\
a_{2N}
\end{bmatrix}
=
\begin{bmatrix}
0 \\
0 \\
0 \\
0 \\
\cdots \\
0 \\
0 \\
\cdots \\
t_{1i} \\
t_{2i}
\end{bmatrix}
$$

矩阵 1、2 中 $n \leqslant N-1$。

（5）同向进出 II-N 为奇数

$$
\left\{
\begin{bmatrix}
\Theta_1(U_s) \\
\Theta_2(0) \\
\Theta_3(0) \\
\Theta_4(U_s) \\
\cdots \\
\Theta_{2n-1}(n\ \text{奇}\ U_s\ \text{偶}\ 0) \\
\Theta_{2n}(n\ \text{奇}\ 0\ \text{偶}\ U_s) \\
\cdots \\
\Theta_1(0) \\
\Theta_{2N}(0)
\end{bmatrix}
-
\begin{bmatrix}
\Theta_3(U_s) \\
\Theta_4(0) \\
\Theta_5(0) \\
\Theta_6(U_s) \\
\cdots \\
\Theta_{2n+1}(n\ \text{奇}\ U_s\ \text{偶}\ 0) \\
\Theta_{2n+2}(n\ \text{奇}\ 0\ \text{偶}\ U_s) \\
\cdots \\
0 \\
0
\end{bmatrix}
\right\}
\cdot
\begin{bmatrix}
a_1 \\
a_2 \\
a_3 \\
a_4 \\
\cdots \\
a_{2n-1} \\
a_{2n} \\
\cdots \\
a_{2N-1} \\
a_{2N}
\end{bmatrix}
=
\begin{bmatrix}
0 \\
0 \\
0 \\
0 \\
\cdots \\
0 \\
0 \\
\cdots \\
t_{1i} \\
t_{2i}
\end{bmatrix}
$$

矩阵 1、2 中 $n \leqslant N-1$。

（6）同向进出 II-N 为偶数

$$
\left\{
\begin{bmatrix}
\Theta_1(U_s) \\
\Theta_2(0) \\
\Theta_3(0) \\
\Theta_4(U_s) \\
\cdots \\
\Theta_{2n-1}(n\ \text{奇}\ U_s\ \text{偶}\ 0) \\
\Theta_{2n}(n\ \text{奇}\ 0\ \text{偶}\ U_s) \\
\cdots \\
\Theta_1(0) \\
\Theta_{2N}(U_s)
\end{bmatrix}
-
\begin{bmatrix}
\Theta_3(U_s) \\
\Theta_4(0) \\
\Theta_5(0) \\
\Theta_6(U_s) \\
\cdots \\
\Theta_{2n+1}(n\ \text{奇}\ U_s\ \text{偶}\ 0) \\
\Theta_{2n+2}(n\ \text{奇}\ 0\ \text{偶}\ U_s) \\
\cdots \\
0 \\
0
\end{bmatrix}
\right\}
\cdot
\begin{bmatrix}
a_1 \\
a_2 \\
a_3 \\
a_4 \\
\cdots \\
a_{2n-1} \\
a_{2n} \\
\cdots \\
a_{2N-1} \\
a_{2N}
\end{bmatrix}
=
\begin{bmatrix}
0 \\
0 \\
0 \\
0 \\
\cdots \\
0 \\
0 \\
\cdots \\
t_{1i} \\
t_{2i}
\end{bmatrix}
$$

矩阵 1、2 中 $n \leqslant N-1$。

5.4.3　数值计算结果分析

1. 换热能力考查指标

给出四种情况下流体出口温度的表达式如表 5-4 所示。

两种流体的出口温度表

表 5-4

	N 为奇数		N 为偶数	
逆向进出 Ⅰ	$t_{1o} = t_{2N-1}(A_s)$	$t_{2o} = t_2(0)$	$t_{1o} = t_{2N-1}(0)$	$t_{2o} = t_2(0)$
同向进出 Ⅰ	$t_{1o} = t_{2N-1}(A_s)$	$t_{2o} = t_{2N}(A_s)$	$t_{1o} = t_{2N-1}(0)$	$t_{2o} = t_{2N}(0)$
逆向进出 Ⅱ	$t_{1o} = t_{2N-1}(A_s)$	$t_{2o} = t_{2N}(0)$	$t_{1o} = t_{2N-1}(0)$	$t_{2o} = t_{2N}(A_s)$
同向进出 Ⅱ	$t_{1o} = t_{2N-1}(A_s)$	$t_{2o} = t_2(A_s)$	$t_{1o} = t_{2N-1}(0)$	$t_{2o} = t_2(A_s)$

流体 1 温降：$\Delta t_1 = t_{1i} - t_{1o}$

单流道：$\varepsilon_1 = \dfrac{\Delta t_1}{\Delta t_i} = \dfrac{t_{1i} - t_{1o}}{t_{1i} - t_{2i}}$

理想顺流：$\varepsilon_{is} = \dfrac{\Delta t_{1s}}{\Delta t_i} = \dfrac{1 - \exp[-(2N-1)U_s(1+R)]}{1+R}$

理想逆流：$\varepsilon_{in} = \dfrac{\Delta t_{1n}}{\Delta t_i} = \dfrac{1 - \exp[-(2N-1)U_s(1-R)]}{1 - R \cdot \exp[-(2N-1)U_s(1-R)]}$

逆流程度指数：$\eta_{dn} = \dfrac{\varepsilon_1}{\varepsilon_{in}} = \dfrac{\Delta t_1}{\Delta t_{1n}}$, $\eta_{sn} = \dfrac{\varepsilon_{is}}{\varepsilon_{in}} = \dfrac{\Delta t_{1s}}{\Delta t_{1n}}$

偏逆指数：$\delta_n = \dfrac{\Delta t_{1n} - \Delta t_1}{\Delta t_{1n}} = 1 - \eta_n$

近顺指数：$\eta_{ds} = \dfrac{\varepsilon_1}{\varepsilon_{is}} = \dfrac{\Delta t_1}{\Delta t_{1s}}$,

偏顺指数：$\delta_s = \dfrac{\Delta t_1 - \Delta t_{1s}}{\Delta t_{1s}} = \eta_s - 1$

2. 换热特性与影响因素

换热能力特性主要有四个影响因素：U、N、R、$\Delta t_i = t_{1i} - t_{2i}$。

对于宽流道板式换热器，传热单元数有如下关系：

$$U = \frac{K \cdot A}{\rho_1 c_1 \dot{V}_1} = \frac{K \cdot W \cdot L}{\rho_1 c_1 u_1 W \delta} = \frac{K}{\rho_1 c_1 u_1 \delta} \cdot L \approx \frac{800}{1000 \times 4200 \times 1.2 \times 0.04} = 0.004L$$

即传热单元数与换热器长度成正比，与宽度无关。

（1）顺逆程度与进口温度差无关

通过分析发现，顺逆流程度系数与进口温度差无关

即 $\eta_n(U_s,\ N,\ R)$，$\eta_s(U_s,\ N,\ R)$。

（2）顺逆程度与流道数 N 的关系

当 U_s 为定常时，顺逆程度与流道数 N 的关系如表 5-5 所示：

顺逆程度与流道数 N 的关系表　　　　　　　　　　　　　　　表 5-5

进出方向	U_s	R	$\eta_{dnmin} / \eta_{dsmax}$	N_*	$N_{0.01}$
逆向	0.010	1.0	0.9999	7	2
	0.015	1.0	0.9997	6	2
	0.020	1.0	0.9995	5	2
	1	1	0.8258	2	78
	0.010	0.5	0.9999	7	2
	0.015	0.5	0.9999	6	2
	0.020	0.5	0.9997	6	2
	1	0.5	0.8892	2	8
同向	0.010	1.0	1.0001	6	2
	0.015	1.0	1.0003	5	2
	0.020	1.0	1.0005	5	2
	1	1	1.0964	2	3
	0.010	0.5	1.0001	7	2
	0.015	0.5	1.0001	6	2
	0.020	0.5	1.0003	5	2
	1	0.5	1.0768	2	3

结论：1）当 U_s 较小时，无论流道数 N 为多少，逆向进出基本等同于理想逆流，同向进出基本等同于顺流。

2）当 U_s 较大时，$N=2$ 非常特殊，逆向进出在 $N=2$ 时，偏逆指数和偏顺指数最大。

3）当 U_s 增大时，偏逆指数和偏顺指数最大对应的流道数 N_* 减小，极限为 2，$N_{0.01}$ 增大。

当 U_c 为定常时，顺逆程度与流道数 N 的关系如表 5-6 所示：

顺逆程度与流道数 N 的关系表　　　　　　　　　　　　　　　表 5-6

进出方向	U_c	R	$\eta_{dnmin} / \eta_{dsmax}$	N_*	$N_{0.01}$
逆向	4.0	1.0	0.7867	2	12
	3.0	1.0	0.8258	2	10
	4.0	0.5	0.8626	2	8
	3.0	0.5	0.8892	2	7
同向	4.0	1.0	1.0999	2	3
	3.0	1.0	1.0964	2	3
	4.0	0.5	1.0838	2	3
	3.0	0.5	1.0768	2	4

结论：1）流道数 $N=2$ 非常特殊，逆向进出在 $N=2$ 时换热能力最差，同向进出在 $N=2$ 时换热能力最好。

2）当流道数 $N > N_{0.01}$（逆向进出为 10 左右，同向进出为 3 左右），即 N 较大时，逆向进出基本等同于理想逆流，同向进出基本等同于理想顺流。

3）逆向进出且 U_c 增加时，近逆程度降低，即 η_{dn} 和 η_{dnmin} 减小，$N_{0.01}$、$U_{s0.01}$ 增加。

4）同向进出且 U_c 增加时，近顺程度降低，即 η_{ds} 和 η_{dsmax} 增加，$N_{0.01}$ 减小、$U_{s0.01}$ 增加。

5）R 从 0 增加到 1 过程中，近逆程度和近顺程度均降低，即 η_{dn} 和 η_{dnmin} 减小或 η_{ds} 和 η_{dsmax} 增加（偏逆指数 δ_n 和偏顺指数 δ_s 均增加）。因为当 $R = 0$ 时，无论流道数 N 为多少，均不存在顺逆流的差别了。

第6章 有限差分方法及其应用

6.1 有限差分方法的离散化

传热问题的控制方程多为偏微分方程，采用泰勒级数展开，可以得到微分方程的有限差分方程，根据泰勒级数展开后保留项数的多少，可以得到逼近微商的不同阶精度的差商近似式。让我们来研究一下图 6-1 中的网格节点。对于位于节点 1 与节点 3 之间中间的节点 2（$\Delta x = x_2 - x_1 = x_3 - x_2$），在 2 周围展开的泰勒级数给出：

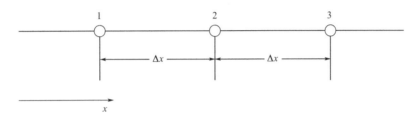

图 6-1 用于泰勒级数展开的三个顺序排列网格

$$\phi_1 = \phi_2 - \Delta x \left(\frac{\mathrm{d}\phi}{\mathrm{d}x}\right)_2 + \frac{1}{2}\Delta x^2 \left(\frac{\mathrm{d}^2\phi}{\mathrm{d}x^2}\right)_2 - \cdots \tag{6-1}$$

以及

$$\phi_3 = \phi_2 + \Delta x \left(\frac{\mathrm{d}\phi}{\mathrm{d}x}\right)_2 + \frac{1}{2}\Delta x^2 \left(\frac{\mathrm{d}^2\phi}{\mathrm{d}x^2}\right)_2 + \cdots \tag{6-2}$$

恰好在第三项之后截断级数，将两个方程相加及相减，我们得到

$$\left(\frac{\mathrm{d}\phi}{\mathrm{d}x}\right)_2 = \frac{\phi_3 - \phi_1}{2\Delta x} \tag{6-3}$$

以及

$$\left(\frac{\mathrm{d}^2\phi}{\mathrm{d}x^2}\right)_2 = \frac{\phi_1 + \phi_3 - 2\phi_2}{(\Delta x)^2} \tag{6-4}$$

把这两个表达式带入微分方程就推得有限差分方程。

这个方法含有这样的假设：ϕ 的变化多少有点像是 x 的一个多项式，从而高阶导数是没有那么重要的。但是当存在（比方说）指数形式的变化时，这种假设就可能导致人们得到不想要的公式。泰勒级数公式的推导是比较直截了当的，但是缺乏弹性并且其中的各项物理意义难以理解。当然无可否认这完全是一种主观的想法，具有相当数学修养的人可能会认为泰勒级数是高度明确而有意义的。

在泰勒级数展开格式的基础上，人们做出了一些有意义的改进。以节点作为控制体积的代表，进行离散化。控制体积这种思想可以这样理解：把计算区域分成若干个互不重叠的控制体积，并使每一个网格节点都由一个控制体积所包围。对于每一个控制体积积分微分方程，应用表示网格节点之间 ϕ 变化的分段分布关系来计算所要求的积分。这样我们就得到了一个包含有一组网格节点处 ϕ 值的离散化方程。

控制体积这种思想最吸引人的特征是：所得到的结果（解）将意味着任何一组控制体积内，当然也就是在整个计算域内，诸如质量、动量以及能量这样一些物理量的积分守恒都可以精确地得到满足。对于任意数目的网格节点，这一特征都存在（不只是限于网格节点数变得很大时的极限意义上）。因而，即便在粗网格上的解也照样显示准确的积分平衡。

下面以一维稳态热传导问题为例进行基于有限差分控制体积的离散化过程展示。其中 k 为导热系数，T 为温度，S 是单位体积的发热率。

$$\frac{\mathrm{d}}{\mathrm{d}x}\left(k\frac{\mathrm{d}T}{\mathrm{d}x}\right)+S=0 \tag{6-5}$$

为了推导该离散化方程，我们使用图 6-2 中所示的网格节点群。我们集中注意于网格节点 P，该点以网格节点 E 及 W 作为它的两个邻点（E 表示东侧，而 W 表示西侧）。虚线表示控制体积面，就目前来说，它们的准确位置是无关紧要的。字母 e 与 w 代表这些面。对于所考虑的一维问题，我们将假设在 y 与 z 方向为单位厚度，于是图中所示的控制体积为 $\Delta x \times 1 \times 1$。如果我们在整个控制体积内积分方程（6-5），我们就得到

$$\left(k\frac{\mathrm{d}T}{\mathrm{d}x}\right)_e-\left(k\frac{\mathrm{d}T}{\mathrm{d}x}\right)_w+\int_w^e S\mathrm{d}x=0 \tag{6-6}$$

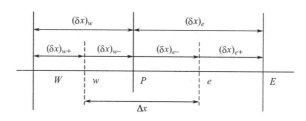

图 6-2　一维问题的网格节点群

为了进一步的工作，我们需要一个关于温度分布的假设，最简单的一种可能是假设在一个网格节点处 T 值代表它周围整个控制体积内的 T 值，对于这样的分布，斜率 $\mathrm{d}T/\mathrm{d}x$ 在控制体积面（即在 w 或 e）上是不确定的。一种摆脱这种困境的分布曲线是分段线性的分布。这时，在网格节点之间采用线性的内插函数。如果我们用分段线性分布来计算方程（6-6）中的 $\mathrm{d}T/\mathrm{d}x$，所得的方程将为

$$\frac{k_e(T_E-T_P)}{(\delta x)_e}-\frac{k_w(T_P-T_W)}{(\delta x)_w}+\overline{S}\Delta x=0 \tag{6-7}$$

其中 $\overline{S}$ 为 S 在整个控制体积内的平均值，将离散化方程缩写成下列形式是有用的：

$$a_P T_P=a_E T_E+a_W T_W+b \tag{6-8}$$

其中

$$a_E=\frac{k_e}{(\delta x)_e} \tag{6-9}$$

$$a_W=\frac{k_w}{(\delta x)_w} \tag{6-10}$$

$$a_P = a_E + a_W \tag{6-11}$$

$$b = \overline{S}\Delta x \tag{6-12}$$

方程（6-8）表示我们将要写出的离散化方程的标准形式。在中心网格节点上的温度 T_P 出现在方程的左边，而相邻节点上的温度和常数 b 构成方程右侧的一些项对二维与三维的情况，方程（6-8）中节点的数目将增加。一般来说，比较方便的是把方程（6-8）看成是具有以下的形式：

$$a_P T_P = \sum a_{nb} T_{nb} + b \tag{6-13}$$

式中下标 nb 表示一个相邻节点，Σ 表示对所有的相邻节点求和。这里，在离散化过程中，我们选择温度分布函数的要求是：即使采用很粗的网格，解也总应该满足：（1）物理上真实的性状；（2）总的平衡。

物理上的真实很容易理解：一个真实的变化应当具有与准确变化相同的定性倾向。在无内热源的热传导问题，内部没有一处的温度可以超出边界温度所确定的温度范围之外。当一块热的固体为绕流的流体所冷却时，固体的温度不可能降低到比该流体的温度还低。

总平衡的要求意味着对整个计算区域应当满足积分守恒。我们将坚持要求热流密度、质量流量以及动量通量必须准确地同相应的源和汇建立平衡，这种平衡不应当只是限于网格节点的数目变得很大时的情况，而是对于任何数目的网格节点都应该得到满足。

在这里，对于方程（6-5）我们还有一项即源项 S 没有讨论，一般来说，源项是因变量 T 本身的函数，因而在构成离散化方程的过程中需要知道这种函数关系。但是，正如我们将在后面看到的那样，由于离散化方程需要用线性代数的技术来求解，因而我们在形式上只能考虑一种线性的函数关系。这里把平均值 $\overline{S}$ 表示成下列形式是足够的。

$$\overline{S} = S_c + S_p T_p \tag{6-14}$$

式中 S_c 代表 $\overline{S}$ 的常数部分，而 S_p 是 T_p 的系数（显然 S_p 不代表在节点 P 所计算的 S）。

在方程（6-14）中 T_p 的出现表明，在表示平均值 $\overline{S}$ 时，我们已经假设：T_p 值代表整个控制体积内的值，换句话说已经采用了阶梯式的分布。应用线性化的源项表达式，离散化方程的样子看起来仍然像方程（6-8），但是系数的定义要有所改变，新的方程组是

$$a_P T_P = a_E T_E + a_W T_W + b \tag{6-15}$$

其中

$$a_E = \frac{k_e}{(\delta x)_e} \tag{6-16}$$

$$a_W = \frac{k_w}{(\delta x)_w} \tag{6-17}$$

$$a_P = a_E + a_W - S_P \Delta x \tag{6-18}$$

$$b = S_C \Delta x \tag{6-19}$$

上述有限差分法的离散化为我们提供了预备知识。这样在以下小节中，我们就可以利用这种离散化的方法来推导满足物理上真实和总的平衡两个要求的有限差分方程，并利用这些有限差分方程求解相关的问题了。

6.2　稳态和非稳态过程导热方程的有限差分法

在上一节的基础上，本节中我们将构造一个求解通用微分方程的数值方法，这个通用微分方程不仅仅是一个有关热传导问题的数值方法，还有其他的一些物理过程也与之非常类似，这些物理过程有位势流动、质量扩散、通过多孔介质的流动、某些充分发展的通道流，导热的数学物理方程可以直接应用于所有这些过程。此外，电磁场理论、热辐射的扩散模型也是由导热型方程控制的现象中另外一些例子。

首先给出通用微分方程式

$$\frac{\partial}{\partial \tau}(\rho\phi) + \frac{\partial}{\partial x}(\rho u\phi) + \frac{\partial}{\partial y}(\rho v\phi) + \frac{\partial}{\partial z}(\rho w\phi) = \frac{\partial}{\partial x}\left(\Gamma\frac{\partial \phi}{\partial x}\right) + \frac{\partial}{\partial y}\left(\Gamma\frac{\partial \phi}{\partial y}\right) + \frac{\partial}{\partial z}\left(\Gamma\frac{\partial \phi}{\partial z}\right) + S_\phi$$

(6-20)

在以上方程中，以 T 代替 ϕ，以 k 代替 Γ，不考虑运动问题，可以得到导热偏微分方程为

$$\frac{\partial}{\partial \tau}(\rho c T) = \frac{\partial}{\partial x}\left(k\frac{\partial T}{\partial x}\right) + \frac{\partial}{\partial y}\left(k\frac{\partial T}{\partial y}\right) + \frac{\partial}{\partial z}\left(k\frac{\partial T}{\partial z}\right) + S_T$$

(6-21)

为了更简洁地表述导热问题，上述方程在只考虑一维稳态导热的情况下转化为

$$\frac{1}{A(x)}\frac{\mathrm{d}}{\mathrm{d}x}\left[kA(x)\frac{\mathrm{d}T}{\mathrm{d}x}\right] + S = 0$$

(6-22)

在本小节，我们将完整地解决这个一维稳态导热问题，从节点的离散化到边界条件的确定，再到离散化代数方程组的求解。由于这一过程比较复杂，为了帮助读者理清思路，这里将导热问题的有限差分法求解过程分解为以下求解步骤：

（1）将求解区域离散化，确定节点和网格；

（2）围绕节点划分控制体积；

（3）建立控制体积的能量守恒方程；

（4）用傅里叶定律表示导热控制体积的热量；

（5）用差商近似表示导数；

（6）形成关于节点温度的离散化代数方程；

（7）建立每个待求温度的离散化代数方程，形成代数方程组；

（8）求解代数方程组，获得离散节点上的温度分布。

如上一节所述，给出了一维稳态导热的离散化方程（6-15），然而这个问题并没有完全解决。在很多实际问题中，我们都会遇到非均质材料的问题，这时我们便会面临着如何处理交界面上的控制方程的问题，如图 6-3，图 6-4 所示。

如果采用了前面的一种布置，那么就不存在界面上的导热系数的处理问题。如果采用了后面的一种形式，显然算术平均可能是比较直接的方法：

$$k_e = k_P\left[\frac{(\delta x)_{e+}}{(\delta x)_e}\right] + k_E\left[\frac{(\delta x)_{e-}}{(\delta x)_e}\right]$$

(6-23)

但是这样给出的结果是否符合实际情况呢？一个特殊的情况是在采用等间距节点时，我们有

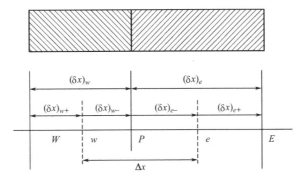

图 6-3　交界面位于网格节点处

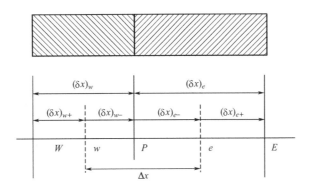

图 6-4　交界面位于非网格节点处

$$k_e = \frac{k_P + k_E}{2} \qquad (6\text{-}24)$$

考虑一种极限的情况，如果一侧的导热系数极小，而另外一侧的导热系数很大，从物理上看，这个界面应该表现为一个绝热的界面。而从算术平均的计算方法来看，显然这个界面的导热系数是很大的。为了解决这个困难，我们假设通过一维复合壁面的热流量是恒定的，则有

$$q_E = \frac{T_P - T_e}{\dfrac{(\delta x)_{e-}}{k_P}} = \frac{T_e - T_E}{\dfrac{(\delta x)_{e+}}{k_E}} = \frac{T_P - T_E}{\dfrac{(\delta x)_{e-}}{k_P} + \dfrac{(\delta x)_{e+}}{k_E}} \qquad (6\text{-}25)$$

同时又有

$$q_E = \frac{T_P - T_E}{\dfrac{(\delta x)_e}{k_e}} \qquad (6\text{-}26)$$

联立式（6-25）、式（6-26），可以得到

$$\frac{(\delta x)_e}{k_e} = \frac{(\delta x)_{e-}}{k_P} + \frac{(\delta x)_{e+}}{k_E} \qquad (6\text{-}27)$$

则等效热阻 k_e 表达式为

$$k_e = \frac{k_P k_E (\delta x)_e}{k_E (\delta x)_{e-} + k_P (\delta x)_{e+}} \tag{6-28}$$

显然，在两侧导热系数相差较大的情况下，式（6-28）更合理一些。

接下来处理边界条件，对其进行离散化的过程如下：

以右边界为例，图 6-5 中为边界上的半个控制容积。

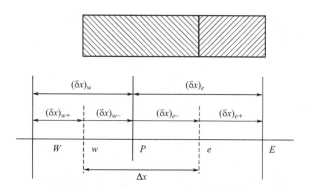

图 6-5　右边界节点的离散化示意图

对于第一类边界条件，可以直接把边界温度带到关于 P 点的离散化代数方程，即可得把边界条件的影响包含在内的离散化方程。

$$a_P T_P = a_E T_E + a_W T_W + b \tag{6-29}$$

$$a_P = \frac{k_e}{(\delta x)_e} + \frac{k_w}{(\delta x)_w} - S_P \Delta x \tag{6-30}$$

$$a_E = \frac{k_e}{(\delta x)_e}, a_W = \frac{k_w}{(\delta x)_w}, b = S_C \Delta x \tag{6-31}$$

对于第二类边界条件，已知边界上的热流，可以对边界上的半个控制容积进行积分，如图 6-6 所示。

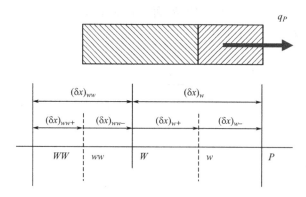

图 6-6　右边界节点第二类边界条件时离散化示意图

积分方程为

$$\int_w^P \left[\frac{\mathrm{d}}{\mathrm{d}x} \left(k \frac{\mathrm{d}T}{\mathrm{d}x} \right) + S \right] \mathrm{d}x = 0 \tag{6-32}$$

对该过程的积分为

$$-q_P -k_w \left. \frac{\mathrm{d}T}{\mathrm{d}x} \right|_w + S(\delta x)_{w-} = 0$$

$$-q_P -k_w \frac{T_P - T_W}{(\delta x)_w} + (S_C + S_P T_P)(\delta x)_{w-} = 0$$

得到离散化方程如式（6-33）～式（6-35）所示：

$$a_P T_P = a_W T_W + b \tag{6-33}$$

$$a_W = \frac{k_w}{(\delta x)_w}, a_P = a_W - S_P(\delta x)_{w-} \tag{6-34}$$

$$b = -q_P + S_c(\delta x)_{w-} \tag{6-35}$$

对于第三类边界条件，已知边界上的对流传热条件，可以对边界上的半个控制容积进行积分，如图 6-7 所示：

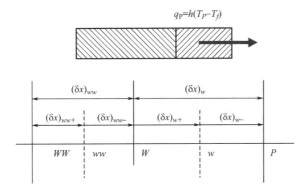

图 6-7　右边界节点第三类边界条件时离散化示意图

得到

$$\int_w^P \left[\frac{\mathrm{d}}{\mathrm{d}x} \left(k \frac{\mathrm{d}T}{\mathrm{d}x} \right) + S \right] \mathrm{d}x = 0 \tag{6-36}$$

对该过程的积分为

$$-q_P -k_w \left. \frac{\mathrm{d}T}{\mathrm{d}x} \right|_w + S(\delta x)_{w-} = 0$$

$$-h(T_p - T_f) -k_w \frac{T_P - T_W}{(\delta x)_w} + (S_C + S_P T_P)(\delta x)_{w-} = 0$$

得到离散化方程如下所示：

$$a_P T_P = a_W T_W + b \tag{6-37}$$

$$a_W = \frac{k_w}{(\delta x)_w}, a_P = a_W - S_P(\delta x)_{w-} + h \tag{6-38}$$

$$b = hT_f + S_c(\delta x)_{w-} \tag{6-39}$$

在对边界条件进行离散化之后，还有最后一个细节需要处理，那就是非线性情况的处理及源项的线性化。这是因为当补充了边界节点的方程之后，代数方程组就已经封闭了，采用一个合适的数值方法，就可以求出代数方程组的解。但是在实际问题中往往会涉及物性随温度变化的问题、源项随温度变化的问题，这就会导致问题的非线性，同时也使得离散化的代数方程组也是非线性的。因此，我们不得不在求解的过程中采用迭代的方法。原则上应采用的步骤是：

（1）给出温度场的初始值；

（2）利用物性参数、源项与温度的依赖关系计算它们的值；

（3）将上述结果代入代数方程组中求解到新的温度；

（4）返回上一步进行计算直到前后两次计算结果的差别足够小。

关于源项，既然是非线性的问题，那么计算过程的收敛性就是非常重要的。为了保证代数过程的收敛性，在源项进行线性化的处理过程中，需要保证 $S_P \leqslant 0$。

解决完以上问题后接下来就开始求解代数方程组了，在代数方程组求解时，有直接解法和迭代解法可供选择，迭代解法在一般本科传热学教材或数值分析教材中都有论述，考虑到我们在上文得到的离散化方程形式，这里给出直接解法的过程。

由上文的讨论，将离散化方程改写成

$$a_i T_i = c_i T_{i+1} + d_i T_{i-1} + e_i \tag{6-40}$$

对于边界节点，其形式分别为

$$a_1 T_1 = c_1 T_2 + e_1 \tag{6-41}$$

$$a_N T_N = d_N T_{N-1} + e_N \tag{6-42}$$

整理成矩阵形式为

$$
\begin{bmatrix}
a_1 & -d_1 & & & \\
-c_2 & a_2 & -d_2 & & \\
& \ddots & \ddots & \ddots & \\
& & -c_{n-1} & a_{b-1} & -d_{n-1} \\
& & & -c_n & a_n
\end{bmatrix}
\begin{bmatrix}
T_1 \\ T_2 \\ \vdots \\ T_{n-1} \\ T_n
\end{bmatrix}
=
\begin{bmatrix}
e_1 \\ e_2 \\ \vdots \\ e_{n-1} \\ e_n
\end{bmatrix}
\tag{6-43}
$$

如果我们把第一个方程代入到第二个方程中去，可以得到

$$T_1 = P_1 T_2 + Q_1, \quad P_1 = \frac{c_1}{a_1}, \quad Q_1 = \frac{e_1}{a_1} \tag{6-44}$$

把 T_1 代入到 $a_2 T_2 = c_2 T_3 + d_2 T_1 + e_2$ 中有

$$a_2 T_2 = c_2 T_3 + d_2 (P_1 T_2 + Q_1) + e_2$$

$$(a_2 - d_2 P_1) T_2 = c_2 T_3 + d_2 Q_1 + e_2$$

$$T_2 = \frac{c_2}{(a_2 - d_2 P_1)} T_3 + \frac{d_2 Q_1 + e_2}{(a_2 - d_2 P_1)}$$

同样，我们可以得到关于 T_2 的表达式：

$$T_2 = P_2 T_3 + Q_2, \quad P_2 = \frac{c_2}{(a_2 - d_2 P_1)}, \quad Q_1 = \frac{d_2 Q_1 + e_2}{(a_2 - d_2 P_1)} \tag{6-45}$$

根据这个结果，我们可以推断有如下的形式：

$$T_{i-1} = P_{i-1} T_i + Q_{i-1}, \quad i = 2, \cdots, N \tag{6-46}$$

$$a_i T_i = c_i T_{i+1} + d_i (P_{i-1} T_i + Q_{i-1}) + e_i \tag{6-47}$$

$$P_i = \frac{c_i}{(a_i - d_i P_{i-1})}, \quad Q_i = \frac{d_i Q_{i-1} + e_i}{(a_i - d_i P_{i-1})} \tag{6-48}$$

$$P_1 = \frac{c_1}{a_1}, Q_1 = \frac{e_1}{a_1} T_N = Q_N \tag{6-49}$$

解决了一维稳态导热稳态后，让我们再继续看一维非稳态导热问题，其控制方程表达式为

$$\rho c \frac{\partial T}{\partial \tau} = \frac{\partial}{\partial x} \left[k \frac{\partial T}{\partial x} \right] + S \tag{6-50}$$

在空间域上的离散化结果为

$$(\rho c)_P \left(\frac{\partial T}{\partial \tau} \right)_P \Delta x = k_e \frac{T_E - T_P}{(\delta x)_e} - k_e \frac{T_P - T_W}{(\delta x)_w} + (S_C + S_P T_P) \Delta x \tag{6-51}$$

$$(\rho c)_P \Delta x (T_P^{\tau + \Delta \tau} - T_P^\tau) = \int_\tau^{\tau + \Delta \tau} \left[k_e \frac{T_E - T_P}{(\delta x)_e} - k_e \frac{T_P - T_W}{(\delta x)_w} + (S_C + S_P T_P) \Delta x \right] \mathrm{d}\tau \tag{6-52}$$

给出一种无论是形式上还是数学上都是完全稳定的格式如下：

$$a_P T_P^{\tau + \Delta \tau} = a_E T_E^{\tau + \Delta \tau} + a_W T_w^{\tau + \Delta \tau} + a_P^0 T_P^\tau + S_C \Delta x \tag{6-53}$$

$$a_P = \frac{k_e}{(\delta x)_e} + \frac{k_w}{(\delta x)_w} - S_P \Delta x \tag{6-54}$$

$$a_E = \frac{k_e}{(\delta x)_e}, a_W = \frac{k_w}{(\delta x)_w}, b = S_C \Delta x \tag{6-55}$$

6.3 解压力耦合方程的半隐式方法

自从美国明尼苏达州立大学帕坦卡和英国帝国理工学院斯帕罗在 1972 年提出了 SIM-PLE 算法（Semi-Implicit Method for Pressure Linked Equations）以来，已经过去将近半个世纪了。这一算法在世界各国的计算流体力学及计算传热学界得到了广泛的应用，并且这一算法已经从最初用来计算不可压缩流场发展成为可以计算具有任何流速包括可压缩流场的数值方法。它的基本思想也被其他数值方法所采纳，鉴于这一算法的重要性，本小节将在这里简要给出该算法的精髓，以飨读者，读者若是想深入探索该方法可以阅读帕坦卡的《传热与流体流动的数值计算》。

宏观流动和传热问题求解本质上是求解如下的通用形式微分方程：

$$\rho \frac{\partial \phi}{\partial t} + \rho u_j \frac{\partial \phi}{\partial x_j} = \frac{\partial}{\partial x_j} \left(\Gamma \frac{\partial \phi}{\partial x_j} \right) + S \tag{6-56}$$

该通用微分方程中的四项分别是非稳态项、对流项、扩散项以及源项。因变量 Φ 可以代表不同的物理量，如质量、焓或温度、速度分量等。与此对应，对于这些变量 Φ 中的每一个都必须给相对应的扩散系数 Γ 以及源项 S 赋以适当的意义。

对连续性方程在整个控制容积内离散化得到

$$\frac{(\rho_p - \rho_p^0) \Delta x \Delta y}{\Delta t} + F_e - F_w + F_n - F_s = 0 \tag{6-57}$$

式中，F_e、F_w、F_n、F_s 是通过控制容积面的质量流量，且有

$$F_e = (\rho u)_e \Delta y, F_w = (\rho u)_w \Delta y, F_n = (\rho u)_n \Delta x, F_s = (\rho u)_s \Delta x \tag{6-58}$$

对动量守恒方程离散化得到：

$$\frac{(\rho_{\mathrm{p}}\varphi_{\mathrm{p}}-\rho_{\mathrm{p}}^{0}\varphi_{\mathrm{p}}^{0})\Delta x\Delta y}{\Delta t}+J_{\mathrm{e}}-J_{\mathrm{w}}+J_{\mathrm{n}}-J_{\mathrm{s}}=(S_{\mathrm{C}}+S_{\mathrm{P}}\phi_{\mathrm{p}})\Delta x\Delta y \tag{6-59}$$

式中源项 S 已经线性化，J_{e}、J_{w}、J_{n}、J_{s} 是通过控制容积面的流量。式（6-57）、式（6-59）形式上是高度一致的，故两者均可以表示成标准的离散化方程形式

$$a_{\mathrm{P}}\phi_{\mathrm{P}}=a_{\mathrm{E}}\phi_{\mathrm{E}}+a_{\mathrm{W}}\phi_{\mathrm{W}}+a_{\mathrm{N}}\phi_{\mathrm{N}}+a_{\mathrm{S}}\phi_{\mathrm{S}}+b \tag{6-60}$$

式中各项系数分别为

$$a_{E}=D_{e}A(|P_{e}|)+[|-F_{e},0|] \tag{6-61}$$

$$a_{W}=D_{w}A(|P_{w}|)+[|F_{w},0|] \tag{6-62}$$

$$a_{N}=D_{n}A(|P_{n}|)+[|-F_{n},0|] \tag{6-63}$$

$$a_{S}=D_{s}A(|P_{s}|)+[|F_{s},0|] \tag{6-64}$$

$$a_{P}^{0}=\frac{\rho_{P}^{0}\Delta x\Delta y}{\Delta t} \tag{6-65}$$

$$b=S_{C}\Delta x\Delta y+a_{P}^{0}\phi_{P}^{0} \tag{6-66}$$

$$a_{P}=a_{E}+a_{W}+a_{N}+a_{S}+a_{P}^{0}-S_{P}\Delta x\Delta y \tag{6-67}$$

式（6-61）、式（6-62）、式（6-63）、式（6-64）中，D 为扩散强度，亦称为扩散的传导性，表示扩散相对传热的影响，表示为

$$D_{e}=\frac{\Gamma_{e}\Delta y}{(\delta x)_{e}},D_{w}=\frac{\Gamma_{w}\Delta y}{(\delta x)_{w}},D_{n}=\frac{\Gamma_{n}\Delta x}{(\delta y)_{n}},D_{s}=\frac{\Gamma_{s}\Delta x}{(\delta y)_{s}} \tag{6-68}$$

P 为贝克来（Peclet）数，表示对流与扩散的相对大小，定义为

$$P_{e}=\frac{F_{e}}{D_{e}},P_{w}=\frac{F_{w}}{D_{w}},P_{n}=\frac{F_{n}}{D_{n}},P_{s}=\frac{F_{s}}{D_{s}} \tag{6-69}$$

F 为对流强度，表示速度项（对流换热）对传热的影响，如式（6-58）所示。符号 $[| |]$ 表示取各量中的最大值，$A(|P|)$ 为方程中对流项的离散格式函数。$A(|P|)$ 的一种幂函数形式推荐如下：

$$A(|P|)=[|0,(1-0.1|P|)^{5}|] \tag{6-70}$$

仅仅给出了通用微分方程的公式还是远远不够的，如果说动量方程的非线性是一个困难的话，那么参考处理热传导问题时如何采用直接法处理非线性问题就够了。从一个估计的速度场开始，我们可以迭代求解动量方程，从而得到速度分量的收敛解。真正的困难在于解决速度与压力的耦合关系问题，这里有很多学者做出了努力，最终完美解决了这一问题。首先由帕坦卡发明了交错网格法成功解决了这一问题，但随着数值计算从二维发展到三维，由规则区域发展到不规则区域，交错网格的缺点即程序编制的复杂不便，便日益突出。此后针对这一问题，逐步发展出了同位网格即将各个变量均置于同一套网格上而且能保证压力与速度不失耦的方法。其基本思想是认识到在交叉网格上动量方程离散时，相邻两点间的压差进入了动量离散方程，引入了 $1-\delta$ 压差这一本质。因此，在非交叉网格上要保证压力与速度间的不失耦，必须在动量离散方程的求解过程中引入 $1-\delta$ 压差。这里限于篇幅不再赘述，感兴趣的读者可以阅读陶文铨编著的《数值传热学（第 2 版）》一书。

最后，作为本节的结束，给出完整的解压力耦合方程的半隐式法的流程图如图 6-8 所示。需要指出的是该方程综合应用了预估—校正的原理。我们在大学数学常微分方程数值求解过程中学习过 Adams 预测校正方法，其本质上为在逐步推进求解 $y=f(x)$ 过程中，

计算 y_{i+1} 之前事实上已经求出了这一系列近似值 y_0，y_1，$\cdots$，y_i。如果充分利用前面的信息来预测 y_{i+1}，则可以期望获得较高的精度，这也称之为构造多步法的基本思想。SIMPLE 算法采用了预测—校正的原理并不罕见，事实上早在 1969 年提出的解决流动问题的麦考马克方法就采用了预估—校正的原理。

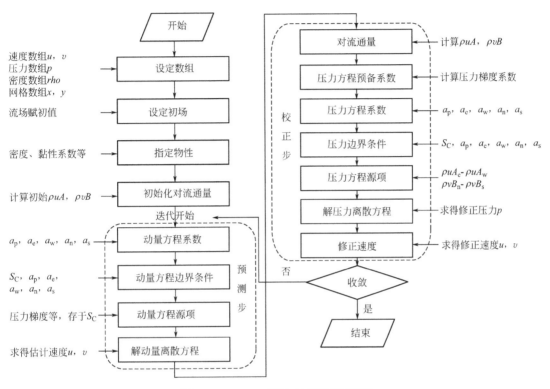

图 6-8　SIMPLE算法实现流程示意图

6.4　相变材料的自然对流传热过程

首先建立相变传热的数学模型。给出一般相变传热问题的数学模型。式（6-71）～式（6-74）为该模型的控制方程

$$\rho_s c_s \frac{\partial T_s}{\partial \tau} = \nabla \cdot (k_s \nabla T_s) + \dot{q}_s \tag{6-71}$$

$$\rho_l c_l \left(\frac{\partial T_l}{\partial \tau} + v \cdot \nabla T_l \right) = \nabla \cdot (k_l \nabla T_l) + \dot{q}_l \tag{6-72}$$

$$(\rho_s h_s - \rho_l h_l) v_\Sigma + \rho_l h_l v_l = \left(k \frac{\partial T}{\partial n} \right)_l - \left(k \frac{\partial T}{\partial n} \right)_s \tag{6-73}$$

$$(\rho_s - \rho_l) v_\Sigma + \rho_l v_l = 0 \tag{6-74}$$

上式中 T 表示温度，ρ 表示密度，c 表示比热，k 表示导热系数，q 表示体积热源或热汇，ν 表示液相速度矢量，t 表示时间；下标 s 表示固相，下标 l 表示液相。在边界处可应用以下三类边界条件之一：

147

$$T = T_0 \tag{6-75}$$

$$-\left(k\,\frac{\partial T}{\partial n}\right) = q_0 \tag{6-76}$$

$$-\left(k\,\frac{\partial T}{\partial n}\right) = A_0(T - T_a) \tag{6-77}$$

上式中 T_0 表示 PCM 周界的温度，q_0 表示加在 PCM 周界上的热流，A_0 表示周界上的等效传热系数，T_a 表示外部参考温度。为了求解相变过程，引入温度法模型。温度法模型中一种将物质相变潜热看作是在某个小的温度范围内有一个很大的显热容的方法称之为显热容法。显热容法只以温度为求解变量，在整个固相和液相区域的能量方程为

$$\overline{C}(T)\,\frac{\partial T}{\partial \tau} = \nabla \cdot \left[k(T)\,\nabla T\right] \tag{6-78}$$

定义在整个区域的比热容分布和导热系数分布分别为

$$\overline{C}(T) = \begin{cases} \rho c_s(T) & T < T_m \\ \rho c_1(T) & T > T_m \end{cases} \tag{6-79}$$

$$k(T) = \begin{cases} k_s & T < T_m \\ k_1 & T > T_m \end{cases} \tag{6-80}$$

假设相变是发生在 T_m 附近的一个温度范围内 $T_m - \Delta T \leqslant T_m \leqslant T_m + \Delta T$，则构造显热容法的比热容和导热系数如下：

$$C_f = \begin{cases} C_s & T < (T_m - \Delta T) \\ \dfrac{\rho L}{2\Delta T} + \dfrac{C_s + C_1}{2} & (T_m - \Delta T) \leqslant T \leqslant (T_m + \Delta T) \\ C_1 & T > (T_m + \Delta T) \end{cases} \tag{6-81}$$

$$k_f = \begin{cases} k_s & T < (T_m - \Delta T) \\ k_s + \dfrac{k_1 - k_s}{2\Delta T}\left[T - (T_m - \Delta T)\right] & (T_m - \Delta T) \leqslant T \leqslant (T_m + \Delta T) \\ k_1 & T > (T_m + \Delta T) \end{cases} \tag{6-82}$$

以左右壁面定壁温，上下壁面绝热的方腔内填充石蜡相变材料和石墨粉构成的二元混合式复合相变材料为例，已知方腔边长为 100mm，建立该问题的物理模型如图 6-9 所示。

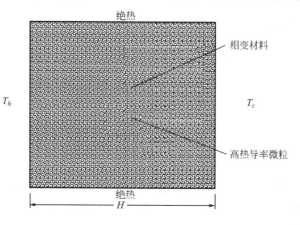

图 6-9　二元混合式复合相变材料物理模型

假设石蜡在固态和液态时都是均匀且各向同性的，石蜡融化后为层流流动。石蜡和石墨粉的热物理性质如表 6-1 所示。

材料的热物理性质表

表 6-1

序号	物性参数	石蜡	石墨粉末
1	比热容 C[J/(kg·K)]	2510(固态)/2210(液态)	—
2	导热系数 k[J/(kg·K)]	0.21	87.5(固态)
3	密度 ρ(kg/m³)	912(固态)/769(液态)	1830(固态)
4	相变潜热 H(kJ/kg)	189	—
5	相变温度 T_m(K)	331(58℃)	—

控制方程如下，连续性方程：

$$\frac{\partial(\rho_e u)}{\partial x} + \frac{\partial(\rho_e v)}{\partial y} = 0 \tag{6-83}$$

x 方向动量方程

$$\rho_e \frac{\partial u}{\partial \tau} + \rho_e \left[\frac{\partial(uu)}{\partial x} + \frac{\partial(uv)}{\partial y}\right] = -\frac{\partial p_{\text{eff}}}{\partial x} + \mu\left(\frac{\partial^2 u}{\partial x^2} + \frac{\partial^2 u}{\partial y^2}\right) \tag{6-84}$$

y 方向动量方程

$$\rho_e \frac{\partial v}{\partial \tau} + \rho_e \left[\frac{\partial(vv)}{\partial y} + \frac{\partial(uv)}{\partial x}\right] = -\frac{\partial p_{\text{eff}}}{\partial y} + \mu\left(\frac{\partial^2 v}{\partial x^2} + \frac{\partial^2 v}{\partial y^2}\right) + \rho_e g\beta(T - T_m) \tag{6-85}$$

能量方程

$$\rho_e c_e \frac{\partial T}{\partial \tau} + \rho_e c_e \left[u\frac{\partial T}{\partial x} + v\frac{\partial T}{\partial y}\right] = k_e\left(\frac{\partial^2 T}{\partial x^2} + \frac{\partial^2 T}{\partial y^2}\right) \tag{6-86}$$

上式中 T_m 为定性温度，取左壁面温度 T_h 和右壁面温度 T_c 的平均。

对上图的计算区域构建矩形结构化网格，网格划分为 100×100，时间步长设置为 1s。采用有限容积法离散控制方程组并应用 SIMPLE 算法求解。边界条件设定为上下壁面绝热，左壁面定壁温为 80℃，右壁面定壁温为 20℃，方腔区域二元混合复合相变材料的初始温度与右壁面温度一致为 20℃。二元混合复合相变材料比例为石蜡（80%）/石墨（20%）。在综合考虑计算时间和准确性后将求解连续性方程、动量方程和能量方程的收敛判断标准设定为 10^{-5}。

将二元石蜡—石墨混合复合相变材料熔化过程和纯石蜡熔化过程的温度分布图进行比较如图 6-10 所示。图 6-10 示出了 400s、1000s、4000s 和 10000s 时刻的温度云图，图中左侧为纯石蜡熔化过程，右侧为石蜡—石墨混合物的融化过程。从图中可以看出 400s 时刻即熔化的初始阶段，加热壁面即左壁面的相变材料最先熔化。在 0~0.06m 左壁面附近等温线几乎平行于加热壁面；在 0.06~0.1m 左壁面附近，等温线逐渐向水平方向弯曲，液态相变材料中开始出现自然对流。由于自然对流效应，方腔上部相变材料的融化速率大于方腔下部相变材料的熔化速率。从图 6-10（a）400s 时刻的温度分布云图可以发现：等温线在 28~56℃ 间分布最为密集，在方腔左上角为温度恒定在相变温度范围（56~60℃）的糊状区；在此区域内相变材料一方面从左壁面吸收热量发生相变，一方面温度保持恒定。

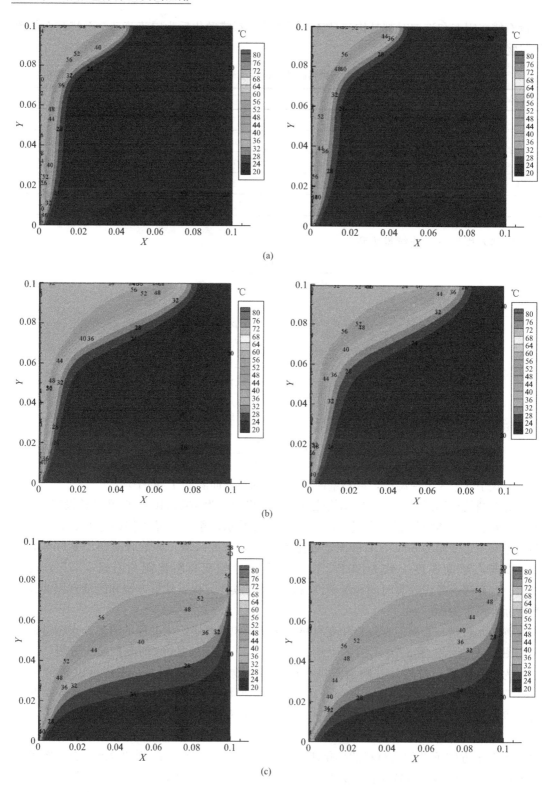

图 6-10　纯石蜡和二元石蜡—石墨混合复合相变材料熔化过程温度分布图比较（一）

（a）400s 时刻方腔内温度场；（b）1000s 时刻方腔内温度场；（c）4000s 时刻方腔内温度场；

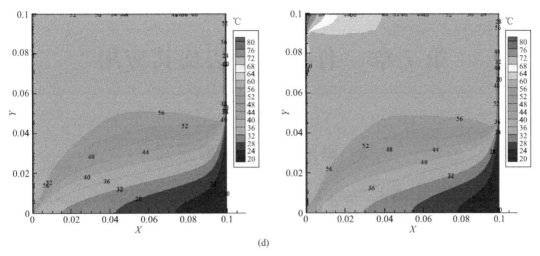

图 6-10　纯石蜡和二元石蜡—石墨混合复合相变材料熔化过程温度分布图比较（二）

（d）10000s 时刻方腔内温度场

随着融化的进行，在 1000s 时刻和 4000s 时刻，将图 6-10（b）纯石蜡熔化过程和图 6-10（c）二元石蜡—石墨混合复合相变材料熔化过程对比，可以清楚地发现图 6-10（c）二元石蜡—石墨混合复合相变材料温度在 24℃以上区域的面积比图 6-10（b）纯石蜡相应区域的面积更大。从图 6-10（b）和图 6-10（c）1000s 时刻和 4000s 时刻温度分布图还可以发现：图 6-10（b）纯石蜡熔融区域（温度大于 56℃）面积大小和右图二元石蜡—石墨混合复合相变材料熔融区域面积大小基本一样。不同之处在于左图纯石蜡温度分布在 24～56℃区域的面积比右图二元石蜡—石墨混合复合相变材料温度分布在 24～56℃区域的面积要小。在图 6-10（b）1000s 时刻，左图纯石蜡 20℃等温线终止于 X 轴最左端 0.03m 处，而右图二元石蜡—石墨混合复合相变材料 20℃等温线终止于 X 轴最左端 0.036m 处。同样，在 4000s 时刻图 6-10（c）纯石蜡 24℃等温线终止于 X 轴最左端小于 0.005m 处，而右图二元石蜡—石墨混合复合相变材料 24℃等温线终止于 X 轴最左端大于 0.005m 处。这充分说明二元石蜡—石墨混合复合相变材料比纯石蜡拥有更好的传热效率，热量由左壁面向右传递能够到达更远的地方。

在融化的最后阶段图 6-10（d）10000s 时刻，由于左壁面的高温加热，此时无论是纯石蜡还是二元石蜡—石墨混合复合相变材料，都仅有右下角温度维持在 20℃的右壁面温度。此外还可以看出，当左图纯石蜡融化区域还处在糊状（56～60℃）时候，右图二元石蜡—石墨混合复合相变材料左上角已经完全融化并升温至 80℃。

图 6-10 所示方腔中相变融化自然对流的过程与通过理论分析在方腔内融化自然对流过程划分的四个典型阶段（①以热传导为主要传热机制的融化阶段；②热传导和热对流共同作用下混合传热的融化阶段；③以热对流为主要传热机制的融化阶段；④变高度的融化阶段）非常吻合。

第7章　有限单元法及其应用

7.1　有限单元法一般原理

计算机数值模拟的具体方法有有限差分、有限元、边界元、有限分析等。它们的共同特点都是对实际问题得出数值的近似,其结果往往是用数值表格或数值曲线来表达。当数值足够的精确时,人们无可置疑地获取了实用价值。实施这些方法共同的途径为:①区域离散,节点定义,网格划分;②化控制方程为以节点参数为变量的代数方程;③代数方程的求解。

不同方法上述途径的内容与方法都有所不同。上一节我们已经讲述过有限差分法,本节介绍的是有限单元法。

有限单元法的大体思路为:

(1) 将研究区域划分为小单元。如图 7-1 所示,与其他方法的不同之处在于小单元的形状可以比较灵活地确定,例如对平面问题可定为任意三角形,四边形甚至六边形,这对解决非规则几何形状物体的传热问题无疑是更方便的,优点在于处理弯曲边界更准确。另外,在每个单元中都用函数来描述温度(或速度)的分布,这样节点数就可以比有限差分少些,达到更高的精度。

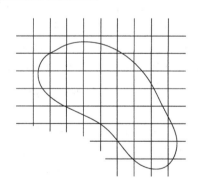

图 7-1　有限单元法示意图

(2) 求解小单元中的温度场(或速度场),将其写成单元顶点温度(或速度)数值的函数。这个过程又被称为"单元变分"。

(3) 将全部单元的数据集成起来,求解得到整个场中各节点的数据。

7.1.1　变分的基本概念

变分是有限单元法原理中的一个重要环节。为透彻理解有限单元法,不可不介绍变分原理。

大家已经从数学中了解了微分、积分、差分等概念，变分则是一个完全不同的概念。

变分是数学分支"泛函"中的概念。所谓泛函是指自变量为函数的函数。数学分析中的函数关系可用 $y=y(x)$ 表达，其中的自变量 x 是数量。而泛函的表达式为 $J=J[y(x)]$，泛函 J 本身是数量，但其自变量 $y(x)$ 是函数，所谓"自变"是指 $y(x)$ 的形式也是未曾确定可以变化的。

泛函与复合函数的概念是不同的。复合函数中的各级函数都是给定形式的，例如 $y=e^{u^2}$，$u=\sqrt{\dfrac{x^2}{4at}}$，写到一起成为 $y=e^{\frac{x^2}{4at}}$ 就是复合函数。但泛函的自变量函数本身形式也是可以变化的，在表达式中只能用 $y(x)$ 这种包罗万象的笼统形式出现。

$J=J[t(x,y,z,t)]$ 也是泛函，即泛函的自变量函数可以是多元的。

当自变量函数取不同的形式时，泛函 J 的数值就会不同，但自变量函数取某个特定的形式时，J 可能有极大或极小值。对泛函求极值的运算就叫作"变分"。亦即变分就是要求出特定的自变量函数，使泛函有极值。这与普通函数的求极值问题有某种类同之处。

在人们的生产与生活中有许多实际需要利用变分的例子。例如人们要组织完成一个大的工程，其中的环节有方案论证、设计、购买材料、研制设备、运输、施工安装、调试等。

这些环节中许多都不可以用简单的数量描述的，也就是说它们是函数，而且在合理运筹之前，函数的形式也未确定。而这些函数却作为自变量去影响工程的最终效果，例如工期，例如总的投资额等。当把描述最终效果的几个数量看作是泛函时，就构成了一个变分问题。亦即需要求解一大堆未知的函数，使工期最短，或投资最小。

变分计算的方法有两种，相应的变分被称为古典变分与近似变分。

完全用解析的方法进行的变分运算被称为古典变分。从古典变分方法起源时就有一个非常经典的例子，即所谓"捷线问题"，捷线亦称最速落径，一个著名的极值问题。该问题的描述为：求一条曲线 $y(x)$ 使小球从 A 靠重力滚动到 B 时间最短，不计摩擦力。如图 7-2 所示，A、B 两点的坐标都是已经确定了的。该问题的数学描述为

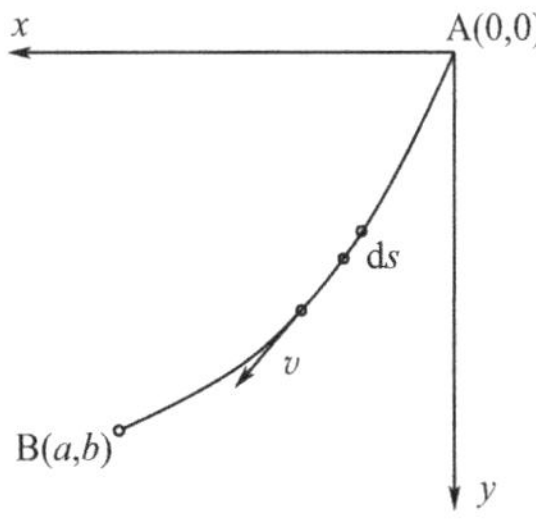

图 7-2 捷线问题示意图

由动能与势能的转变公式：$v=\sqrt{2gy}$，$t=\displaystyle\int_A^B\dfrac{\mathrm{d}s}{v}$，$\mathrm{d}s=\sqrt{\mathrm{d}x^2+\mathrm{d}y^2}$，于是

$$t=\int_A^B\frac{\sqrt{\mathrm{d}x^2+\mathrm{d}y^2}}{\sqrt{2gy}}=\int_0^a\frac{\sqrt{1+y'^2}}{\sqrt{2gy}}\mathrm{d}x \tag{7-1}$$

式中 $y(x)$ 是未知的自变量函数，$t[y(x)]$ 是泛函，该问题要求 t 的极小值，但 $y(x)$ 是个什么样的函数是不知道的。求 $y(x)$ 的运算过程称为变分。

还有一个经典的例子：如图 7-3 所示，有一根绳子长度为 L，将其一端系于 x 轴的坐标原点 $x=0$ 处，另一端系于 $x=x_0$ 处，当然，$L>x_0$。试问绳子在 x 轴的上方呈什么形状绳子与 x 轴所包围的面积最大？该问题的数学描述为：设绳子的形状为 $y(x)$，则面积

$A = \int_0^{x_0} y(x)\mathrm{d}x$ 。式中 $y(x)$ 是未知待求的，但它须满足约

束条件 $\int_0^{x_0} \sqrt{1 + y'^2}\, \mathrm{d}x = L$ 。显然，这又是一个变分问题，比

普通的变分问题多了个约束条件。

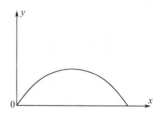

图 7-3　"绳子"问题示意图

在实际的应用中，能够用古典变分得出精确界的例子凤
毛麟角。为了解决大量存在的实际问题，人们经常采用近似
变分的方法。所谓近似变分，就是对很多难以求出解析解的
实际问题，预设一定形式的，含有许多待定系数的近似的极
值函数（又称试探函数）。通过变分计算确定这些系数，从而得出足够精确的结果。有限
单元法就是在采用近似变分的方法，而且将变分的计算局限于小单元之内（称为单元变
分）。由于单元很小，试探函数往往设为线性即可。单元变分之后，再根据一定的规则，
将所有单元的变分结果总体地合成起来。

为了了解变分原理，下面章节还是从古典变分讲起。

7.1.2　形式为一重积分泛函的变分问题

上面所给出的捷线问题和还有一些其他问题所涉及的泛函可以被归结为形如

$$J = \int_{x_1}^{x_2} F(x, y, y')\mathrm{d}x \tag{7-2}$$

泛函的一般形式。捷线问题的泛函表达式比该形式还要简单些，因为捷线问题相应泛函式
中的隐函数 F 中没有出现 x 项。

现在我们来讨论这个一般形式的泛函变分问题，即要求出一个函数 $y(x)$ 使 J 达到
极值。在该问题中，当 y 的两个端点已给定数值时，即 $y(x_1) = y_1$，$y(x_2) = y_2$，则
称此变分为固定端点的变分。例如在捷线问题中，若 $x_1 = 0$，$x_2 = a$，$y_1 = 0$ $y_2 = b$。即 y
的两个端点已给出定值，则此时为固定端点的变分。但若 y 的一个或两个端点数值可变
时，例如捷线问题，A 点不动，B 点可在 $x = a$ 线上任意位置，坐标为 B (a, y)，y 可取
任意值，则称此类变分问题为可动端点的变分。从物理概念上分析，捷线问题的这个变分
是存在的。B 点的 y 值太大或太小都会使小球滚至终点的时间加长。通过变分计算，在求
出极值曲线的同时，也就确定出了小球最后落至哪一点。

1. 固定端点的变分

用解析方法求解固定端点变分问题的步骤如下：

设有一任意的光滑函数 $\eta(x)$，满足 $\eta(x_1) = \eta(x_2) = 0$；取一与 η 无关的参变
量 ε。

设 $y(x)$ 是变分问题的解，则 $y(x) + \varepsilon\eta(x)$ 为邻近于极值曲线的无限多条曲线。
此时泛函的形式则可被改写为

$$J[y(x) + \varepsilon\eta(x)] \tag{7-3}$$

又可简写为 $J[y(\varepsilon, x)]$ 或 $J(\varepsilon)$。

在这当中函数本身的增量为 $\Delta y = \varepsilon\eta(x)$；而泛函 J 的增量为

$$\Delta J = J[y(x) + \varepsilon\eta(x)] - J[y(x)] \tag{7-4}$$

写成极限的形式为

$$\delta y = \lim_{\varepsilon \to 0} \varepsilon \eta(x) \tag{7-5}$$

$$\delta J = \lim_{\varepsilon \to 0}\{J[y(x) + \varepsilon \eta(x)] - J[y(x)]\} \tag{7-6}$$

泛函取极值的条件即为$\dfrac{\delta J}{\delta y} = 0$

变分的运算性质有：

(1) $\delta y^n = n y^{n-1} \delta y$

(2) $\delta(u，v) = u \delta v + v \delta u$

(3) $\delta(xy) = x \delta y$ 与微分不同，变分与 x 无关，变化的是 y

(4) $\delta\left(\dfrac{\mathrm{d}y}{\mathrm{d}x}\right) = \dfrac{\mathrm{d}}{\mathrm{d}x}(\delta y)$ 导数的变分等于变分的导数，$\delta(y') = (\delta y)'$

如何找出 $y(x)$，使$\dfrac{\delta J}{\delta y} = 0$？方法是将变分运算化为微分运算，步骤如下：

观察$\dfrac{\partial J}{\partial \varepsilon}$：

$$\begin{aligned}
\frac{\partial J[y(x) + \varepsilon \eta(x)]}{\partial \varepsilon} &= \frac{\partial J[y(x) + \varepsilon \eta(x)]}{\partial[y(x) + \varepsilon \eta(x)]} \cdot \frac{\partial[y(x) + \varepsilon \eta(x)]}{\partial \varepsilon} \\
&= J'[y(x) + \varepsilon \eta(x)] \cdot \eta(x) = J'[y(x)] \cdot \eta(x) \\
&= \frac{\partial J}{\partial y} \eta(x)
\end{aligned} \tag{7-7}$$

因为 $\eta(x)$ 不为 0（端点除外），故$\dfrac{\partial J}{\partial y} = 0$ 即为$\dfrac{\partial J}{\partial \varepsilon} = 0$

也就是说，变分运算可以用对 ε 的求导运算所代替。

要实现变分运算，需要知道 J 的具体形式。而对每个具体的变分问题，J 都是应该有具体形式的。对我们所要讨论的一般形式，$J[y(x)] = \displaystyle\int_{x_1}^{x_2} F(x，y，y')\mathrm{d}x$

则

$$J[y(x) + \varepsilon \eta(x)] = \int_{x_1}^{x_2} F\{x，y(x) + \varepsilon \eta(x)，[y(x) + \varepsilon \eta(x)]'_x\}\mathrm{d}x \tag{7-8}$$

$$\frac{\partial J[y(x) + \varepsilon \eta(x)]}{\partial \varepsilon} = \int_{x_1}^{x_2}\left[\frac{\partial F}{\partial x}\frac{\partial x}{\partial \varepsilon} + \frac{\partial F}{\partial y}\eta(x) + \frac{\partial F}{\partial(y'_x)}\eta'(x)\right]\mathrm{d}x = 0 \tag{7-9}$$

由于 ε 与 x 无关，$\dfrac{\partial F}{\partial x}\dfrac{\partial x}{\partial \varepsilon} = 0$，则 $\displaystyle\int_{x_1}^{x_2}\left[\dfrac{\partial F}{\partial y}\eta(x) + \dfrac{\partial F}{\partial(y'_x)}\eta'(x)\right]\mathrm{d}x = 0$ 为极值条件，

（相当于$\dfrac{\partial J}{\partial y} = 0$）。

令 $u = \dfrac{\partial F}{\partial y'} = F'_{y'}$，$v = \eta$，由 $\displaystyle\int u\mathrm{d}v = uv - \int v\mathrm{d}u$，上式极值条件中第二项积分化为：

$$\int_{x_1}^{x_2} F_{y'}\mathrm{d}\eta = F_{y'}\eta\Big|_{x_1}^{x_2} - \int_{x_1}^{x_2}\eta\frac{\mathrm{d}}{\mathrm{d}x}F_{y'}\mathrm{d}x \tag{7-10}$$

根据 $\eta(x_1) = 0$，$\eta(x_2) = 0$，式中等号右侧第一项为零。故：

$$\int_{x_1}^{x_2} F_y \eta\mathrm{d}x - \int_{x_1}^{x_2}\eta\frac{\mathrm{d}F_{y'}}{\mathrm{d}x}\mathrm{d}x = \int_{x_1}^{x_2}\left(F_y - \frac{\mathrm{d}}{\mathrm{d}x}F_{y'}\right)\eta(x)\mathrm{d}x = 0 \tag{7-11}$$

对任意的 $\eta(x)$，上式都等于 0，故只能是被积函数为 0。即

$$\frac{\partial F}{\partial y}-\frac{\mathrm{d}}{\mathrm{d}x}\frac{\partial F}{\partial y'}=0 \text{ 或写成 } F_y-\frac{\mathrm{d}}{\mathrm{d}x}F_{y'}=0 \tag{7-12}$$

此式被称为**欧拉方程**，是极值曲线必须满足的。求解此微分方程，并代入 $y(x_1)=y_1$，$y(x_2)=y_2$ 两个边界条件，即可得到唯一的极值曲线。

需注意：$F_y-\frac{\mathrm{d}}{\mathrm{d}x}F_{y'}$ 中第二项是全微分。$F_{y'}=F(x,y,y')'_{y'}$ 可展为

$$\frac{\mathrm{d}}{\mathrm{d}x}F_{y'}=\frac{\partial F_{y'}}{\partial x}+\frac{\partial F_{y'}}{\partial y}y'+\frac{\partial F_{y'}}{\partial y'}y'' \tag{7-13}$$

故欧拉方程的另一形式为

$$F_y-F_{y'x}-y'F_{y'y}-y''F_{y'y'}=0 \tag{7-14}$$

现举例说明这个求解过程。

例：求泛函 $J(y)=\int_0^1(y'^2+xy)\mathrm{d}x$ 的欧拉方程，并求满足 $y(0)=0$，$y(1)=1$，使泛函取得极值时的 $y(x)$

解：$F_y-\frac{\mathrm{d}F_{y'}}{\mathrm{d}x}=0$　$F_y=x$　$F_{y'}=2y'$　$\frac{\mathrm{d}F_{y'}}{\mathrm{d}x}=2y''$　由于 $x-2y''=0$

积分得

$$y=\frac{1}{12}x^3+C_1x+C_2$$

代入 $\begin{cases}y(0)=0\\y(1)=1\end{cases}$ 得 $\begin{cases}C_1=\frac{11}{12}\\C_2=0\end{cases}$

则 $y=\frac{1}{12}x^3+\frac{11}{12}x=\frac{1}{12}x(x^2+11)$

欧拉方程有时可以简化。若 F 中没有 y，则欧拉方程为 $\frac{\mathrm{d}}{\mathrm{d}x}F_{y'}=0$，首次积分得 $F_{y'}=C$

若 F 中没有 x，例如捷线问题，泛函为 $J[y(x)]=\int_0^a\frac{\sqrt{1+y'^2}}{\sqrt{2gy}}\mathrm{d}x$，若用 $F_y-\frac{\mathrm{d}}{\mathrm{d}x}F_{y'}=0$ 公式，则计算起来将十分繁琐。为简化计算，可以证明，此时欧拉方程可写成全微分形式

$$\frac{\mathrm{d}}{\mathrm{d}x}(F-y'F_{y'})=0$$

证明如下：

$$\frac{\mathrm{d}}{\mathrm{d}x}F=F_yy'+F_{y'}y''$$

$$\frac{\mathrm{d}}{\mathrm{d}x}(y'F_{y'})=y''F_{y'}+y'(F_{y'y}y'+F_{y'y'}y'')$$

上面两式相减：$y'(F_y-F_{y'y}y'-F_{y'y'}y'')=0$

因为 $y'\neq0$，所以 $F_y-F_{y'y}y'-F_{yy'}y''=0$。这正是欧拉方程的另一形式（无第二项），证毕。

由 $\dfrac{\mathrm{d}}{\mathrm{d}x}(F-y'F_{y'})=0$ 得：$F-y'F_{y'}=C$

例如，捷线问题：$F_{y'}=\dfrac{1}{\sqrt{2gy}}\dfrac{1}{2}\dfrac{2y'}{\sqrt{1+y'^2}}$

方程化为 $\dfrac{\sqrt{1+y'^2}}{\sqrt{2gy}}-\dfrac{y'^2}{\sqrt{2gy}\sqrt{1+y'^2}}=C$

得 $\dfrac{1}{\sqrt{2gy}\sqrt{1+y'^2}}=C\Rightarrow y(1+y'^2)=\dfrac{1}{2gC^2}=C_1$

令

$$y'=\frac{\mathrm{d}y}{\mathrm{d}x}=\cot\frac{\theta}{2} \tag{7-15}$$

$$y=\frac{C_1}{1+\cot^2\dfrac{\theta}{2}}=\frac{C_1}{1+\dfrac{1+\cos\theta}{1-\cos\theta}}=\frac{C_1}{2}(1-\cos\theta) \tag{7-16}$$

$$\mathrm{d}x=\frac{\mathrm{d}y}{\cot\dfrac{\theta}{2}}=\frac{\mathrm{d}y}{\sqrt{\dfrac{1+\cos\theta}{1-\cos\theta}}}=\frac{\mathrm{d}y}{\left(\dfrac{\sin\theta}{1-\cos\theta}\right)} \tag{7-17}$$

由式（7-16），$\mathrm{d}y=\dfrac{C_1}{2}\sin\theta\mathrm{d}\theta$，代入式（7-17）得：$\mathrm{d}x=\dfrac{C_1}{2}(1-\cos\theta)\mathrm{d}\theta$

积分后，

$$x=\frac{C_1}{2}(\theta-\sin\theta)+C_2 \tag{7-18}$$

由于曲线过 $A(0,0)$，将 $y=0$ 代入式（7-16）得：$\dfrac{C_1}{2}(1-\cos\theta)=0$ 即：$\cos\theta=1$

解得：$\theta=0,2\pi,\cdots$

取最简值 $\theta=0$，将 $\theta=0$ 及 $x=0$ 代入（7-18）得 $C_2=0$

得到

$$\begin{cases} x=\dfrac{C_1}{2}(\theta-\sin\theta) \\[2mm] y=\dfrac{C_1}{2}(1-\cos\theta) \end{cases} \tag{7-19}$$

这是摆线方程，常数 C_1 根据 B 点位置决定 $B(a,b)$。

2. 可动端点的变分

可动端点变分与固定端点变分方法上的不同在于所设的任意函数 $h(x)$ 在可动端点不再为零。例如这个可动端点的捷线问题，我们就需将 $h(x)$ 设成：$\begin{cases} \eta(x_1)=0 \\ \eta(x_2)\neq0 \end{cases}$。在进行到 $\dfrac{\partial J(\varepsilon)}{\partial\varepsilon}\bigg|_{\varepsilon\to0}=F_{y'}\eta(x)\bigg|_{x_1}^{x_2}+\int_{x_1}^{x_2}\eta(x)\left[F_y-\dfrac{\mathrm{d}}{\mathrm{d}x}F_{y'}\right]\mathrm{d}x=0$ 这个步骤时，等式右侧第一项中的 $\eta(x_2)\neq0$。于是有

$$F_{y'}\Big|_{x=x_2}\eta(x_2)+\int_{x_1}^{x_2}\eta(x)\left[F_y-\frac{\mathrm{d}}{\mathrm{d}x}F_{y'}\right]\mathrm{d}x=0 \tag{7-20}$$

由于 $\eta(x)$ 为任意函数，$\eta(x_2)\neq0$ 故只有 $\begin{cases}F_y-\dfrac{\mathrm{d}}{\mathrm{d}x}F_{y'}=0\cdots\text{（a）}\\[2mm]F_{y'}\Big|_{x=x_2}=0\cdots\text{（b）}\end{cases}$ 同时成立才行。

对可动端点的捷线问题，由式（a）$\delta y^n=ny^{n-1}\delta y$ 解得

$$\begin{cases}x=C(\theta-\sin\theta)\\y=C(1-\cos\theta)\end{cases} \tag{7-21}$$

现在我们由式（b）$\delta(u,v)=u\delta v+v\delta u$ 来确定 C。

$F_{y'}=\dfrac{y'}{\sqrt{2gy}\sqrt{1+y'^2}}$，由 $F_{y'}\big|_{x=2}=0$ 即 $y'_{x=a}=0$，$\dfrac{\mathrm{d}y}{\mathrm{d}x}_{x=a}=0$。

因为 $\dfrac{\mathrm{d}y}{\mathrm{d}x}=\dfrac{\mathrm{d}y}{\mathrm{d}\theta}\dfrac{\mathrm{d}\theta}{\mathrm{d}x}$，其中：$\dfrac{\mathrm{d}y}{\mathrm{d}\theta}=\dfrac{C}{2}\sin\theta$　$\dfrac{\mathrm{d}x}{\mathrm{d}\theta}=\dfrac{C}{2}(1-\cos\theta)=y$

因为 $\dfrac{\mathrm{d}\theta}{\mathrm{d}x}=\dfrac{1}{y}\neq0$，由 $\dfrac{\mathrm{d}y}{\mathrm{d}x}\Big|_{x=a}=0$ 知 $\dfrac{\mathrm{d}y}{\mathrm{d}\theta}\Big|_{x=a}=0$，即 $\dfrac{C}{2}\sin\theta\Big|_{x=a}=0$

其中 $C\neq0$，得 $\sin\theta|_{x=a}=0$，得 $\theta|_{x=a}=0$，π，2π，$\cdots$

$\theta|_{x=a}=0$ 不合理弃去，取其最简值 $\theta|_{x=a}=\pi$，代入 $x=\dfrac{C}{2}(\theta-\sin\theta)$，得 $C=\dfrac{2a}{\pi}$

所以 $\begin{cases}x=\dfrac{a}{\pi}(\theta-\sin\theta)\\[2mm]y=\dfrac{a}{\pi}(1-\cos\theta)\end{cases}$

7.1.3　形式为二重积分泛函的变分问题

二维导热问题涉及的是偏微分方程。其相应变分问题所对应的泛函形如

$$J[T(x,y)]=\iint_D F(x,y,T,T_x,T_y)\mathrm{d}x\mathrm{d}y \tag{7-22}$$

T 为平面温度场。若在区域 D 的边界 T 上有已知值（第一类边界条件），则此类变分称为固定边界重积分泛函的变分问题。但若 T 在边界上的数值可变，则变分被称为可动边界重积分泛函的变分问题。

固定边界重积分泛函的变分问题：

变分的方法首先要做 $T(x,y)$ 的邻近曲面，方法为设：

$$T(x,y,\varepsilon)=T(x,y)+\varepsilon\eta(x,y) \tag{7-23}$$

式中：$\eta(x,y)$ 为任意的光滑函数，且 h 在边界上的数值为零，即 $\eta(x,y)|_\Gamma=0$。e 为与 h 无关的小参数。

将 $T(x,y,\varepsilon)$ 代入 $J[T(x,y)]$，并写成 $J(\varepsilon)$

$$J(\varepsilon)=\iint_D F(x,y,T+\varepsilon\eta,T_x+\varepsilon\eta_x,T_y+\varepsilon\eta_y)\mathrm{d}x\mathrm{d}y \tag{7-24}$$

将该泛函对 e 求导有

$$\left.\frac{\partial J(\varepsilon)}{\partial \varepsilon}\right|_{\varepsilon \to 0}=\iint_{D}\left(\frac{\partial F}{\partial T} \eta+\frac{\partial F}{\partial T_x} \eta_x+\frac{\partial F}{\partial T_y} \eta_y\right) \mathrm{d} x \, \mathrm{d} y=0 \tag{7-25}$$

利用下面的全微分公式可以去掉式中的 η_x、η_y。

$$\frac{\mathrm{d}}{\mathrm{d} x}(F_{T_x} \eta)=\left(F_{T_x} \eta_x+\frac{\mathrm{d} F_{T_x}}{\mathrm{d} x} \eta\right), \quad \frac{\mathrm{d}}{\mathrm{d} y}(F_{T_y} \eta)=\left(F_{T_y} \eta_y+\frac{\mathrm{d} F_{T_y}}{\mathrm{d} y} \eta\right)$$

故

$$\left.\frac{\partial J(\varepsilon)}{\partial \varepsilon}\right|_{s \to 0}=\iint_{D}\left[\frac{\partial F}{\partial T} \eta+\underline{\frac{\mathrm{d}}{\mathrm{d} x}(F_{T_x} \eta)+\frac{\mathrm{d}}{\mathrm{d} y}(F_{T_y} \eta)}-\eta\left(\frac{\mathrm{d} F_{T_x}}{\mathrm{d} x}+\frac{\mathrm{d} F_{T_y}}{\mathrm{d} y}\right)\right] \mathrm{d} x \, \mathrm{d} y$$

对下划线部分使用格林公式

$$\iint_{D}\left(\frac{\partial Q}{\partial x}-\frac{\partial P}{\partial y}\right) \mathrm{d} x \, \mathrm{d} y=\oint P \mathrm{d} x+Q \mathrm{d} y \text{ 对应上式：} \begin{cases} P=-F_{T_y} \eta \\ Q=F_{T_x} \eta \end{cases} \text{有：}$$

$$\iint_{D}\left[\frac{\mathrm{d}}{\mathrm{d} x}(F_{T_x} \eta)+\frac{\mathrm{d}}{\mathrm{d} y}(F_{T_y} \eta)\right] \mathrm{d} x \, \mathrm{d} y=\oint_{\Gamma}(-F_{T_y} \eta) \mathrm{d} x+(F_{T_x} \eta) \mathrm{d} y$$

$$\left.\frac{\partial J(\varepsilon)}{\partial \varepsilon}\right|_{\varepsilon \to 0}=\iint_{D} \eta\left(F_T-\frac{\mathrm{d} F_{T_x}}{\mathrm{d} x}-\frac{\mathrm{d} F_{T_y}}{\mathrm{d} y}\right) \mathrm{d} x \, \mathrm{d} y+\oint_{\Gamma}(-F_{T_y} \eta) \mathrm{d} x+(F_{T_x} \eta) \mathrm{d} y=0$$

在边界 Γ 上 $\eta=0$，故 $\oint_{\Gamma}=0$，故知上式中的面积分为零。对任意 $\eta(x, y)$ 面积分都为零，故只能被积函数为 0。

由此得欧拉方程，也称奥氏方程

$$F_T-\frac{\mathrm{d} F_{T_x}}{\mathrm{d} x}-\frac{\mathrm{d} F_{T_y}}{\mathrm{d} y}=0 \tag{7-26}$$

其中 $\frac{\mathrm{d} F_{T_x}}{\mathrm{d} x}$ 与 $\frac{\mathrm{d} F_{T_y}}{\mathrm{d} y}$ 为全导数，注意到 $F_{T_x}(x, y, T, T_x, T_y)$ 中的关系，

$$\frac{\mathrm{d} F_{T_x}}{\mathrm{d} x}=\frac{\partial F_{T_x}}{\partial x}+\frac{\partial F_{T_y}}{\partial T} T_x+\frac{\partial F_{T_x}}{\partial T_x} T_{xx}+\frac{\partial F_{T_x}}{\partial T_y} T_{xy} \tag{7-27}$$

$$\frac{\mathrm{d} F_{T_y}}{\mathrm{d} y}=\frac{\partial F_{T_y}}{\partial y}+\frac{\partial F_{T_y}}{\partial T} T_y+\frac{\partial F_{T_y}}{\partial T_x} T_{xy}+\frac{\partial F_{T_y}}{\partial T_y} T_{yy} \tag{7-28}$$

将欧拉方程展开写应为

$$F_T-F_{T_{xx}}-F_{T_x T} \cdot T_x-F_{T_x T_x} T_{xx}-2 F_{T_x T_y} T_{xy}-F_{T_{yy}}-F_{T_y T} T_y-F_{T_y T_y} T_{yy}=0 \tag{7-29}$$

当 F 的形式给定后，欧拉方程就会被写成一个二阶的偏微分方程。该方程为极值曲面必须满足的微分方程，Γ 上的已知值函数值为方程的定解条件。从中我们也可以看出，变分问题的求解已经演变成了求解微分方程。反过来说，假如能找到方法（一般为近似方法）求解极值函数，那么就可以用变分的方法求解微分方程了。这正是有限单元法的思路。

7.1.4 用变分法求解微分方程

欧拉方程是微分方程，假如它用解析方法解不开，或者不方便，则可以用其相应泛函的变分求近似解。

例：$y'' + y + 1 = 0$　$\begin{cases} x = 0, & y = 0 \\ x = 1, & y = 0 \end{cases}$

其解为：$y = \cos x + \dfrac{1 - \cos 1}{\sin 1} \sin x - 1$

这是能解出来的情况，这里仅为说明方法举例而已。

为了将求解微分方程的问题转化为变分问题，需要写出与微分方程相应的泛函表达式，该泛函经变分运算得到的欧拉方程应恰为该微分方程。从解析角度看，如前所述，从泛函表达式导出欧拉方程是顺畅的，但从给定的某微分方程要导出相应的泛函则还没有经典的解析方法。好在实际许多求解微分方程的问题并不一定要求解析解，所以已经开发出了许多写出近似泛函的方法。

上面的例子对应的泛函为

$$J[y(x)] = \int_0^1 \left(\frac{1}{2} y'^2 - \frac{1}{2} y^2 - y \right) \mathrm{d}x \tag{7-30}$$

验证

$$F_y - \frac{\mathrm{d}F_{y'}}{\mathrm{d}x} = 0$$

$$F_y = -y - 1, \quad F_{y'} = y', \quad \frac{\mathrm{d}F_{y'}}{\mathrm{d}x} = y''$$

$$F_y - \frac{\mathrm{d}F_{y'}}{\mathrm{d}x} = -y - 1 - y'' = 0$$

可见该泛函是正确的。

大多数泛函变分只能得近似解，方法为制造一些"试探函数"，称为"里兹法"。试探函数应满足三个条件：①为多项式；②满足原方程的边界条件；③具有良好的微分性能。对该微分方程的边界条件，试探函数可形如：

$$y = a_1(x - x^2) + a_2(x - x^3) + a_3(x - x^4) + \cdots \tag{7-31}$$

$$y = a_1 \sin \pi x + a_2 \sin 2\pi x + a_3 \sin 3\pi x + \cdots \tag{7-32}$$

试探函数的项数越多越精确，若取 n 项，则有 a_1，a_2，$\cdots$，a_n 个未知系数。将试探函数代入泛函，变分就变成为一个 n 元函数的求极值问题。

令 $\dfrac{\partial J}{\partial a_k} = 0$，$k = 1$，$2$，$\cdots$，$n$ 可联立求出 a_1，a_2，$\cdots$，a_n。

为了解方法，对该例简单地取幂函数且只取一项，即 $y = a_1(x - x^2)$ 进行手算如下：将试探函数代入到泛函式得

$$J[y(x)] = \int_0^1 \frac{1}{2} a_1^2 (1 - 2x)^2 - \frac{1}{2} a_1^2 x^2 (1 - x)^2 - a_1(x - x^2) \mathrm{d}x \tag{7-33}$$

令 $\dfrac{\partial J}{\partial a_k} = 0$ 解得 $a_1 = \dfrac{5}{9}$，故该微分方程的近似解为

$$y = \frac{5}{9}(x - x^2) \tag{7-34}$$

现在我们用 $x = 0.5$ 处的数值来简单地观察一下该近似解的精度。取五位有效数字的精确解为：$y\left(\dfrac{1}{2}\right) = \cos\dfrac{1}{2} + \dfrac{1 - \cos 1}{\sin 1} \sin\dfrac{1}{2} - 1 = 0.13949$，同样取五位有效数字的变分解为

$y\left(\dfrac{1}{2}\right)=0.13889$，误差仅为$-0.43\%$，可见精度是相当高的。

若令 $y=a_1\sin\pi x+a_2\sin 2\pi x+a_3\sin 3\pi x+\cdots$ 取三项去求变分近似解，则得到 $y\left(\dfrac{1}{2}\right)=0.1387$，可见选幂函数作为试探函数，对本题更适用。试探函数选得好，可减少计算工作量，并提高精度。

用变分法求解二维导热问题的泛函为：（第三类边界条件，可代表第一类与绝热边界条件）

$$J=\iint_D\left[\frac{k}{2}(T_x^2+T_y^2)-q_vT\right]\mathrm{d}x\,\mathrm{d}y+\oint_\Gamma h\left(\frac{1}{2}T^2-T_fT\right)\mathrm{d}s \tag{7-35}$$

当使用试探函数，T 中含有 c_i（$i=1,2,\cdots$）时，变分式为

$$\frac{\partial J}{\partial c_i}=\iint_D\left[k\left(\frac{\partial T_x}{\partial c_i}\cdot T_x+\frac{\partial T_y}{\partial c_i}\cdot T_y\right)-q_v\frac{\partial T}{\partial c_i}\right]\mathrm{d}x\,\mathrm{d}y+\oint_\Gamma h\left(T\frac{\partial T}{\partial c_i}-T_f\frac{\partial T}{\partial c_i}\right)\mathrm{d}s=0$$
$$\tag{7-36}$$

式中 $\oint_\Gamma h\dfrac{\partial T}{\partial c_i}(T-T_f)\mathrm{d}s=-\oint_\Gamma k\dfrac{\partial T}{\partial c_i}\dfrac{\partial T}{\partial n}\mathrm{d}s$，变分式为

$$\frac{\partial J}{\partial c_i}=\iint_D\left[k\left(\frac{\partial T_x}{\partial c_i}\cdot T_x+\frac{\partial T_y}{\partial c_i}\cdot T_y\right)-q_v\frac{\partial T}{\partial c_i}\right]\mathrm{d}x\,\mathrm{d}y-\oint_\Gamma k\frac{\partial T}{\partial c_i}\frac{\partial T}{\partial n}\mathrm{d}s=0 \tag{7-37}$$

7.1.5 求解常微分方程的加权余量法

加权余量法是求解微分方程一组近似数值方法的总称。它之中的好几个方法实际上都是从微分方程出发构造试探函数的泛函，然后通过变分近似地求解微分方程。

设有微分方程 $D[y(x)]=0$ 需要求解，D 为算符，例如上一节的例子 $D[y(x)]=y''+y+1=0$。

设 $\widetilde{y(x)}$ 是方程的近似解，代入后就有误差。记：

$$D[\widetilde{y}(x)]=Q(x) \tag{7-38}$$

称 $Q(x)$ 为误差余量或误差残量。

一般 $\widetilde{y(x)}$ 取某个初等函数的多项式，如：

$$\widetilde{y}(x)=c_1(x-x^2)+c_2(x-x^3)+c_3(x-x^4)+\cdots \tag{7-39}$$

并使其直接满足边界条件，$c_1,c_2,\cdots,c_n$ 为待定系数。

$\widetilde{y}$ 是近似解，$Q(x)\neq 0$，即如图 7-4 所示对某些 $xQ(x)$ 大于 0，对某些 $xQ(x)$ 小于 0，但通过选择 $Q(x)$ 中的系数一定可以做到 $\int_R Q(x)\mathrm{d}x=0$

下面要做的就是令 $\dfrac{\partial D}{\partial c_i}=0$，从而获得 n 个方程，然后联立求解 $c_1,c_2,\cdots,c_n$ 这 n 个系数。

为了提高 $\widetilde{y}(x)$ 的逼近能力，用较快的速度，较小的计算工作量求出更为精确的 $\widetilde{y}(x)$，我们将上式改写成

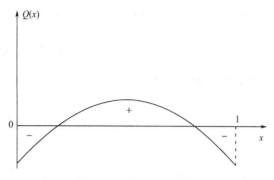

图 7-4　$xQ(x)$ 示意图

$$\int_R \omega_i(x)Q(x)\mathrm{d}x=0,\ (i=1,\ 2,\ \cdots,\ n) \tag{7-40}$$

$\omega_i(x)$ 是权函数，即对 $Q(x)$ 不再取算术平均，而改为加权平均。权函数 $\omega_i(x)$ 如何得到？就有了下述不同的方法。式中的 i 是何含义，可以从下面具体方法中看出来。

1. 子域定位法

若在 $\widetilde{y}(x)$ 设有 n 个待定参数，则将整个计算区域 R 分为 n 个子域，如图 7-5 所示。

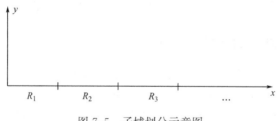

图 7-5　子域划分示意图

即 $R=R_1+R_2+\cdots+R_n$，并令 $\omega_i=\begin{cases}1,\ 在\ R_i\ 内\\0,\ 在\ R_i\ 外\end{cases}$，$i=1,\ 2,\ \cdots,\ n$

列出方程组

$$\begin{cases}\displaystyle\int_{R_1}Q(x)\mathrm{d}x=0\\[2mm]\displaystyle\int_{R_2}Q(x)\mathrm{d}x=0\\[2mm]\cdots\\[2mm]\displaystyle\int_{R_n}Q(x)\mathrm{d}x=0\end{cases}$$

我们就有了 n 个方程，可联立求出 c_1，$c_2\cdots c_n$ 这 n 个系数。

例如：要求解 $D[y(x)]=y''+y+1=0$，$y(0)=y(1)=0$。取试探函数为 $\widetilde{y}(x)=c_1(x-x^2)+c_2(x-x^3)$ 两项，则

$$\widetilde{y''}+\widetilde{y}+1=(1-2c_1)+(c_1-5c_2)x-c_1x^2-c_2x^3$$

$$\begin{cases} \int_0^{0.5} [(1-2c_1)+(c_1-5c_2)x-c_1x^2-c_2x^3]\mathrm{d}x=0 \\ \int_{0.5}^1 [(1-2c_1)+(c_1-5c_2)x-c_1x^2-c_2x^3]\mathrm{d}x=0 \end{cases}$$

则可解出：$c_1=\dfrac{6}{11}$，$c_2=0$。于是近似解为

$$\widetilde{y}(x)=\frac{6}{11}(x-x^2)$$

检验 $\widetilde{y}\left(\dfrac{1}{2}\right)=\dfrac{6}{11}(0.5-0.25)=\dfrac{6}{11}\times0.25\approx0.13636$

与精确解比较误差为 $\varepsilon=2.2\%$

2. 点定位法

该法是把计算区域用一个个点代表，点的个数与试探函数中待定系数的个数相同。使 $Q(x)$ 分别在这些点上为零（并非在整个子域上积分为 0）。

于是 $\omega_i D[\widetilde{y}(x)]=0$　$i=1,2,\cdots,n$，$\omega_i=\begin{cases}1,& 在 x_i 点上\\0,& 不在 x_i 点上\end{cases}$

例如上例：令 $\widetilde{y}(x)=c_1(x-x^2)+c_2(x-x^3)$，则应取 2 个点，例如

$$\begin{cases} x_1=0.25 \\ x_2=0.75 \end{cases}$$

将 x_1 与 x_2 代入 $\widetilde{y}''+\widetilde{y}'+1=(1-2c_1)+(c_1-5c_2)x-c_1x^2-c_2x^3$ 解得

$$\begin{cases} c_1=0.3817 \\ c_2=0.07387 \end{cases}$$

故 $\widetilde{y}=0.3187(x-x^2)+0.07387(x-x^3)$

检验 $\widetilde{y}(0.5)=0.1231$，可见这样的误差 $\varepsilon=11.75\%$ 较大。要想获得更精确的结果就必须多取点，并增加试探函数中待定系数的个数。

3. 最小二乘法

该法是令 $J=\int_R Q^2(x)\mathrm{d}x$，通过求 J 的最小值，即联立求解 $\dfrac{\partial J}{\partial c_i}=0$　$i=1,2,\cdots,n$，得出 $c_1,c_2,\cdots,c_n$。

根据 $\dfrac{\partial J}{\partial c_i}=2\int Q(x)\dfrac{\partial Q(x)}{\partial c_i}\mathrm{d}x$ 可知该法相当于 $\omega_i(x)=\dfrac{\partial Q(x)}{\partial c_i}$ 为权重函数。

4. 伽略金（Galerkin）法

取 $\omega_i=\dfrac{\partial\widetilde{y}}{\partial c_i}$（$i=1,2,\cdots,n$），即第 i 项的权重等于试探函数中该项的变量部分。该部分越大，则权重也大，设计权重的这一指导思想是很有道理的。

$$\begin{cases} \int_R \dfrac{\partial\widetilde{y}}{\partial c_1}D[\widetilde{y}(x)]\mathrm{d}x=0 \\ \cdots \\ \int_R \dfrac{\partial\widetilde{y}}{\partial c_n}D[\widetilde{y}(x)]\mathrm{d}x=0 \end{cases}$$

该式相当于在 R 域上对 $D[y(x)]$ 积分时依次乘上不同的权重函数。联立该式即可求出 c_1，c_2，…，c_n。

现在我们继续用上面的例子通过手算来熟悉该方法。取：$\tilde{y}(x) = c_1(x-x^2) + c_2(x-x^3)$

则用该法获得的联立方程组为：

$$\begin{cases} \int_0^1 (x-x^2)[(1-2c_1) + (c_1-5c_2)x - c_1x^2 - c_2x^3]\mathrm{d}x = 0 \\ \int_0^1 (x-x^3)[(1-2c_1) + (c_1-5c_2)x - c_1x^2 - c_2x^3]\mathrm{d}x = 0 \end{cases}$$

积分并化简得 $\begin{cases} \dfrac{3}{10}c_1 + \dfrac{9}{20}c_2 = \dfrac{1}{6} \\ \dfrac{3}{20}c_1 + \dfrac{23}{84}c_2 = \dfrac{1}{12} \end{cases}$，解得 $\begin{cases} c_1 = \dfrac{5}{9} \\ c_2 = 0 \end{cases}$

可见用 Galerkin 法得到了与泛函变分法相同的近似函数。精度比其他几个方法要高。

7.2　导热问题的泛函及其意义

7.2.1　导热微分方程对应的变分问题

计算传热学求解导热问题实际上是要用数值方法求解导热微分方程。有限单元法的思路就是寻求用变分的方法来求解导热微分方程。为此必须首先找到导热微分方程以及各类边界条件所对应的泛函形式。

1. 第一类边界条件平面稳态温度场导热微分方程的变分形式

这个形式已经被找到了，其所对应的泛函为

$$J[T(x, y)] = \iint_D \frac{k}{2}(T_x^2 + T_y^2)\mathrm{d}x\mathrm{d}y \tag{7-41}$$

式中，$T(x, y)$ 为温度场，$T(x, y)|_\Gamma = f(x, y)$ 为第一类边界条件，k 为导热系数，D 为研究对象的平面区域。欧拉方程中

$$F = \frac{k}{2}(T_x^2 + T_y^2)$$

$$F_T = 0 \qquad\qquad F_{T_x} = kT_x \qquad\qquad F_{T_{xx}} = kT_{xx}$$

$$F_{T_xT} = 0 \quad\quad F_{T_xT_x} \cdot T_{xx} = kT_{xx} \quad\quad F_{T_{yy}} = kT_y$$

$$2F_{T_xT_y} = 0 \qquad\quad F_{T_y} = kT_y \qquad\qquad F_{T_w} = kT_{yy}$$

$$F_{F_yT} = 0 \qquad F_{T_yT_x} \cdot T_{yy} = kT_{yy}$$

故 $-2k(T_{xx} + T_{yy}) = 0$　即　$\dfrac{\partial^2 T}{\partial x^2} + \dfrac{\partial^2 T}{\partial y^2} = 0$。

可见上述 $J[T(x, y)]$ 的极值曲面是满足 $\nabla^2 T = 0$ 的一系列曲面，为了唯一确定极值曲线，必须利用定解条件（第一类）。

$$\begin{cases} \nabla^2 T = 0 \\ T\ (x,\ y)\big|_\Gamma = f\ (x,\ y) \end{cases}$$ 的解是泛函 $J[T(x,\ y)] = \iint\limits_D \dfrac{k}{2}(T_x^2 + T_x^2)\mathrm{d}x\,\mathrm{d}y$ 的变分问题的解。两个解在数学上是等价的。

2. 第二、三类边界条件下平面稳态温度场导热微分方程的变分形式

在第二或第三类边界条件下，极值曲面在边界上的数值是未定的，在变分解法中为可动边界重积分的变分问题。该问题对应泛函一般形式为

$$J(T) = \iint\limits_D F(x,\ y,\ T,\ T_x,\ T_y)\mathrm{d}x\,\mathrm{d}y + \oint_\Gamma G(T)\mathrm{d}s \tag{7-42}$$

式中，$G\ (T)$ 为反映边界影响的待定函数。

变分计算的方法也是要先作邻近曲面 $T\ (x,\ y,\ \varepsilon) = T\ (x,\ y) + \varepsilon\eta\ (x,\ y)$。

式中 $\eta\ (x,\ y)$ 为任意光滑连续曲面，但这里 $\eta\ (x,\ y)\big|_\Gamma \neq 0$；$\varepsilon$ 为小参数，泛函变为

$$\begin{aligned} J[T(x,\ y,\ \varepsilon)] &= \iint\limits_D F(x,\ y,\ T + \varepsilon\eta,\ T_x + \varepsilon\eta_x,\ T_y + \varepsilon\eta_y)\mathrm{d}x\,\mathrm{d}y \\ &\quad + \oint_\Gamma G(T + \varepsilon\eta)\mathrm{d}s \end{aligned} \tag{7-43}$$

现计算 $\dfrac{\partial J\ (\varepsilon)}{\partial \varepsilon}\Big|_{\varepsilon \to 0} = 0$，其中 $\iint\limits_D$ 项的推演结果与固定边界相同，得

$$\iint\limits_D \left[F_T - \frac{\partial F_{T_x}}{\partial x} - \frac{\partial F_{T_y}}{\partial y} \right]\eta\,\mathrm{d}x\,\mathrm{d}y + \oint_\Gamma (-F_{T_y}\eta\,\mathrm{d}x + F_{T_x}\eta\,\mathrm{d}y) = 0 \tag{7-44}$$

差别在于 $\oint_\Gamma$ 项不再为零了。泛函第二项的求导为

$$\begin{aligned} \frac{\partial}{\partial \varepsilon}\oint_\Gamma G(T + \varepsilon\eta)\mathrm{d}s\Big|_{\varepsilon \to 0} &= \oint_\Gamma \frac{\partial G(T + \varepsilon\eta)}{\partial(T + \varepsilon\eta)}\frac{\partial(T + \varepsilon\eta)}{\partial \varepsilon}\Big|_{\varepsilon \to 0}\mathrm{d}s \\ &= \oint_\Gamma \frac{\partial G}{\partial T}\eta\,\mathrm{d}s \end{aligned} \tag{7-45}$$

两项合起来为

$$\begin{aligned} \frac{\partial J\ (\varepsilon)}{\partial \varepsilon} &= \iint\limits_D \left(F_T - \frac{\partial F_{T_x}}{\partial x} - \frac{\partial F_{T_y}}{\partial y} \right)\eta\,\mathrm{d}x\,\mathrm{d}y + \oint_\Gamma \left[(-F_{T_y}\eta)\mathrm{d}x + (F_{T_x}\eta)\mathrm{d}y + \left(\frac{\partial G}{\partial T}\eta \right)\mathrm{d}s \right] \\ &= 0 \end{aligned} \tag{7-46}$$

因为 η 的任意性，故极值条件为下述两式联立

$$\begin{cases} F_T - \dfrac{\partial F_{T_x}}{\partial x} - \dfrac{\partial F_{T_y}}{\partial y} = 0 \\ -F_{T_y}\mathrm{d}x + F_{T_x}\mathrm{d}y + \dfrac{\partial G}{\partial T}\mathrm{d}s = 0 \end{cases} \tag{7-47}$$

对二维导热问题，对应泛函中的 F 为：$F = \dfrac{k}{2}\ (T_x^2 + T_y^2)$，则第二个极值条件中，$F_{T_x} = kT_x$，$F_{T_y} = kT_y$ 该式变为

$$-k\frac{\partial T}{\partial y}\mathrm{d}x + k\frac{\partial T}{\partial x}\mathrm{d}y + \frac{\partial G}{\partial T}\mathrm{d}s = 0 \tag{7-48}$$

将此式两端同除 ds，参考下图：

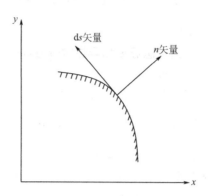

图 7-6　ds 与 n 矢量关系示意图

$$\frac{dx}{ds}=-\cos\,(\widehat{n,\;y})=-\frac{\partial y}{\partial n},\;\frac{dy}{ds}=\cos\,(\widehat{n,\;y})=\frac{\partial x}{\partial n},\;\text{上式变为}$$

$$k\left[\frac{\partial T}{\partial y}\frac{\partial y}{\partial n}+\frac{\partial T}{\partial x}\frac{\partial x}{\partial n}\right]+\frac{\partial G}{\partial T}=0 \tag{7-49}$$

据全微分道理改写上式第一项得

$$k\left.\frac{\partial T}{\partial n}\right|_\Gamma+\frac{\partial G}{\partial T}=0 \tag{7-50}$$

对第二类边界条件，已知 $q|_\Gamma$，在边界上 $q=-k\left.\dfrac{\partial T}{\partial n}\right|_\Gamma$，故 $\dfrac{\partial G}{\partial T}=q$。可知描述边界影响的函数 G 应为：$G=qT$。

对第三类边界条件，在边界上 $-k\left.\dfrac{\partial T}{\partial n}\right|_\Gamma=h\,(T-T_f)$，故 $\dfrac{\partial G}{\partial T}=h\,(T-T_f)$。可知描述边界影响的函数 G 应为：$G=h\left(\dfrac{1}{2}T^2-T_fT\right)$。

于是，第二、三类边界条件二维导热问题变分用的泛函分别为

$$J[T(x,\;y)]=\iint_D\frac{k}{2}(T_x^2+T_y^2)dxdy+\oint_\Gamma qTds$$

$$(q\text{ 流出为正，流入为负}) \tag{7-51}$$

与

$$J[T(x,\;y)]=\iint_D\frac{k}{2}(T_x^2+T_y^2)dxdy+\oint_\Gamma h\left(\frac{1}{2}T^2-T_fT\right)ds \tag{7-52}$$

3. 在其他一些情况下平面温度场微分方程的变分形式

（1）有内热源时：

泛函为

$$J=\iint_D\left[\frac{k}{2}(T_x^2+T_y^2)-q_vT\right]dxdy+\oint_\Gamma h\left(\frac{1}{2}T^2-T_fT\right)ds \tag{7-53}$$

这里的第三类边界条件包括了第一类与绝热两个边界条件。q_v（W/m^3）为热源密度函数。

变分后：欧拉方程为

$$
\begin{cases}
k\left(\dfrac{\partial^2 T}{\partial x^2}+\dfrac{\partial^2 T}{\partial y^2}\right)+q_v=0 \\[2mm]
-k\left.\dfrac{\partial T}{\partial n}\right|_\Gamma=h(T-T_f)\big|_\Gamma
\end{cases}
\tag{7-54}
$$

（2）柱坐标 $T(r,x)$ 下：

泛函为

$$
J[T(x,r)]=\iint\limits_D \frac{kr}{2}\left(T_x^2+T_r^2\right)\mathrm{d}x\,\mathrm{d}r+\oint_\Gamma h\left(\frac{1}{2}T^2-T_f T\right)r\,\mathrm{d}s
\tag{7-55}
$$

欧拉方程为

$$
\begin{cases}
\dfrac{\partial^2 T}{\partial r^2}+\dfrac{1}{r}\dfrac{\partial T}{\partial r}+\dfrac{\partial^2 T}{\partial x^2}=0 \\[2mm]
-k\left.\dfrac{\partial T}{\partial n}\right|_\Gamma=\alpha(T-T_f)\big|_\Gamma
\end{cases}
\tag{7-56}
$$

7.2.2 求解二维温度场的 Galerkin 法

描述二维稳态温度场的微分方程为

$$
D[T(x,y,\tau)]=k\left(\frac{\partial^2 T}{\partial x^2}+\frac{\partial^2 T}{\partial y^2}\right)+q_v=0
\tag{7-57}
$$

取试探函数 $\widehat{T}(x,y,\tau,c_1,c_2,c_3,\cdots,c_n)$ $c_1,c_2,c_3,\cdots,c_n$ 为 n 个待定系数。以后记 $\widehat{T}$ 为 T。

用加权余量法

$$
\iint\limits_D \omega_i\left[k\left(\frac{\partial^2 T}{\partial x^2}+\frac{\partial^2 T}{\partial y^2}\right)+q_v\right]\mathrm{d}x\,\mathrm{d}y=0 \quad i=1,2,\cdots,n
$$

D 为平面温度场的定义域。

用 Galerkin 法，$\omega_i=\dfrac{\partial T(x,y)}{\partial c_i}$ $(i=1,2,\cdots,n)$。ω_i 是 x,y,τ 的函数。

据全微分式 $\dfrac{\partial}{\partial x}\left(\omega_i\dfrac{\partial T}{\partial x}\right)=\omega_i\dfrac{\partial^2 T}{\partial x^2}+\dfrac{\partial T}{\partial x}\dfrac{\partial \omega_i}{\partial x}$ 可将上式改写成满足格林公式的形式：

$$
\iint\limits_D k\left[\frac{\partial}{\partial x}\left(\omega_i\frac{\partial T}{\partial x}\right)+\frac{\partial}{\partial y}\left(\omega_i\frac{\partial T}{\partial y}\right)\right]\mathrm{d}x\,\mathrm{d}y-\iint\limits_D k\left[\left(\frac{\partial \omega_i}{\partial x}\frac{\partial T}{\partial x}+\frac{\partial \omega_i}{\partial y}\frac{\partial T}{\partial y}\right)-q_v\omega_i\right]\mathrm{d}x\,\mathrm{d}y=0
$$

据格林公式

$$
\iint\limits_D k\left[\frac{\partial}{\partial x}\left(\omega_i\frac{\partial T}{\partial x}\right)+\frac{\partial}{\partial y}\left(\omega_i\frac{\partial T}{\partial y}\right)\right]\mathrm{d}x\,\mathrm{d}y=\oint_\Gamma k\left(-\omega_i\frac{\partial T}{\partial y}\mathrm{d}x+\omega_i\frac{\partial T}{\partial x}\mathrm{d}y\right)
$$

$$
\left[\text{注：}\iint\limits_D\left(\frac{\partial Q}{\partial x}-\frac{\partial P}{\partial y}\right)\mathrm{d}x\,\mathrm{d}y=\oint_\Gamma P\,\mathrm{d}x+Q\,\mathrm{d}y,\text{ 这里 }P=-\omega_i\frac{\partial T}{\partial y},\ Q=\omega_i\frac{\partial T}{\partial x}\right]
$$

前面已经证明过

$$
-\frac{\partial T}{\partial y}\mathrm{d}x+\frac{\partial T}{\partial x}\mathrm{d}y=\frac{\partial T}{\partial n}\mathrm{d}s
$$

故原式变为

167

$$\iint_D \left[k\left(\frac{\partial \omega_i}{\partial x} \cdot \frac{\partial T}{\partial x} + \frac{\partial \omega_i}{\partial y} \cdot \frac{\partial T}{\partial y} \right) - q_v \omega_i \right] \mathrm{d}x\,\mathrm{d}y - \oint_\Gamma k\omega_i \frac{\partial T}{\partial n}\mathrm{d}s = 0$$

将 $\omega_i = \dfrac{\partial T}{\partial c_i}$ 代入，上式变为

$$\iint_D \left[k\left(\frac{\partial T_x}{\partial c_i} \cdot T_x + \frac{\partial T_y}{\partial c_i} \cdot T_y \right) - q_v \frac{\partial T}{\partial c_i} \right] \mathrm{d}x\,\mathrm{d}y - \oint_\Gamma k \frac{\partial T}{\partial c_i} \frac{\partial T}{\partial n}\mathrm{d}s = 0 \qquad (7\text{-}58)$$

该式与使用试探函数得到的变分方程完全相同。也就是说，当允许使用试探函数求近似解时，使用 Galerkin 法即可找到用变分方法求解二维导热微分方程时准确的泛函形式。

7.3　形函数与单元变分

对一个有限区域的二维导热问题，根据前面几章讲述的变分方法，从理论上说也可以用一个表达式的试探函数来逼近正确解。但如果这个试探函数是连续可导的，为了保证精度，它就必须被取成成百上千项，从而带有成百上千个待定系数。显然这样的解是不好用的，方法是不可行的。对此，有限单元法将研究对象按空间分成小单元。温度场在小单元之间是连续的，但在每个小单元中都有最简单的试探函数，这样来构成一个总的试探函数。该函数的导数在不同小单元的连接处并不连续。

有限单元法的要点为：

1.将研究区间分解成小单元。将各单元顶点的温度作为求解的对象，并用它们来代表待求的温度场。对平面问题，小单元可以是三角形，四边形甚至六边形。本书只介绍三角形单元，其他形状单元的有限单元法原理与三角形单元相同。

2.将小单元的温度分布设为线性，并写成单元顶点温度的函数。

3.采用由经典变分或 Galerkin 法获得的泛函，用变分方法求解温度场。

4.将整个研究区域的试探函数看作是由各小单元局部的温度分布连接起来的，同时将各顶点的温度看作是试探函数的系数。通过变分计算求出试探函数的系数，获得的就是各顶点的温度。

下面逐一介绍上述要点。

7.3.1　三角形单元的划分规则

设研究对象的空间 D 域被划分为 E 个单元，其中包含有 n 个结点（一个单元可有多个结点）。如图 7-7 示意图规定：

（1）结点编号为 1，2，3…

（2）单元编号为①，②，③…不包括边界的单元（图中的①，②，③）称为内部单元；包含边界的单元（图中的④，⑤）称为边界单元。编号顺序最好遵循先内部单元，然后一类边界条件边界单元，二类边界条件边界单元，三类边界条件边界单元的顺序。

（3）将每个单元的三个顶点按逆时针顺序编号为 i，j，k。对边界单元要求只有一条边在边界上，并且节点

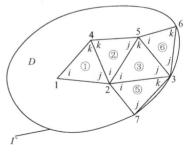

图 7-7　三角形划分规则示意图

i 对着边界。

（4）从精度考虑尽量不要出现钝角三角形

7.3.2　单元中温度分布的表达

有限单元法的一个重要步骤是将小单元中的温度分布用三个顶点的温度来表达。即：

$$T = f(T_i，T_j，T_k)，$$

节点划分后，小单元三个顶点的坐标 i，j，k，以及 x_iy_i，x_jy_j，x_ky_k 和三个边长 S_i，S_j，S_k 都已知，三角形的面积也已知。

在小单元中，将试探函数设为线性函数就足够精确了，即

$$T = f(T_i，T_j，T_k) = a_1 + a_2 x + a_3 y，$$

下面来寻求 a_1，a_2，a_3 三个系数与 T_i，T_j，T_k 的固有关系。相应的矩阵关系式为

$$\left.\begin{array}{l} T_i = a_1 + a_2 x_i + a_3 y_i \\ T_j = a_1 + a_2 x_j + a_3 y_j \\ T_k = a_1 + a_2 x_k + a_3 y_k \end{array}\right\} \Rightarrow \begin{bmatrix} 1 & x_i & y_i \\ 1 & x_j & y_j \\ 1 & x_k & y_k \end{bmatrix} \begin{bmatrix} a_1 \\ a_2 \\ a_3 \end{bmatrix} = \begin{bmatrix} T_i \\ T_j \\ T_k \end{bmatrix}$$

则

$$\begin{bmatrix} a_1 \\ a_2 \\ a_3 \end{bmatrix} = \begin{bmatrix} 1 & x_i & y_i \\ 1 & x_j & y_j \\ 1 & x_k & y_k \end{bmatrix} \begin{bmatrix} T_i \\ T_j \\ T_k \end{bmatrix} = \frac{1}{\begin{vmatrix} 1 & x_i & y_i \\ 1 & x_j & y_j \\ 1 & x_k & y_k \end{vmatrix}} \begin{bmatrix} x_jy_k - x_ky_j & x_ky_i - x_iy_k & x_iy_j - x_jy_i \\ y_j - y_k & y_k - y_i & y_i - y_j \\ x_k - x_j & x_i - x_k & x_j - x_i \end{bmatrix} \begin{bmatrix} T_i \\ T_j \\ T_k \end{bmatrix}$$

这里应用了求矩阵逆的公式。

记：

$$a_i = x_jy_k - x_ky_j \quad b_i = y_j - y_k \quad c_i = x_k - x_j$$
$$a_j = x_ky_i - x_iy_k \quad b_j = y_k - y_i \quad c_j = x_i - x_k$$
$$a_k = x_iy_j - x_jy_i \quad b_k = y_i - y_j \quad c_k = x_j - x_i$$

它们全是坐标的函数，已知行列式

$$\begin{vmatrix} 1 & x_i & y_i \\ 1 & x_j & y_j \\ 1 & x_k & y_k \end{vmatrix} = x_jy_k + x_iy_j + x_ky_i - x_ky_j - x_iy_k - x_jy_i$$

而且

$$x_jy_k + x_iy_j + x_ky_i - x_ky_j - x_iy_k - x_jy_i = (y_j - y_k)(x_i - x_k) - (y_k - y_i)(x_k - x_j)$$
$$= b_ic_j - b_jc_i$$

故

$$\begin{bmatrix} a_1 \\ a_2 \\ a_3 \end{bmatrix} = \frac{1}{b_ic_j - b_jc_i} \begin{bmatrix} a_i & a_j & a_k \\ b_i & b_j & b_k \\ c_i & c_j & c_k \end{bmatrix} \begin{bmatrix} T_i \\ T_j \\ T_k \end{bmatrix}$$

三角形面积的二倍为 $2\Delta = \begin{vmatrix} 1 & x_i & y_i \\ 1 & x_j & y_j \\ 1 & x_k & y_k \end{vmatrix} = b_ic_j - b_jc_i$

故

$$a_1 = \frac{1}{2\Delta}(a_i T_i + a_j T_j + a_k T_k)$$

$$a_2 = \frac{1}{2\Delta}(b_i T_i + b_j T_j + b_k T_k)$$

$$a_3 = \frac{1}{2\Delta}(c_i T_i + c_j T_j + c_k T_k)$$

$$T = a_1 + a_2 x + a_3 y = \frac{1}{2\Delta}[(a_i + b_i x + c_i y)T_i + (a_j + b_j x + c_j y)T_j + (a_k + b_k x + c_k y)T_k]$$

记

$$N_i = \frac{1}{2\Delta}(a_i + b_i x + c_i y)$$

$$N_j = \frac{1}{2\Delta}(a_j + b_j x + c_j y)$$

$$N_k = \frac{1}{2\Delta}(a_k + b_k x + c_k y)$$

于是温度分布被写成

$$T = [N_i, \ N_j, \ N_k] \begin{bmatrix} T_i \\ T_j \\ T_k \end{bmatrix} \tag{7-59}$$

N_i，N_j，N_k 称为形函数。这里相当于建立了新的坐标系，等于把 x，y 坐标变成了 N_i，N_j，N_k 坐标，这是个线性变换的过程。

这里我们取顶点 i 来验算一下上面坐标变换公式的正确性。对节点 i $\begin{cases} x = x_i \\ y = y_i \end{cases}$

$$N_i = \frac{1}{2\Delta}(a_i + b_i x_i + c_i y_i) = \frac{1}{2\Delta}(x_j y_k + x_i y_j + x_k y_i - x_k y_j - x_i y_k - x_j y_i)$$

$$= \frac{1}{2\Delta} \begin{vmatrix} 1 & x_i & y_i \\ 1 & x_j & y_j \\ 1 & x_k & y_k \end{vmatrix} = 1$$

$$N_j = \frac{1}{2\Delta}(a_j + b_j x_i + c_j y_i) = \frac{1}{2\Delta}(x_k y_i + x_i y_k + x_i y_i - x_k y_i - x_i y_k - x_i y_i) = 0$$

$$N_k = 0$$

故 $T = T_i$。同样可以验证上式对 j、k 节点也是正确的。

对于边界单元，则假定 j，k 直线上温度与 T_i 无关，并呈线性变化。

在 j，k 直线上 $T = (1-g) T_j + g T_k$，g 为 $0 \sim 1$ 的一个参数 $\begin{cases} g = 0, & T = T_j \\ g = 1, & T = T_k \end{cases}$

节点边界边长：$S_i = \sqrt{(x_j - x_k)^2 + (y_j - y_k)^2} = \sqrt{b_i^2 + c_i^2}$ 为已知

沿边界积分时：$ds = S_i dg$ $(g = 0 \sim 1)$

7.3.3　单元变分

所谓单元变分就是要把三个顶点的温度当作试探函数的系数，并写出泛函对这三个系数求导的关系式。通过单元变分要完成一些公式的推导，为整个区域的变分计算做好准备。

（1）对第一类边界条件的边界单元和内部单元，使用 Gelerkin 法泛函对系数的求导式为

$$\frac{\partial J}{\partial c_i} = \iint\limits_e \left[k \left(\frac{\partial \omega_i}{\partial x} \frac{\partial T}{\partial x} + \frac{\partial \omega_i}{\partial y} \frac{\partial T}{\partial y} \right) - q_v \omega_i + c\rho \omega_i \frac{\partial T}{\partial \tau} \right] \mathrm{d}x\,\mathrm{d}y \tag{7-60}$$

取试探函数为线性函数，并写成

$$T = f(T_i,\ T_j,\ T_k) = [N_i,\ N_j,\ N_k] \begin{bmatrix} T_i \\ T_j \\ T_k \end{bmatrix} = T_i N_i + T_j N_j + T_k N_k \tag{7-61}$$

如前所述，把 T_i，T_j，T_k 当作 c_i，c_j，c_k 三个待定常数待求，则

$$\frac{\partial J}{\partial c_i} = \frac{\partial J}{\partial T_i} \quad \omega_i = \frac{\partial T}{\partial T_i} = N_i$$

$$\frac{\partial J}{\partial c_j} = \frac{\partial J}{\partial T_j} \quad \omega_j = \frac{\partial T}{\partial T_j} = N_j$$

$$\frac{\partial J}{\partial c_k} = \frac{\partial J}{\partial T_k} \quad \omega_k = \frac{\partial T}{\partial T_k} = N_k$$

上式中

$$\frac{\partial \omega_i}{\partial x} = \frac{b_i}{2\Delta} \quad \frac{\partial \omega_i}{\partial y} = \frac{c_i}{2\Delta}$$

$$\frac{\partial T}{\partial x} = \frac{b_i T_i + b_j T_j + b_k T_k}{2\Delta}, \quad \frac{\partial T}{\partial y} = \frac{c_i T_i + c_j T_j + c_k T_k}{2\Delta},$$

$$\frac{\partial T}{\partial \tau} = N_i \frac{\partial T_i}{\partial \tau} + N_j \frac{\partial T_j}{\partial \tau} + N_k \frac{\partial T_k}{\partial \tau}$$

全部代入为

$$\frac{\partial J^e}{\partial T_i} = \frac{k}{4\Delta} \left[(b_i^2 + c_i^2) T_i + (b_i b_j + c_i c_j) T_j + (b_i b_k + c_i c_k) T_k \right]$$

$$- q_v \iint\limits_e N_i \mathrm{d}x\,\mathrm{d}y + c\rho \left[\frac{\partial T_i}{\partial \tau} \iint\limits_e N_i^2 \mathrm{d}x\,\mathrm{d}y + \frac{\partial T_j}{\partial \tau} \iint\limits_e N_i N_j \mathrm{d}x\,\mathrm{d}y + \frac{\partial T_k}{\partial \tau} \iint\limits_e N_i N_k \mathrm{d}x\,\mathrm{d}y \right] \tag{7-62}$$

J 的上角标 e 表示这是针对某一个单元的。代入 $\iint\limits_e \mathrm{d}x\,\mathrm{d}y = \Delta$，$\iint\limits_e N_i \mathrm{d}x\,\mathrm{d}y = \frac{\Delta}{3}$，

$\iint\limits_e N_i^2 \mathrm{d}x\,\mathrm{d}y = \frac{\Delta}{6}$，$\iint\limits_e N_i N_j \mathrm{d}x\,\mathrm{d}y = \iint\limits_e N_i N_k \mathrm{d}x\,\mathrm{d}y = \frac{\Delta}{12}$ 这些纯几何的运算结果得

$$\frac{\partial J^e}{\partial T_i} = \frac{k}{4\Delta} \left[(b_i^2 + c_i^2) T_i + (b_i b_j + c_i c_j) T_j + (b_i b_k + c_i c_k) T_k \right]$$

$$- \frac{\Delta}{3} q_v + \frac{\Delta}{12} c\rho \left(2 \frac{\partial T_i}{\partial \tau} + \frac{\partial T_j}{\partial \tau} + \frac{\partial T_k}{\partial \tau} \right) \tag{7-63}$$

$$\frac{\partial J^e}{\partial T_j} = \frac{k}{4\Delta} \left[(b_i b_j + c_i c_j) T_i + (b_j^2 + c_j^2) T_j + (b_j b_k + c_j c_k) T_k \right]$$

$$-\frac{\Delta}{3}q_v+\frac{\Delta}{12}c\rho\left(\frac{\partial T_i}{\partial\tau}+2\frac{\partial T_j}{\partial\tau}+\frac{\partial T_k}{\partial\tau}\right) \tag{7-64}$$

$$\frac{\partial J^e}{\partial T_k}=\frac{k}{4\Delta}\left[(b_ib_k+c_ic_k)T_i+(b_jb_k+c_jc_k)T_j+(b_k^2+c_k^2)T_k\right]$$

$$-\frac{\Delta}{3}q_v+\frac{\Delta}{12}c\rho\left(\frac{\partial T_i}{\partial\tau}+\frac{\partial T_j}{\partial\tau}+2\frac{\partial T_k}{\partial\tau}\right) \tag{7-65}$$

将这三个式子写成矩阵形式

$$\begin{Bmatrix}\dfrac{\partial J^e}{\partial T_i}\\[2mm]\dfrac{\partial J^e}{\partial T_j}\\[2mm]\dfrac{\partial J^e}{\partial T_m}\end{Bmatrix}=\begin{bmatrix}k_{ii}&k_{ij}&k_{ik}\\k_{ji}&k_{jj}&k_{jk}\\k_{ki}&k_{kj}&k_{kk}\end{bmatrix}\begin{Bmatrix}T_i\\T_j\\T_k\end{Bmatrix}+\begin{bmatrix}n_{ii}&n_{ij}&n_{ik}\\n_{ji}&n_{jj}&n_{jk}\\n_{ki}&n_{kj}&n_{kk}\end{bmatrix}\begin{Bmatrix}\dfrac{\partial T_i}{\partial\tau}\\[2mm]\dfrac{\partial T_j}{\partial\tau}\\[2mm]\dfrac{\partial T_k}{\partial\tau}\end{Bmatrix}-\begin{Bmatrix}p_i\\p_j\\p_m\end{Bmatrix}$$

$$=[K]^e\{T\}^e+[N]^e\left\{\frac{\partial T}{\partial\tau}-\{p\}^e\right\} \tag{7-66}$$

式中

$$\phi=\frac{k}{4\Delta}\qquad\qquad k_{jk}=k_{kj}=\phi(b_jb_k+c_jc_k)$$

$$k_{ii}=\phi(b_i^2+c_i^2)\qquad n_{ii}=n_{jj}=n_{kk}=\frac{\rho c\Delta}{6}$$

$$k_{ij}=\phi(b_j^2+c_j^2)$$

$$k_{kk}=\phi(b_k^2+c_k^2)\qquad n_{ij}=n_{ji}=n_{ik}=n_{ki}=n_{jk}=n_{kj}=\frac{\rho c\Delta}{12}$$

$$k_{ij}=k_{ji}=\phi(b_ib_j+c_ic_j)\qquad p_i=p_j=p_k=\frac{\Delta}{3}q_v$$

$$k_{ik}=k_{ki}=\phi(b_ib_k+c_ic_k)$$

上式描述了泛函数值随单元中各顶点温度改变的变化率。式子右边第一项为稳态导热项,第二项为非稳态导热项,第三项为内热源项。

(2) 对第二类边界条件下的边界单元,泛函对系数(节点温度)的求导式为:

$$\frac{\partial J^e}{\partial T_i}=\iint\limits_{e}\left[k\left(\frac{\partial W_i}{\partial x}\frac{\partial T}{\partial x}+\frac{\partial W_i}{\partial y}\frac{\partial T}{\partial y}\right)-q_vW_i+\rho cW_i\frac{\partial T}{\partial\tau}\right]\mathrm{d}x\,\mathrm{d}y+\int_{jk}q_wW_i\,\mathrm{d}s$$

$$\tag{7-67}$$

新的问题是多了一项线积分计算。在边界上 $T=(1-g)T_j+gT_k$,于是

$$\begin{cases}\omega_i=\dfrac{\partial T}{\partial T_i}=0\\[3mm]\omega_j=\dfrac{\partial T}{\partial T_j}=1-g\\[3mm]\omega_k=\dfrac{\partial T}{\partial T_k}=g\end{cases}$$

对 $\dfrac{\partial J^e}{\partial T_i}$ 项:$\displaystyle\int_{jk}q_w\omega_i\,\mathrm{d}s=0$

对 $\dfrac{\partial J^e}{\partial T_j}$ 项:$\displaystyle\int_{jk}q_w\omega_j\,\mathrm{d}s=q_w\int_0^1(1-g)S_i\,\mathrm{d}g=\frac{q_wS_i}{2}$

对 $\dfrac{\partial J^e}{\partial T_k}$ 项：$\displaystyle\int_{jk} q_w \omega_k \mathrm{d}s = \dfrac{q_w S_i}{2}$

矩阵形式与上面相同，各项内容只有内热源项有所变化，具体为

$$p_i = \frac{\Delta}{3} q_v \tag{7-68}$$

$$p_j = p_k = \frac{\Delta}{3} q_v - \frac{q_w S_i}{2} \tag{7-69}$$

式中 q_w 的符号按流出为正，流入为负。

（3）对流体温度为 T_f，放热系数为 h 第三类边界条件下的边界单元，矩阵形式相同，各项内容为

$$\phi = \frac{k}{4\Delta} \qquad\qquad k_{jk} = k_{kj} = \phi(b_j b_k + c_j c_k) + \frac{h S_i}{6}$$

$$k_{ii} = \phi(b_i^2 + c_i^2) \qquad\qquad n_{ii} = n_{jj} = n_{kk} = \frac{\rho c \Delta}{6}$$

$$k_{jj} = \phi(b_j^2 + c_j^2) + \frac{h S_i}{3}$$

$$n_{ij} = n_{ji} = n_{ik} = n_{ki} = n_{jk} = n_{kj} = \frac{\rho c \Delta}{12}$$

$$k_{kk} = \phi(b_k^2 + c_k^2) + \frac{h S_i}{3}$$

$$k_{ij} = k_{ji} = \phi(b_i b_j + c_i c_j) \qquad p_i = \frac{\Delta}{3} q_v$$

$$k_{ik} = k_{ki} = \phi(b_i b_k + c_i c_k) \qquad p_j = p_k = \frac{\Delta}{3} q_v + \frac{h S_i}{2} T_f$$

7.3.4 边界换热量的计算

1. 第一类（定壁温）边界的换热量

i 点的对边为边界，则边界的直线方程为

$$y = \frac{y_k - y_j}{x_k - x_j}(x - x_j) + y_j \tag{7-70}$$

斜率为 $k = \dfrac{y_k - y_j}{x_k - x_j} = -\dfrac{Y_i}{X_i}$

边界总换热量

$$\Phi = \int_\Gamma \lambda \frac{\partial T}{\partial n} \mathrm{d}s \tag{7-71}$$

$$\Phi = \lambda \sum_{\Delta\Gamma} \int_{\Delta\Gamma} \left[\frac{\partial T}{\partial x}\cos\alpha + \frac{\partial T}{\partial y}\cos\beta \right] \mathrm{d}s \tag{7-72}$$

$$\Phi = \lambda \sum_{\Delta\Gamma} \int_{\Delta\Gamma} [a_2 \cos\alpha + a_3 \cos\beta] \cdot \mathrm{d}s \tag{7-73}$$

而且有

$$\cos\alpha = \frac{1}{\sqrt{1+k^2}}, \quad \cos\beta = -\frac{k}{\sqrt{1+k^2}}, \quad \mathrm{d}s = \sqrt{1+k^2}\,\mathrm{d}x$$

代入上式，可得

$$\Phi = \lambda \sum_{\Delta\Gamma} \int_{x_j}^{x_k} \left(a_2 \frac{1}{\sqrt{1+k^2}} - a_3 \frac{k}{\sqrt{1+k^2}} \right) \sqrt{1+k^2}\,\mathrm{d}x \tag{7-74}$$

$$\Phi = \lambda \sum_{\Delta\Gamma} \int_{x_j}^{x_k} (a_2 - a_3 k) \mathrm{d}x \tag{7-75}$$

$$\Phi = \lambda \sum_{\Delta\Gamma} (a_2 - a_3 k)(x_k - x_j) \tag{7-76}$$

$$a_2 = \frac{1}{2\Delta}(Y_i T_i + Y_j T_j + Y_k T_k) \tag{7-77}$$

$$a_3 = \frac{1}{2\Delta}(X_i T_i + X_j T_j + X_k T_k) \tag{7-78}$$

$$k = \frac{y_k - y_j}{x_k - x_j} = -\frac{Y_i}{X_i} \tag{7-79}$$

$$\Phi = \frac{\lambda}{2\Delta} \sum_{\Delta\Gamma} \left[(Y_i T_i + Y_j T_j + Y_k T_k)X_i + (X_i T_i + X_j T_j + X_k T_k)Y_i \right] \tag{7-80}$$

2. 第二类（定壁热流 q_w）边界的换热量

边界总换量

$$\Phi = \int_{\Gamma} q_w \mathrm{d}s = \sum_{\Delta\Gamma} q_w \sqrt{(y_j - y_k)^2 + (x_j - x_k)^2} = \sum_{\Delta\Gamma} q_w \sqrt{X_i^2 + Y_i^2} \tag{7-81}$$

$$\Phi = \sum_{\Delta\Gamma} q_w S_i \tag{7-82}$$

3. 第三类（对流换热条件 h、T_f）边界的换热量

边界总换量

$$\Phi = \sum_{\Delta\Gamma} \int_{\Delta\Gamma} h(T - T_f)\mathrm{d}s \tag{7-83}$$

其中

$$T = g T_j + (1-g) T_k, \quad \mathrm{d}s = S_i \mathrm{d}g \tag{7-84}$$

$$\Phi = \sum_{\Delta\Gamma} h S_i \int_0^1 \left[g T_j + (1-g) T_k - T_f \right] \mathrm{d}g \tag{7-85}$$

$$\Phi = \sum_{\Delta\Gamma} h S_i \left[\frac{T_j + T_k}{2} - T_f \right] \tag{7-86}$$

7.3.5　其他问题

1. 关于节点的排列顺序问题

三角形的三个顶点（节点），可以顺时针排序，也可以是逆时针排序。如果是逆时针排序，则

$$2\Delta = \begin{vmatrix} 1 & x_i & y_i \\ 1 & x_j & y_j \\ 1 & x_k & y_k \end{vmatrix} = 2A（即等于三角形面积的 2 倍）$$

如果是顺时针排序，则

$$2\Delta = \begin{vmatrix} 1 & x_i & y_i \\ 1 & x_j & y_j \\ 1 & x_k & y_k \end{vmatrix} = -2A$$

（在下面 Δ 不在表示三角单元的面积，而仅仅表示行列式值的一半，它的绝对值等于三角单元的面积，即：$A=|\Delta|$。三角单元的面积将采用符号 A 来表示）

但是，三角单元内的温度场分布、形函数与节点的排序无关，即：对于每个单元的温度场，$T=a_1+a_2x+a_3y$，其中

$$a_1=\frac{1}{2\Delta}(A_iT_i+A_jT_j+A_kT_k) \tag{7-87}$$

$$a_2=\frac{1}{2\Delta}(Y_iT_i+Y_jT_j+Y_kT_k) \tag{7-88}$$

$$a_3=\frac{1}{2\Delta}(X_iT_i+X_jT_j+X_kT_k) \tag{7-89}$$

a_1、a_2、a_3 与节点的是逆时针还是顺时针排序无关。

$$T=T_i\cdot N_i(x，y)+T_j\cdot N_j(x，y)+T_k\cdot N_k(x，y) \tag{7-90}$$

$$N_i(x，y)=\frac{1}{2\Delta}(A_i+Y_i\cdot x+X_i\cdot y) \tag{7-91}$$

$$N_j(x，y)=\frac{1}{2\Delta}(A_j+Y_j\cdot x+X_j\cdot y) \tag{7-92}$$

$$N_k(x，y)=\frac{1}{2\Delta}(A_k+Y_k\cdot x+X_k\cdot y) \tag{7-93}$$

N_i、N_j、N_k 与节点逆时针还是顺时针的排序无关。

从数学上来说，当排序由顺时针变为逆时针时，行列式的值变为相反数，所有的 A、X、Y 也同时变为了相反数。因此后续关于单元变分的刚度矩阵、变温矩阵、非齐次项等的结论也与节点的排序方式无关，但是必须将 Δ 用 A 来代替，即采用三角单元的面积而非行列式半值。

因此，在温度分布矩阵中应用行列式半值，在变分刚度矩阵、变温矩阵、非齐次项里应用三角单元面积，那么在所有的计算过程中，可以不予考虑节点是逆时针还是顺时针排序，结果都是一致的。

2. 第三类边界条件的泛函边界积分

$$\int_{\Delta\Gamma}h(T-T_f)\omega_i\mathrm{d}s=0 \tag{7-94}$$

$$
\begin{aligned}
\int_{\Delta\Gamma}h(T-T_f)\omega_j\mathrm{d}s &=\int_{\Delta\Gamma}hT\omega_j\mathrm{d}s-\int_{\Delta\Gamma}hT_f\omega_j\mathrm{d}s \\
&=\int_{\Delta\Gamma}h[gT_j+(1-g)T_k]g\cdot\mathrm{d}s-\int_{\Delta\Gamma}hT_fg\cdot\mathrm{d}s \\
&=\int_0^1 h[gT_j+(1-g)T_k]g\cdot S_j\mathrm{d}g-\int_0^1 hT_fg\cdot S_i \\
&=\frac{hS_i}{3}T_j+\frac{hS_i}{6}T_k-\frac{hS_i}{2}T_f
\end{aligned} \tag{7-95}
$$

7.4　总体合成与变分关系式

设总计有 n 个节点（若干单元）其中有 L 个温度已知，将其排在最后，目标为求 T_1，

T_2，$\cdots$，T_{n-L}。

用变分法求解二维温度场的泛函原为一个二重积分，因此整个研究区域上的泛函应该等于各个小单元上泛函的总和，即：$J_D = \sum J^e$。于是变分关系式为

$$\frac{\partial J^D}{\partial T_i} = \sum_{e=i\text{相关}} \frac{\partial J^e}{\partial T_i} = 0 \quad (\text{因为与 } i \text{ 无关的单元，} \frac{\partial J^e}{\partial T_i} = 0)$$

(7-96)

式中：$e=i$ 相关的意思是每一个节点都只涉及以它为一个顶点的小单元。

以图 7-7 节点 3 为例：当泛函对节点 3 求偏导时，节点 3 只与③、④、⑤三个单元有关，对无关的单元，$\frac{\partial J^e}{\partial T_3} = 0$，故上式为：$\sum_{e=3,4,5} \frac{\partial J^e}{\partial T_3} = 0$，将该式的求和号打开，方程为

$$\frac{\partial J^D}{\partial T_3} = \frac{\partial J^③}{\partial T_j} + \frac{\partial J^④}{\partial T_j} + \frac{\partial J^⑤}{\partial T_k} = 0$$

(7-97)

要注意在某一个单元中，T_3 被改写成了 T_i、T_j、T_k 中的哪一个。

对 $n-L$ 个节点有 $n-L$ 个这样的方程，联立可求 T_1，T_2，$\cdots$，T_{n-L}。

代入单元变分的式子得

$$\frac{\partial J^③}{\partial T_j} = k_{ji}T_2 + k_{jj}T_3 + k_{jk}T_5 + n_{ji}\frac{\partial T_2}{\partial \tau} + n_{jj}\frac{\partial T_3}{\partial \tau} + n_{jk}\frac{\partial T_5}{\partial \tau} - p_j \quad \text{各系数均为③单元的}$$

$$\frac{\partial J^④}{\partial T_j} = k_{ji}T_5 + k_{jj}T_3 + k_{jk}T_6 + n_{ji}\frac{\partial T_5}{\partial \tau} + n_{jj}\frac{\partial T_3}{\partial \tau} + n_{jk}\frac{\partial T_6}{\partial \tau} - p_j \quad \text{各系数均为④单元的}$$

$$\frac{\partial J^⑤}{\partial T_k} = k_{ki}T_2 + k_{kj}T_7 + k_{kk}T_3 + n_{ki}\frac{\partial T_2}{\partial \tau} + n_{kj}\frac{\partial T_7}{\partial \tau} + n_{kk}\frac{\partial T_3}{\partial \tau} - p_k \quad \text{各系数均为⑤单元的}$$

代入到：$\frac{\partial J^D}{\partial T_3}$ 并写成

$$\frac{\partial J^D}{\partial T_3} = k_{31}T_1 + k_{32}T_2 + \cdots + k_{3n}T_n + n_{31}\frac{\partial T_1}{\partial \tau} + n_{32}\frac{\partial T_2}{\partial \tau} + \cdots + n_{3n}\frac{\partial T_n}{\partial \tau} - p_3 = 0$$

(7-98)

式中

$k_{31} = k_{34} = k_{38} = k_{39} = \cdots = k_{3n} = 0$

$n_{31} = n_{34} = n_{38} = n_{39} = \cdots = n_{3n} = 0$

$k_{32} = k_{ji}^③ + k_{ki}^⑤$

$k_{33} = k_{jj}^③ + k_{jj}^④ + k_{kk}^⑤$

$k_{35} = k_{jk}^③ + k_{ji}^④$

$k_{36} = k_{jk}^④$

$k_{37} = k_{kj}^⑤$

$n_{32} = n_{ji}^③ + n_{kk}^⑤$

$n_{33} = n_{jj}^③ + n_{jj}^④ + n_{kk}^⑤$

$n_{35} = n_{jk}^③ + n_{ji}^④$

$n_{36} = n_{jk}^④$

$n_{37} = n_{kj}^⑤$

$p_3 = p_j^③ + p_j^④ + p_k^⑤$

由图 7-7 知，3 点的相邻节点为 7、2、5、6，由上式看出，相邻节点对该点方程合成时的系数才有贡献，不相邻节点对该点方程合成没有贡献。

上式用矩阵表示得如下形式：

$$\begin{bmatrix} k_{11} & k_{12} & \cdots & k_{1n} \\ k_{21} & k_{22} & \cdots & k_{2n} \\ & \cdots & & \\ k_{n1} & k_{n2} & \cdots & k_{nn} \end{bmatrix} \begin{Bmatrix} T_1 \\ T_2 \\ \vdots \\ T_n \end{Bmatrix} + \begin{bmatrix} n_{11} & n_{12} & \cdots & n_{1n} \\ n_{21} & n_{22} & \cdots & n_{2n} \\ & \cdots & & \\ n_{n1} & n_{n2} & \cdots & n_{nn} \end{bmatrix} \begin{Bmatrix} \dfrac{\partial T_1}{\partial \tau} \\ \dfrac{\partial T_2}{\partial \tau} \\ \vdots \\ \dfrac{\partial T_n}{\partial \tau} \end{Bmatrix} = \begin{Bmatrix} p_1 \\ p_2 \\ \vdots \\ p_n \end{Bmatrix}$$

简写为

$$[K]\{T\}_t + [N]\left\{\frac{\partial T}{\partial \tau}\right\}_t = \{p\}_t \tag{7-99}$$

式中　　$[K]$——温度刚度矩阵（来源于弹性力学用有限单元法）；

　　　　$[N]$——非稳态变温矩阵；

　　　　$\{T\}_t$——未知温度列向量；

　　　　$\{p\}_t$——方程右端项，含有内热源，边界影响等。

该式有如下的合成规律：

（1）$[K]$ 与 $[N]$ 合成规律相同；

（2）不在同一单元，因而"不相邻"的节点没有贡献；

（3）矩阵主对角线元素（如 k_{33}）由该节点所在所有单元中相应的主对角线元素构成，例如：$k_{33} = k_{jj}^{③} + k_{jj}^{④} + k_{kk}^{⑤}$；

（4）方程右端列向量 $\{p\}_t$ 为该节点所在所有单元中方程右端项之和，例如：$p_3 = p_j^{③} + p_j^{④} + p_k^{⑤}$；

（5）矩阵中的非主对角线元素由节点有关的非主对角线元素构成，

例如：$k_{32} = k_{ji}^{③} + k_{ki}^{⑤}$。

7.5　有限单元法的程序实现与应用

7.5.1　每个单元的数据结构

一共 N 个单元，M 个节点。其中编号为 n 的单元：

1. 单元的节点索引值信息

三个元素，（实际上，三个节点的顺序无所谓逆时针、顺时针，但是三个节点的索引值的顺序在单元计算时必须保持不变，后续各矩阵中的元素才能与该节点对应起来）

$$D(n) \cdot PI = [m_i,\ m_j,\ m_k] \tag{7-100}$$

式中 m_i、m_j、m_k——单元 n 的三个节点的索引值。

该式有两个作用：

（1）记录该单元的节点索引值。

（2）记录某节点在该单元数据结构中的排序位置（以下简称位置），如 m_j 的位置为 2，与 m_j 节点相关的数据将会出现在各矩阵的第 2 行或第 2 列。后续排序位置将用 p 或 w 表示。程序实现方法：查询某节点 m 索引值出现在 n 单元的位置，假设位置为 p（p 只可能为 1、2、3)。

$$
\begin{aligned}
&\text{for}\quad k=1:3\\
&\qquad \text{if}\quad m=D\,(n)\,\cdot PI\,(k)\\
&\qquad\qquad p=k;\\
&\qquad \text{end}\\
&\text{end}
\end{aligned}
$$

2. 单元的属性信息

每个单元有 3 条边、3 个节点。每条边对应一个节点，边的索引值可用对应节点来表示。

$$
D(n).Q=\begin{bmatrix} B_i & B_j & B_k \\ D_i & D_j & D_k \\ T_i & T_j & T_k \\ q_{vi} & q_{vj} & q_{vk} \end{bmatrix}\ \text{或者}\ D(n).Q=\begin{bmatrix} B_i & B_j & B_k \\ D_i & D_j & D_k \\ T_i & T_j & T_k \end{bmatrix} \tag{7-101}
$$

B_i——m_i 节点对边的边界属性，可取之值：0、1、2、3。0 表示对边不是边界。

D_i——m_i 节点的边界条件数值，其值为 T_w，或者 q_w，或者 h（取两边界节点的平均值）。

T_i——m_i 节点的第 3 类边界条件数值，其值为 0，或者 T_f（取两边界节点的平均值）。

q_{vi}——m_i 节点的内热源强度。（如果节点属性处已储存，则此处可以不储存）

注：单元的属性矩阵可以与节点索引矩阵整合到一起，如下：

$$
D(n).Q=\begin{bmatrix} m_i & m_j & m_k \\ B_i & B_j & B_k \\ D_i & D_j & D_k \\ T_i & T_j & T_k \\ q_{vi} & q_{vj} & q_{vk} \end{bmatrix}\ \text{或者}\ D(n).Q=\begin{bmatrix} m_i & m_j & m_k \\ B_i & B_j & B_k \\ D_i & D_j & D_k \\ T_i & T_j & T_k \end{bmatrix} \tag{7-102}
$$

3. 单元所含节点的坐标值信息

程序设计时，各矩阵元素数值的计算是一个子函数，将三个节点的坐标按（1）中的顺序赋值给子函数的形参即可。共有 6 个数值，为

$$
D(n).XY=\begin{bmatrix} x_i & y_i \\ x_j & y_j \\ x_k & y_k \end{bmatrix}
$$

节点坐标信息也可以不储存在单元数据结构中，而直接采用节点数据：$P(m).XY$，避免浪费内存空间。

4. 单元的温度分布矩阵

共 9 个元素，9 个数值。

$$
D(n).TC=\frac{1}{2\Delta}\begin{bmatrix} A_i=x_jy_k-x_ky_j & A_j=x_ky_i-x_iy_k & A_k=x_iy_j-x_jy_i \\ Y_i=y_j-y_k & Y_j=y_k-y_i & Y_k=y_i-y_j \\ X_i=x_k-x_j & X_j=x_i-x_k & X_k=x_j-x_i \end{bmatrix}
$$

该式用于：

（1）整体温度场的表达，例如非节点温度的求值；

（2）第一类边界条件下换热量的求解。

将来单元内的温度场为：

$$T=\frac{1}{2\Delta}\cdot[1,\ x,\ y]\cdot\begin{bmatrix}A_i=x_jy_k-x_ky_j & A_j=x_ky_i-x_iy_k & A_k=x_iy_j-x_jy_i\\ Y_i=y_j-y_k & Y_j=y_k-y_i & Y_k=y_i-y_j\\ X_i=x_k-x_j & X_j=x_i-x_k & X_k=x_j-x_i\end{bmatrix}\begin{bmatrix}T_i\\ T_j\\ T_k\end{bmatrix}$$

$$(7\text{-}103)$$

5. 单元的几何量信息

共 5 个元素，$D(n).AS=[\Delta,\ A,\ S_i,\ S_j,\ S_k]$，行列式半值为

$$\Delta=\frac{Y_iX_j-Y_jX_i}{2}=\frac{A_i+A_j+A_k}{2} \tag{7-104}$$

三角形面积：

$$A=|\Delta|\ (\text{行列式绝对值的一半}) \tag{7-105}$$

k 点对边的边长：

$$S_k=\sqrt{X_k^2+Y_k^2} \tag{7-106}$$

6. 单元的变温矩阵

$$D(n).N=\frac{\rho cA}{12}\begin{bmatrix}2 & 1 & 1\\ & 2 & 1\\ & & 2\end{bmatrix}(\text{对称方阵}) \tag{7-107}$$

7. 单元的温度刚度矩阵

第一步：

$$D(n).K_0=\frac{\lambda}{4A}\begin{bmatrix}Y_i^2+X_i^2 & Y_iY_j+X_iX_j & Y_iY_k+X_iX_k\\ & Y_j^2+X_j^2 & Y_jY_k+X_jX_k\\ & & Y_k^2+X_k^2\end{bmatrix}(\text{对称方阵})，或者$$

$$D(n).K_0=\frac{\lambda}{4A}\begin{bmatrix}S_i^2 & Y_iY_j+X_iX_j & Y_iY_k+X_iX_k\\ & S_j^2 & Y_jY_k+X_jX_k\\ & & S_k^2\end{bmatrix}(\text{对称方阵})$$

第二步：

调用数据：$D(n).Q=\begin{bmatrix}B_i & B_j & B_k\\ D_i & D_j & D_k\\ T_i & T_j & T_k\\ q_{vi} & q_{vj} & q_{vk}\end{bmatrix}$，利用 for 循环计算 3 个矩阵：

（1）如果：$D(n).Q(1,1)\neq3$（即 $B_1\neq3$），则：$D(n).K1=\begin{bmatrix}0 & 0 & 0\\ 0 & 0 & 0\\ 0 & 0 & 0\end{bmatrix}$

否则：$D(n).Q(1,1)=3$（即 $B_1=3$），则

$$D(n).K1 = \begin{bmatrix} 0 & 0 & 0 \\ 0 & \dfrac{hS_1}{3} & \dfrac{hS_1}{6} \\ 0 & \dfrac{hS_1}{6} & \dfrac{hS_1}{3} \end{bmatrix} \qquad [h=D(n).Q(2,\ 1),\quad S_1=D(n).AS(2+1)]$$

（2）如果：$D(n).Q(1,\ 2) \neq 3$（即 $B_2 \neq 3$），则：$D(n).K2 = \begin{bmatrix} 0 & 0 & 0 \\ 0 & 0 & 0 \\ 0 & 0 & 0 \end{bmatrix}$

否则：$D(n).Q(1,\ 2)=3$（即 $B_2=3$），则

$$D(n).K2 = \begin{bmatrix} \dfrac{hS_2}{3} & 0 & \dfrac{hS_2}{6} \\ 0 & 0 & 0 \\ \dfrac{hS_2}{6} & 0 & \dfrac{hS_2}{3} \end{bmatrix} \qquad [h=D\ (n).Q(2,\ 2),\quad S_2=D(n).AS(2+2)]$$

（3）如果：$D(n).Q(1,\ 3) \neq 3$（即 $B_3 \neq 3$），则：$D(n).K3 = \begin{bmatrix} 0 & 0 & 0 \\ 0 & 0 & 0 \\ 0 & 0 & 0 \end{bmatrix}$

否则：$D(n).Q(1,\ 3)=3$（即 $B_3=3$），则

$$D(n).K3 = \begin{bmatrix} \dfrac{hS_3}{3} & \dfrac{hS_3}{6} & 0 \\ \dfrac{hS_3}{6} & \dfrac{hS_3}{3} & 0 \\ 0 & 0 & 0 \end{bmatrix} \qquad [h=D(n).Q(2,\ 3),\ S_3=D(n).AS(2+3)\ ]$$

第三步：

单元的温度刚度矩阵为：

$$D(n).K = D(n).K0 + D(n).K1 + D(n).K2 + D(n).K3 \tag{7-108}$$

8. 单元的非齐次向量

第一步：$D(n).P0 = \begin{bmatrix} \dfrac{Aq_v}{3} \\ \dfrac{Aq_v}{3} \\ \dfrac{Aq_v}{3} \end{bmatrix} \qquad \left[A=D(n).AS(2),\quad q_v = \dfrac{\sum D(n).Q(4,\ i)}{3} \right]$

第二步：调用数据

$$D(n).Q = \begin{bmatrix} B_i & B_j & B_k \\ D_i & D_j & D_k \\ T_i & T_j & T_k \\ q_{vi} & q_{vj} & q_{vk} \end{bmatrix}$$

利用 for 循环计算 3 个矩阵：

（1）如果：$D(n).Q(1,1)=0$ 或 1（即 $B_1=0$ 或者 $B_1=1$），则：$D(n).P1=\begin{bmatrix}0\\0\\0\end{bmatrix}$

如果 $D(n).Q(1,1)=2$（即 $B_1=2$），则：

$$D(n).P1=\begin{bmatrix}0\\-\dfrac{q_wS_1}{2}\\-\dfrac{q_wS_1}{2}\end{bmatrix}\ [q_w=D(n).Q(2,1),\ S_1=D(n).AS(2+1)]（散热为正）$$

如果 $D(n).Q(1,1)=2$（即 $B_1=3$），则：

$$D(n).P1=\begin{bmatrix}0\\\dfrac{hT_fS_1}{2}\\\dfrac{hT_fS_1}{2}\end{bmatrix}\ [h=D(n).Q(2,1),\ T_f=D(n).Q(3,1),\ S_1=D(n).AS(2+1)]$$

（2）如果：$D(n).Q(1,2)=0$ 或 1（即 $B_2=0$ 或者 $B_2=1$），则：$D(n).P2=\begin{bmatrix}0\\0\\0\end{bmatrix}$

如果 $D(n).Q(1,2)=2$（即 $B_2=2$），则：

$$D(n).P2=\begin{bmatrix}-\dfrac{q_wS_2}{2}\\0\\-\dfrac{q_wS_2}{2}\end{bmatrix}\ [q_w=D(n).Q(2,2),\ S_2=D(n).AS(2+2)]（散热为正）$$

如果 $D(n).Q(1,2)=3$（即 $B_2=3$），则：

$$D(n).P2=\begin{bmatrix}\dfrac{hT_fS_2}{2}\\0\\\dfrac{hT_fS_2}{2}\end{bmatrix}\ [h=D(n).Q(2,2),\ T_f=D(n).Q(3,2),\ s_2=D(n).AS(2+2)]$$

（3）如果：$D(n).Q(1,3)=0$ 或 1（即 $B_3=0$ 或者 $B_3=1$），则：$D(n).P3=\begin{bmatrix}0\\0\\0\end{bmatrix}$

如果 $D(n).Q(1,3)=2$（即 $B_3=2$），则：

$$D(n).P3=\begin{bmatrix}-\dfrac{q_wS_3}{2}\\-\dfrac{q_wS_3}{2}\\0\end{bmatrix}\ [q_w=D(n).Q(2,3),\ S_3=D(n).AS(2+3)]（散热为正）$$

如果 $D(n).Q(1, 3)=3$（即 $B_3=3$），则

$$D(n).P3=\begin{bmatrix}\dfrac{hT_fS_3}{2}\\[2mm]\dfrac{hT_fS_3}{2}\\[2mm]0\end{bmatrix}\quad[h=D(n).Q(2, 3),\quad T_f=D(n).Q(3, 3),\quad s_3=D(n).AS(2+3)]$$

第三步：

单元的非齐次矩阵为

$$D(n).P=D(n).P0+D(n).P1+D(n).P2+D(n).P3 \tag{7-109}$$

7.5.2　每个节点的数据结构

一共 N 个单元，M 个节点。其中编号为 m 的节点，有 g 个共享单元，q 个相邻节点。一般而言 $q=g$。

1. 节点的属性信息

$$P(m).Q=[PT, T_w, q_v] \tag{7-110}$$

式中　PT——节点类型；0——非第一类边界节点；1——第一类边界节点；

T_w——如果是第一类边界节点，则储存该节点的温度，否则为 0；

q_v——该节点的内热源强度（如果非定常，则由坐标决定。单元属性与节点属性中选择一处储存即可）。

2. 节点的坐标信息

$$P(m).XY=[x_m, y_m] \tag{7-111}$$

（如果单元数据里已保存，则节点数据中可以不用保存）

3. 节点的共享单元信息

$$P(m).D=[n_{m1}, n_{m2}, \cdots, n_{mg}] \tag{7-112}$$

式中：n_{m1}、n_{m2}、$\cdots$、n_{mg}——共享 m 节点的 g 个单元的索引值

程序实现方法：对所有单元的三个节点索引值进行查询，如果某个节点索引值等于 m，则该单元即为共享单元，该单元的索引值就被储存。

如果不计较浪费内存，则共享单元信息数据结构也可设计为

$$P(m).D=\begin{bmatrix}n_{m1}, & n_{m2}, & \cdots, & n_{mg}\\p_{nm1}, & p_{nm2}, & \cdots, & p_{nmg}\end{bmatrix} \tag{7-113}$$

式中　n_{m1}，n_{m2}，$\cdots$，n_{mg}——共享 m 节点的 g 个单元的索引值；

p_{nm1}，p_{nm2}，$\cdots$，p_{nmg}——m 点在共享单元中的排序位置。

4. 节点的相邻节点信息

$$P(m).PN=\begin{bmatrix}m_{m1}, & m_{m2}, & \cdots, & m_{mq}\\n_{m11}, & n_{m21}, & \cdots, & n_{mq1}\\n_{m12}, & n_{m22}, & \cdots, & n_{mq2}\end{bmatrix} \tag{7-114}$$

式中 m_{m1}，m_{m2}，$\cdots$，m_{mq}——m 节点的 q 个相邻节点索引值；

n_{m11}，n_{m21}，$\cdots$，n_{mq1}，n_{m12}，n_{m22}，$\cdots$，n_{mq2}——相邻节点 m 个点连线的共享单元的索引值，只能为 1 个或 2 个。

如果相邻节点 m 个点连线为某单元独享，则第 3 行元素数值为 0，即 $n_{mi2}=0$。

程序实现方法：由节点的共享单元索引值，找出相邻节点的索引值，同时储存单元索引值到第 2 行或第 3 行相应元素中。如果不计较浪费内存，则共享单元信息数据结构也可设计为

$$P(m).PN=\begin{bmatrix} m_{m1}, & m_{m2}, & \cdots, & m_{mq} \\ n_{m11}, & n_{m21}, & \cdots, & n_{mq1} \\ w_{nm11}, & w_{nm12}, & \cdots, & w_{nmq1} \\ n_{m12}, & n_{m22}, & \cdots, & n_{mq2} \\ w_{nm12}, & w_{nm22}, & \cdots, & w_{nmq2} \end{bmatrix} \begin{array}{l} \text{相邻节点索引值} \\ \text{对应连线的共享单元 1} \\ \text{相邻节点在单元 1 中的排序位置} \\ \text{对应连线的共享单元 2} \\ \text{相邻节点在单元 2 中的排序位置} \end{array}$$

$$(7\text{-}115)$$

程序实现方法：相邻节点在单元中的排序位置可参考节 7.5 中单元的节点索引值信息。

5. 节点方程的刚度系数向量与变温系数向量

调出数据：$P(m).Q=[PT, T_w, q_v]$ 判断是否属于第一类边界节点。

1）如果该节点为第一类边界节点，则

$$P(m).K(m)=1; \quad P(m).K(i\neq m)=0$$

即

$$P(m).K=[0, 0, \cdots, 1, 0, \cdots, 0]$$
$$P(m).N(m)=1; \quad P(m).N(i\neq m)=0$$

即

$$\overset{m}{P(m).N=[0, 0, \cdots, 1, 0, \cdots, 0]} \tag{7-116}$$

2）如果该节点不是第一类边界节点，则

（1）序号为 m 的系数向量元素

① 调出 m 节点的共享单元中的数据：$P(m).D=[n_{m1}, n_{m2}, \cdots, n_{mg}]$

② 查询 m 索引值出现在 n_{mi} 单元的位置，假设位置为 p（p 只能为 1、2、3）。

```
for  k=1:3
        if  m=D(n_mi).PI(k)
            p=k;
        end
    end
```

③ 综上：

$$P(m).K(m)=\sum_{i=1}^{g}D(n_{mi}).K(p, p) \tag{7-117}$$

$$P(m).N(m)=\sum_{i=1}^{g}D(n_{mi}).N(p, p) \tag{7-118}$$

即 g 个共享单元的点参数之和

注：如果数据结构为 $P\ (m).\,D=\begin{bmatrix} n_{m1}, & n_{m2}, & \cdots, & n_{mg} \\ p_{nm1}, & p_{nm2}, & \cdots, & p_{nmg} \end{bmatrix}$，则不用查询位置。

3）序号为相邻节点索引值的系数向量元素

a. 调出相邻节点数据：$P\ (m).\,PN=\begin{bmatrix} m_{m1}, & m_{m2}, & \cdots, & m_{mq} \\ n_{m11}, & n_{m21}, & \cdots, & n_{mq1} \\ n_{m12}, & n_{m22}, & \cdots, & n_{mq2} \end{bmatrix}$，获得共享单元索引值，

n_{mi1} 和 n_{mi2}。

b. 查询 m 索引值出现在 n_{mi1}、n_{mi2} 单元的位置，假设位置为 p_1、p_2（只可能为 1、2、3）。

c. 查询 m_{mi} 索引值出现在 n_{mi1}、n_{mi2} 单元的位置，假设位置为 w_1、w_2（只可能为 1、2、3）。

d. 综上：

$$P(m).\,K(m_{mi})=D(n_{mi1}).\,K(p_1,\ w_1)+D(n_{mi2}).\,K(p_2,\ w_2)$$
$$\tag{7-119}$$

$$P(m).\,N(m_{mi})=D(n_{mi1}).\,N(p_1,\ w_1)+D(n_{mi2}).\,N(p_2,\ w_2)$$
$$\tag{7-120}$$

即 2 个共享单元的直线系数之和

注：如果数据结构为 $P\ (m).\,PN=\begin{bmatrix} m_{m1}, & m_{m2}, & \cdots, & m_{mq} \\ n_{m11}, & n_{m21}, & \cdots, & n_{mq1} \\ w_{nm11}, & w_{nm21}, & \cdots, & w_{nmq1} \\ n_{m12}, & n_{m22}, & \cdots, & n_{mq2} \\ w_{nm12}, & w_{nm22}, & \cdots, & w_{nmq2} \end{bmatrix}$，则不用查询位置。

（2）序号不为 m 或者相邻节点索引值的系数向量元素

$$\begin{aligned} P(m).\,K(i\neq m \quad \text{and} \quad m_{m1},\ m_{m2},\ \cdots,\ m_{mq})=0 \\ P(m).\,N(i\neq m \quad \text{and} \quad m_{m1},\ m_{m2},\ \cdots,\ m_{mq})=0 \end{aligned} \tag{7-121}$$

即不是相邻节点的索引值对应的系数向量元素为 0。

6. 节点方程的非齐次项

如果该节点为第一类边界节点，则 m 节点（第一类边界）的温度：

$$T_w(m)=P(m).\,P=P(m).\,Q(2) \tag{7-122}$$

如果该节点不是第一类边界节点，则

（1）调出 m 节点的共享单元中的数据：$P\ (m).\,D=\begin{bmatrix} n_{m1}, & n_{m2}, & \cdots, & n_{mg} \end{bmatrix}$

（2）查询 m 索引值出现在 n_{mi} 单元的位置，假设位置为 p（p 只可能为 1、2、3）。

```
for   k=1:3
    if   m=D (n_{mi}).PI (k)
        p=k;
    end
end
```

（3）则

$$P(m).P = \sum_{i=1}^{g} D(n_{mi}).P(p)(p \text{ 只可能为 1、2、3})\tag{7-123}$$

即 g 个共享单元的非齐次项之和

注：如果数据结构为 $P(m).D = \begin{bmatrix} n_{m1}, & n_{m2}, & \cdots, & n_{mg} \\ p_{nm1}, & p_{nm2}, & \cdots, & p_{nmg} \end{bmatrix}$，则不用查询位置。

7.5.3 节点温度的线性方程组

关于 M 个节点温度的线性方程组为：

$$\begin{bmatrix} P(1).K \\ P(2).K \\ P(3).K \\ \cdots \\ P(M).K \end{bmatrix} \cdot \begin{bmatrix} T(1) \\ T(2) \\ T(3) \\ \cdots \\ T(M) \end{bmatrix} + \begin{bmatrix} P(1).N \\ P(2).N \\ P(3).N \\ \cdots \\ P(M).N \end{bmatrix} \cdot \begin{bmatrix} \partial T(1)/\partial \tau \\ \partial T(2)/\partial \tau \\ \partial T(3)/\partial \tau \\ \cdots \\ \partial T(M)/\partial \tau \end{bmatrix} = \begin{bmatrix} P(1).P \\ P(2).P \\ P(3).P \\ \cdots \\ P(M).P \end{bmatrix}$$

即：

$$[K] \cdot [T] + [N] \cdot [\partial T/\partial \tau] = [P]\tag{7-124}$$

7.6　关于程序的输入输出

1. 基础输入参数

程序的参数输入，最好能根据网格划分的规律，自动生成下列 4 大信息的矩阵。因此网格划分应该有明确的规律，单元编号、节点编号也应该有明确的规律，依据规律自动计算。网格划分涉及一些图论的知识，可以去学习补充。

不建议手动输入以下 4 大信息的矩阵。

单元节点索引值数据

$$D(n).PI = [m_i, m_j, m_k](N \text{ 行 3 列，} 3N \text{ 个数据})\tag{7-125}$$

单元属性信息

$$D(n).Q = \begin{bmatrix} B_i & B_j & B_k \\ D_i & D_j & D_k \\ T_i & T_j & T_k \end{bmatrix}(N \text{ 个 3 阶方阵，} 9N \text{ 个数据})\tag{7-126}$$

节点属性信息

$$P(m).Q = [PT, T_w, q_v](M \text{ 行 3 列，} 3M \text{ 个数据})\tag{7-127}$$

节点坐标信息

$$P(m).XY = [x_m, y_m](M \text{ 行 2 列，} 2M \text{ 个数据})\tag{7-128}$$

2. 中间计算参数

单元节点坐标信息

$$D(n).XY = \begin{bmatrix} x_i & y_i \\ x_j & y_j \\ x_k & y_k \end{bmatrix}\tag{7-129}$$

单元温度分布矩阵

$$D(n).TC = \frac{1}{2\Delta}\begin{bmatrix} A_i = x_j y_k - x_k y_j & A_j = x_k y_i - x_i y_k & A_k = x_i y_j - x_j y_i \\ Y_i = y_j - y_k & Y_j = y_k - y_i & Y_k = y_i - y_j \\ X_i = x_k - x_j & X_j = x_i - x_k & X_k = x_j - x_i \end{bmatrix}$$

(7-130)

单元几何量信息

$$D(n).AS = [\Delta,\ A,\ S_i,\ S_j,\ S_k]$$ (7-131)

单元变温矩阵

$$D(n).N = \frac{\rho c A}{12}\begin{bmatrix} 2 & 1 & 1 \\ & 2 & 1 \\ & & 2 \end{bmatrix}$$ (7-132)

单元刚度矩阵：$D(n).K$（3×3）（3阶方阵）。

单元非齐次项向量：$D(n).P$（3）（3阶列向量）。

节点共享单元信息矩阵

$$P(m).D = [n_{m1},\ n_{m2},\ \cdots,\ n_{mg}]$$ (7-133)

$$P(m).D = \begin{bmatrix} n_{m1}, & n_{m2}, & \cdots, & n_{mg} \\ p_{nm1}, & p_{nm2}, & \cdots, & p_{nmg} \end{bmatrix}$$ (7-134)

节点相邻节点信息矩阵

$$P(m).PN = \begin{bmatrix} m_{m1}, & m_{m2}, & \cdots, & m_{mq} \\ n_{m11}, & n_{m21}, & \cdots, & n_{mq1} \\ n_{m12}, & n_{m22}, & \cdots, & n_{mq2} \end{bmatrix}$$ (7-135)

$$P(m).PN = \begin{bmatrix} m_{m1}, & m_{m2}, & \cdots, & m_{mq} \\ n_{m11}, & n_{m21}, & \cdots, & n_{mq1} \\ w_{nm11}, & w_{nm21}, & \cdots, & w_{nmq1} \\ n_{m12}, & n_{m22}, & \cdots, & n_{mq2} \\ w_{nm12}, & w_{nm22}, & \cdots, & w_{nmq2} \end{bmatrix}$$ (7-136)

节点方程刚度系数向量：$P(m).K$（M）（M阶行向量）。

节点方程变温系数向量：$P(m).N$（M）（M阶行向量）。

节点方程非齐次项数值：

$$P(m).P = \sum_{i=1}^{g} D(n_{mi}).P(p)$$ (7-137)

3. 输出结果

方程组刚度矩阵 $[K]$，方程组变温矩阵 $[N]$，方程组非齐次项向量 $[P]$。即

$$[K] = \begin{bmatrix} P(1).K \\ P(2).K \\ P(3).K \\ \cdots \\ P(M).K \end{bmatrix},\ [N] = \begin{bmatrix} P(1).N \\ P(2).N \\ P(3).N \\ \cdots \\ P(M).N \end{bmatrix},\ [P] = \begin{bmatrix} P(1).P \\ P(2).P \\ P(3).P \\ \cdots \\ P(M).P \end{bmatrix}$$

即节点方程组

$$
\begin{bmatrix} P(1).K \\ P(2).K \\ P(3).K \\ \cdots \\ P(M).K \end{bmatrix} \cdot \begin{bmatrix} T(1) \\ T(2) \\ T(3) \\ \cdots \\ T(M) \end{bmatrix} + \begin{bmatrix} P(1).N \\ P(2).N \\ P(3).N \\ \cdots \\ P(M).N \end{bmatrix} \cdot \begin{bmatrix} \partial T(1)/\partial \tau \\ \partial T(2)/\partial \tau \\ \partial T(3)/\partial \tau \\ \cdots \\ \partial T(M)/\partial \tau \end{bmatrix} = \begin{bmatrix} P(1).P \\ P(2).P \\ P(3).P \\ \cdots \\ P(M).P \end{bmatrix} \tag{7-138}
$$

参考文献

［1］艾克特 E. R. G.，德雷克 R. M. 传热与传质分析［M］. 航青译. 北京：科学出版社，1983.

［2］郭宽良，孔祥谦，陈善年. 计算传热学［M］. 合肥：中国科学技术大学出版社，1988.

［3］孙志忠，袁慰平，闻震初. 数值分析（第三版）［M］. 南京：东南大学出版社，2011.

［4］孔详谦. 有限元法在传热学中的应用（第三版）［M］. 北京：科学出版社，1998.

［5］孙德兴. 高等传热学——导热与对流的数理解析. 北京：中国建筑工业出版社，2005.